Fe y Esperanza en la Tecnología

Fe y Esperanza en la Tecnología

Egbert Schuurman

Traducción por
Arturo González Gutiérrez

Dordt Press

Cover by Vaughn Donahue
Layout by Carla Goslinga

© 2021 Arturo González Gutiérrez

All scripture quotations in this publication are from the Reina Valera 1960. El texto Bíblico ha sido tomado de la versión Reina-Valera © 1960 Sociedades Bíblicas en America Latina; © renovado 1988 Sociedades Bíblicas Unidas. Utilizado con permiso. Reina-Valera 1960™ es una marca registrada de la American Bible Society, y puede ser usada solamente bajo licencia.

Originalmente publicado en holandés bajo el título *Geloven in wetenschap en techniek – Hoop voor de toekomst* en 1998; traducido al inglés por John Vriend bajo el título *Faith and Hope in Technology* en 2003; y traducido al español por Arturo González Gutiérrez en 2020.

ISBN: 978-0-932914-04-0

Dordt Press   www.dordt.edu/dordt_press
700 7th Street N.E.
Sioux Center, Iowa 51250
Estados Unidos de América

Prohibida su reproducción total o parcial sin permiso por escrito del editor.

Library of Congress Control Number: 2021943502

Contenido

Prólogo a la edición en inglés i
Prólogo a la edición en español iv
Prefacio a la edición en inglés ix
Prefacio a la edición en español xi
Capítulo I: Fe y Ciencia en el Contexto de una Cultura Técnica
   1.1 Introducción 1
   1.2 Una "doctrina del coronamiento" 4
   1.3 La separación entre fe y ciencia 5
   1.4 La "doctrina de los fundamentos" 7
   1.5 La fe regula el pensamiento 8
   1.6 ¿Qué es la ciencia? 12
   1.7 La ley de Dios como frontera entre Dios y la creación 15
   1.8 La motivación de la ciencia 18
Capítulo II: La Influencia del Pensamiento Técnico
   2.1 Introducción 21
   2.2 Las fronteras del pensamiento 22
   2.3 El pensamiento técnico 27
   2.4 Evolucionismo o creacionismo científico 28
      2.4.1 Fe cristiana y ciencia 30
      2.4.2 ¿Creacionismo científico en lugar de evolucionismo? .. 33
      2.4.3 Revelación y ciencia 35
      2.4.4 Interludio: geología del diluvio 39
      2.4.5 Creación y recreación 41
Capítulo III: Tecnología: ¿Nuestra esperanza para el futuro?
   3.1 Introducción 43

3.2 El significado de la tecnología 44
3.3 Tecnicismo 46
3.4 Las intersecciones de ciencia y tecnología 54
3.5 Cómo desapareció Dios de la ciencia y la tecnología 58

Capítulo IV: Pensamiento y Acción Técnica Presuntuosa

4.1 Introducción 69
4.2 Abstracciones en la ciencia 71
4.3 "El mundo de la experiencia" y "el mundo científico-técnico" 74
4.4 Bajo la tiranía del control científico-técnico 76
   4.4.1 La tecnificación de las plantas 77
   4.4.2 La tecnificación de los animales 82

Capítulo V: Al Ser Controlado por el Ideal del Control

5.1 Introducción 85
5.2 La tecnificación de la reproducción humana 85
5.3 ¿Pueden las computadoras pensar? 90
5.4 En esclavitud a nuestro propio poder 98
   5.4.1 Realidad Virtual 99
   5.4.2 Paradojas en el proceso de tecnificación 102
   5.4.3 Desmitificación 104

Capítulo VI: Reflexión Filosófica

6.1 Introducción 107
6.2 El punto de vista positivista-pragmático 108
6.3 El punto de vista marxista ortodoxo 109
6.4 El punto de vista del pensamiento sistémico 110
6.5 El punto de vista existencialista 111
6.6 El punto de vista neomarxista 112
6.7 El punto de vista contracultural 113
6.8 Un punto de vista postmoderno 114
6.9 El punto de vista del pensamiento de la Nueva Era 116
6.10 Un punto de vista naturalista 117
6.11 Tensión Cultural entre el tecnicismo y el naturalismo ... 118

    6.12 Atrapado en la autonomía 118
Capítulo VII: Reorientación en nuestra Cultura
    7.1 Introducción 121
    7.2 ¿Es culpable el cristianismo? 122
    7.3 El mandato de la creación 126
    7.4 Liberados de los poderes esclavizantes 129
    7.5 Las bases de una perspectiva liberadora 131
    7.6 La Creación: un jardín para ser cultivado y guardado 133
Capítulo VIII: Esperanza en el contexto de la Ciencia y la Tecnología
    8.1 Introducción 137
    8.2 Una dirección alternativa 138
    8.3 La renovación de motivos 139
        8.3.1 Ciencia: creciendo en sabiduría 140
        8.3.2 Tecnología al servicio de la vida 144
    8.4 Ciencia técnica como ciencia cultural 148
    8.5 La fe como una fuerza integradora en la cultura 151
    8.6 Ética de responsabilidad 153
    8.7 Un marco integral de normas 158
    8.8 El significado de la cultura 165
Un Resumen en Retrospectiva 169
Bibliografía 177
Acerca del Autor 185
Índice de Temas 189
Índice de Autores 191

Prólogo a la edición en inglés

Durante siglos, ha parecido que la fe y la ciencia se encuentran en polos diametralmente opuestos y, en el mundo posmoderno del siglo XXI, parece aún más improbable lograr una alianza entre ambas. Nosotros experimentamos los grandes beneficios de la ciencia y la tecnología moderna y nos maravillamos de sus logros, al mismo tiempo que en este mundo se cuestiona la presencia de Dios. Sin embargo, la fe y la ciencia inevitablemente se cruzan, causando conflictos de conciencia y propósito.

Esto lleva a un filósofo-ingeniero como el profesor Egbert Schuurman a plantear preguntas acerca del lugar de la ciencia y la tecnología en el orden social moderno. A lo largo del trabajo de muchos años con estudiantes, el profesor Schuurman ha adquirido una audiencia atenta, debido principalmente a que su fe personal surge como un ancla visible y una fuente de aliento para abordar los problemas de nuestra cultura tecnológica. En este libro, el Dr. Schuurman, quien ha sido bendecido con una comprensión excepcional acerca del corazón y la mente humana, logra poner al descubierto los fundamentos del pensamiento humano. A la luz de la revelación de Dios, él pinta para nosotros un cuadro acerca del significado de la vida en el aparentemente paradójico mundo de la fe y la tecnología moderna. Él identifica al "tecnicismo" como el punto de inicio del pensamiento defectuoso en muchas áreas de la cultura y la ciencia.

Actualmente, los estudiantes están tan atrapados en el altamente adictivo y emocionante mundo de la tecnología de la información que a menudo tienen poco tiempo para reflexionar acerca de las experiencias, aparentemente contradictorias, de la fe y la ciencia, incluyendo la ciencia tecnológica. Su enfoque, incluso antes de ingresar a la fuerza laboral, se centra en los objetivos profesionales y en "hacerla". Habiendo sido educados para mejorar sus posibilidades de éxito en una sociedad competitiva, no prestan la atención suficiente como para preocuparse acerca del significado de la vida o de las raíces de la civilización. El estilo de vida de sus padres les sugiere que el dinero y la conveniencia de la tecnología les garantizará una vida grandiosa y satisfactoria. Los estudiantes de hoy son cada vez menos conscientes de la batalla asociada con los problemas del pecado y la maldad. Nuestras universidades fallan en hacer patentes las realidades de la pecaminosa naturaleza humana.

El profesor Allan Bloom lamentó, ya hace muchos años, que los padres y las instituciones educativas estaban perdiendo la oportunidad de dar dirección sobre cómo la humanidad debería pensar y vivir. En *The Closing of the American Mind*[1], identifica los síntomas y la razón de ese vacío espiritual: la noción de que "Dios está muerto", como lo había dicho Nietzsche. Bloom, bregando personalmente desde hace una generación con el problema de la racionalidad humana en confrontación con los misterios del cristianismo, urge a las universidades americanas para que examinen sus raíces filosóficas. Incapaz de llenar el vacío que tan perceptivamente diagnosticó, terminó, en cierto sentido, con un profundo lamento. Ahora, en este libro, el profesor Schuurman expresa también un llamado a un enfoque filosófico, pero en contraste con el veredicto frío y sombrío de Bloom, Schuurman señala claramente el camino a la apertura en una libertad de pensamiento verdadera basada en la fe en Dios. El profesor Schuurman enfatiza lo siguiente:

* La indiferencia hacia el ámbito del pensamiento humano
* Los aspectos restrictivos del pensamiento tecnológico
* La alianza del tecnicismo y la economía
* La universalidad del tecnicismo en el pensamiento moderno
* La pretensión humana de la autonomía

Es importante notar que las facultades de muchas universidades que fueron establecidas expresamente sobre firmes bases religiosas han descuidado y abandonado el pensamiento filosófico en el desarrollo de sus programas de ciencia y tecnología. A menudo, las exigencias de los cursos no permiten a los estudiantes el tiempo para reflexionar acerca del significado de la vida. Además, hay frecuentemente una carencia de visión en estos programas acerca del impacto de la ciencia y tecnología sobre la sociedad. La intensidad del material técnico a ser cubierto ha esclavizado a los estudiantes, sometiéndolos a una mentalidad orientada exclusivamente al máximo rendimiento. El tiempo y la energía requeridos para procesar información le consume a uno el enfoque total, negando cualquier oportunidad para reflexionar sobre relaciones importantes, el propósito del estudio y el propio futuro papel de uno en la sociedad. El profesor Schuurman dialoga diariamente con tales estudiantes en tres universidades técnicas en los Países Bajos, donde imparte la cátedra de Filosofía Reformacional. Como ingeniero, entiende la naturaleza y las limitaciones del pensamiento científico y tecnológico; como cristiano, sabe que podría ser tentado a confiar en su propia sabiduría. En muchas de sus publicaciones, el profesor Schuurman anima a los estudiantes a investigar y a retar al punto de vista tecnicista conforme buscan significado y propósito en sus estudios y carreras. Él hace hincapié en

---

1   *El Cierre de la Mente Americana.*

que, de acuerdo con la naturaleza del caso, uno no puede practicar la ciencia sin fe. Él argumenta contundentemente que la fe en Dios tiene que ser el vínculo de conexión en cada área de nuestra existencia. No le sorprende que mucha gente joven tenga dificultades con las divisiones en la vida moderna causadas por los aparentes conflictos entre fe y ciencia y entre fe y tecnología, ya que al enfocarnos en nuestros logros en estos campos de interés, frecuentemente hemos dejado de explicar que la vida real, aun para científicos e ingenieros, depende del primer acercamiento que tengamos con el "quiénes somos". Hoy, el asunto de la fe en Dios (sin mencionar el asunto del pecado y la culpa) le causa frecuentemente inquietud a la gente. Debido a lo atractivo y a la velocidad excitante de los desarrollos tecnológicos, los estudiantes aceptan las nuevas oportunidades que no requieren una reflexión. Ellos pasan por alto las tradiciones y valores. El lenguaje usado en la Iglesia parece estar aislado de la jerga del pirata informático. La resultante alienación y rechazo de Dios nos aísla de aquellas cualidades de la vida que podrían darnos la satisfacción y el sentido de realización que uno gana sirviendo a otros por encima de uno mismo. En el mundo de los negocios del nuevo milenio, hay también muy poco espacio para una posición contemplativa que nos permita reflexionar sobre aquella fuerza que nos impulsa. Solemos quedar atrapados en una carrera diaria con una agenda repleta de compromisos tanto en el trabajo como en el hogar. Los fabricantes deben constantemente ofrecer nuevos productos para mantenerse adelante de la competencia. Nuevos métodos y tecnologías son introducidas – y rápidamente llegan a ser obsoletas. Y así, los estudiantes son empujados a convertirse en triunfadores de primera talla en la conquista tecnológica por "más y mejor". El profesor Schuurman hace un llamado a la transformación de nuestros corazones, de nuestras mentes y de nuestras manos. Él está en desacuerdo con el pensamiento predominante sobre los desafíos de los negocios y la tecnología. Como ingeniero y hombre de negocios, creo que cada estudiante en los campos de la ingeniería y la ciencia deberían leer los escritos del profesor Schuurman. Haciendo esto, es posible cambiar el pensamiento y despertar la conciencia de uno.

F. J. Reinders
Ingeniero Profesional
Mississauga, Ontario

Prólogo a la edición en español

Geloven in wetenschap en techniek: Hoop voor de toekomst es el título en holandés del libro que tiene en sus manos, escrito por el Dr. Egbert Schuurman y publicado en 1998. Fue traducido al inglés bajo el título *Faith and Hope in Technology* en el 2003. Ahora, con mucho gusto, les presentamos la versión en español con el título *Fe y Esperanza en la Tecnología*.

Fe y Esperanza en la Tecnología constituye una afirmación desafiante y provocadora. Para las personas que no se declaran como Cristianos, esta clase de afirmación anima sus mentes y corazones en la conquista por la vida, para alcanzar el sueño de contemplar y disfrutar una realidad donde el florecimiento de todas las facetas de la humanidad tome lugar en la tierra. En este sentido, *Fe y Esperanza en la Tecnología* parecería ser una pretensión muy interesante y apasionada, tanto como ya Miguel Ángel lo había dicho a través de sus esculturas llamadas "Los Cautivos", a las que en alguna ocasión solían también llamarse "las piezas inconclusas". Sin embargo, hoy los eruditos opinan que Miguel Ángel las dejo inconclusas para manifestar lo que él realmente quería que la gente expresara: "El hombre mismo está desprendiéndose de la roca". "La humanidad", en otras palabras, "¡saldrá victoriosa!". Con este espíritu es que muchos hombres no tendrían problema en usar los términos "fe" y "esperanza" en referencia a la Ciencia y Tecnología, siempre y cuando esos términos no impliquen fe y esperanza en cuestiones "religiosas". Mas propiamente dicho, siempre y cuando no comprometan su más profundo sistema de creencias. Pero, si todavía fuera necesario explicar si existe o no una relación entre tecnología/ciencia por un lado, y fe/esperanza por el otro, la respuesta sería que esos términos pertenecen a mundos diferentes. Al tratar entonces de relacionarlos, notamos que desde el mismo comienzo surge naturalmente un antagonismo, el cual es aceptado sin ninguna clase de análisis, como si pareciera muy conveniente y apropiado.

Para algunos Cristianos, por otra parte, parecería que la Tecnología no interfiere con sus "vidas espirituales". Y entonces, "la realidad" se percibe como una realidad compartimentada o dividida. Por un lado, su "vida espiritual", y por el otro, su "vida secular" – y es aquí justamente donde la Ciencia y la Tecnología habitarían. Desde esta posición parecería que de plano no hay conflicto. En cambio, para otros, probablemente la afirmación de *Fe y Esperanza* en la Tecnología causaría escándalo y dirían que esos términos, Fe/Esperanza, corresponden solamente a las "cuestiones o cosas espirituales". Habiendo percibido el conflicto, entonces, tenderían a ir y rescatar la palabra "espiritual" de fe y en el mejor caso ambas palabras fe/esperanza, y colocarlas donde ellos piensan que deberían estar, por decirlo de algún modo, en el lado "espiritual" de la realidad, dejando a la ciencia y tecnología en el lado "secular".

Así, tanto el no Cristiano como el Cristiano sostienen una visión compartimentada. Parece que para los Cristianos, el entusiasta espíritu de avanzar con la idea de ver el florecimiento de la humanidad en todos los aspectos de la vida no aparece como una fuerza poderosa, sino por el contrario, una contrastante e igual o más poderosa fuerza trabajando en ellos es el deseo de "escapar e ir al cielo". Por lo que se refiere a los no Cristianos, parece que una fuerza poderosa los motiva a conquistar el mundo, buscando en general que la vida en muchas facetas florezca aquí y ahora, ya que una vida espiritual o una vida después de esta vida no existe en su forma de pensar.

El dilema importante que surge es si como Cristianos deberíamos o no interesarnos por cultivar la Tecnología y las Ciencias. Más aún, como Cristianos nos preguntamos si estamos o no equipados con un fundamento bíblico para llevar a cabo la empresa de cultivar la Ciencia/Tecnología, o deberíamos, sin análisis que medie, permitir que esa misma fuerza que mueve a los no Cristianos sea imbuida en nosotros.

El Profesor S. G. de Graaf explica que se trata de dos espíritus diferentes y antagónicos los que surgen a partir de diferentes motivos y que han estado presentes a través de la historia de la humanidad, como se puede apreciar desde las primeras páginas del libro de Génesis. Allí tenemos este conflicto espiritual descrito en el punto de vista de dos pueblos diferentes: Los descendientes de Set, y los descendientes de Caín, con respecto al desarrollo cultural y la tecnología involucrada. Tanto los primeros como los últimos fallaron, de acuerdo a De Graaf, cuando pusieron la Fe y la Ciencia/Tecnología en dos diferentes contextos, ¡como si eso fuera posible! La falla se puede apreciar en su máxima expresión cuando se intenta explicar qué clase de relación existe entre los dos términos, ya que surge el antiguo conflicto de Ciencia contra Fe, y viceversa, y más propiamente dicho, entre Fe Cristiana y Ciencia. Sin embargo, si nosotros queremos tratar con este problema más precisamente, debemos confesar como el Dr. H. Evan Runner solía expresarlo: "La vida es religión", y entonces necesitamos, primeramente, reconocer la naturaleza religiosa de los seres humanos. Si reconocemos esto último como punto de partida, entonces podemos establecer que el problema es en realidad un conflicto entre Fe en la Ciencia/Tecnología y la Fe Cristiana. ¡Si!, ambos pueden ser llamados Fe, ya que ambos apuntan claramente a su correspondiente Autoridad, llamándoles a fidelidad.

Es precisamente en este punto que el filósofo e ingeniero Cristiano

Dr. Schuurman hace un llamado para reflexionar acerca del papel de nuestra Fe Cristiana, como una Fe operante también en la Ciencia/Tecnología, a la luz de motivos o fuerzas que estimulan el desarrollo de la cultura.

El ingeniero y filósofo Cristiano Dr. Hendrik Van Riessen establece que "la ciencia moderna, la técnica, métodos modernos de organización, y actitudes espirituales contienen tendencias de significado decisivo para el futuro". Actualmente, en este libro, el profesor Egbert Schuurman coincide y afirma que: "debido a los muchos problemas y amenazas inherentes en nuestra cultura tecnológica, existe la necesidad de una reorientación cultural, la cual afectará nuestro punto de vista acerca de la ciencia y la tecnología".

Una reorientación cultural entonces es necesaria, debido a que nuestra cultura tecnológica ha sido secularizada, y el Dr. Schuurman identifica que el espíritu que prevalece en nuestra cultura es "tecnicista"; en otras palabras, el "espíritu de la tecnología" que permea el todo de la cultura como "la pretensión de los seres humanos, como autodeclarados amos y maestros usando el método de control científico técnico, para someter la realidad a su voluntad con el fin de solucionar todos los problemas y garantizar creciente prosperidad material y progreso". Esta afirmación se escucha bastante atractiva y tentadora, y en este punto uno podría, por supuesto, entregarse y depositar nuestra esperanza y aun nuestra fe en la tecnología, como la manera de lograr realmente el florecimiento de la humanidad.

En oposición a este espíritu tecnicista, el Dr. Schuurman brillantemente presenta aquí la imagen Bíblica de la tierra como un jardín a ser desarrollado o cultivado en la dirección de un jardín ciudad, donde el florecimiento de la humanidad realmente tenga lugar para la mayor gloria de Dios, dándonos una perspectiva muy particular para el futuro. Es el jardín ciudad en el cual hay armonía entre la tecnología y la naturaleza – como resultado de una cultura donde no existe tal cosa como contaminación ambiental, ya que existe una consideración real del origen de esto último en una "contaminación del corazón" todavía más profunda. Esto es, la "imagen Bíblica" es aquella donde "el pecado" es considerado como un factor desintegrador cuando se pretende integrar el contexto en su totalidad desde el cual podemos solo arribar a un desarrollo cultural verdaderamente balanceado. Esta es una perspectiva cultural que señala de una manera inicial la venida del "Shalom" del Reino de Dios.

En este contexto, debemos considerar cómo, nosotros como académicos cristianos e instituciones académicas, podemos mejor preparar a nuestros estudiantes para el servicio en el Reino de Dios. Específicamente, ¿cómo podemos nosotros hacer los cambios que nuestra cultura necesita para ser reorientada a lo largo de ese camino del más "pacífico Reino" de Dios, y de esta manera evitar la presente alienación de la tecnología y la ciencia? Una vez que los estudiantes adquieren un punto de vista verdaderamente integral de la realidad creada, a través de la Palabra Integral de Dios en

— Prólogo a la edición en español —

sus corazones, ellos estarán por primera vez liberados para considerar sus estudios en una enteramente nueva luz. Si ellos son traídos a este punto, ellos serán compelidos a reflexionar desde una perspectiva Cristiana, e integrar – al grado de que su perspectiva pueda comprehensivamente capturar la Palabra de Dios – el lugar de la fe en su carrera de vida. Con el fin de tener éxito en esta empresa, es obvio entonces de que es necesario un marco filosófico cristiano.

El Apóstol Pablo afirma "que" Dios "hizo sobreabundar" las riquezas de su gracia "para con nosotros en toda sabiduría e inteligencia, dándonos a conocer el misterio de su voluntad, según su beneplácito, el cual se había propuesto en sí mismo, de reunir todas las cosas en Cristo, en la dispensación del cumplimiento de los tiempos, así las que están en los cielos, como las que están en la tierra" (Efesios 1:8-10). Aquí encontramos una respuesta a una de las más profundas cuestiones: ¿Cómo nosotros como seres humanos integramos nuestro entendimiento del orden creado? En otras palabras, ¿están todas las cosas en este mundo creado relacionadas de alguna manera? Y aún más, ¿cómo integramos todas las cosas de modo que encontremos un significado trascendente a nuestras vidas? Jesucristo integra nuestros corazones, de modo que ellos sean capaces de ver, entender, y poner en práctica el vivir de manera integral delante de Dios. Esta pregunta de Unidad y de significado fundamental, como el Dr. John P. Roberts Haine suele llamar, surge una y otra vez en muchos contextos como un intento por integrar nuestra macro confesión ("Tu eres el Cristo, el Hijo del Dios viviente" (Mateo 16:16)) con nuestra micro confesión (hechos/obras que cierran el tiempo).

La Biblia establece que "Sobre toda cosa guardada, guarda tu corazón; Porque de él mana la vida." (Proverbios 4:23). Este mensaje es central si queremos empezar con una reflexión Cristiana acerca del mundo creado, cuando intentamos resolver lo que hemos planteado como el "problema de integración". Como el filósofo cristiano holandés Herman Dooyeweerd nos ha mostrado, el corazón es el centro de significado del ser humano, así como el ser humano es el centro del mundo creado, si estamos convencidos acerca de lo que la Biblia dice. El corazón es el centro donde Dios revela, por medio de su Palabra, su Voluntad de que podamos ser participantes de Su Obra: "Las cosas secretas pertenecen a Jehová nuestro Dios; mas las reveladas son para nosotros y para nuestros hijos para siempre, para que cumplamos todas las palabras de esta ley." (Deuteronomio 29:29). Cuando hablamos acerca de la Palabra, nos referimos a lo que el Dr. John P. Roberts Haine llama la Palabra Integral de Dios que consiste de: la creación o Palabra Estructural (Génesis 1); Jesucristo, la Palabra hecha carne o Palabra Autoridad ("Y aquel Verbo fue hecho carne, y habitó entre nosotros (y vimos su gloria, gloria como del unigénito del Padre), lleno de gracia y de verdad" (Juan 1:14)); y la Biblia, la Palabra escrita o Direccional ("Lámpara es a mis pies tu palabra, y lumbrera a mi camino" (Salmos 119:105)). Es en nuestro corazón que hemos recibido la revelación de la Voluntad de Dios, por medio de su Palabra Integral y Espíritu Renovador. Es en nuestro corazón, nuevamente que nuestra macro Confesión es profundamente expresada. En general, confesamos que Jesucristo es nuestro Salvador y Señor, o no. Así que confesar a Jesucristo o no determina si se tiene (1) la autoridad, por medio de la cual, (2) podría dirigir, (3) las estructuras de la Creación – para decirlo de una manera más sencilla, confesar a Jesucristo o no determina si se glorifica o no a Dios. Esta macro confesión, entonces, se refleja en todas las áreas o esferas de la vida, terminando en el tiempo que sella nuestros micro confesionales actos diarios, como el Dr. Roberts escribe "como juicio o como bendición". Lo que nosotros podemos decir y hacer (nuestra "vida en acción", de acuerdo al Dr. H. Evan Runner) acerca de cada esfera de la vida constituye entonces nuestra micro confesión existencial. Es aquí donde necesitamos elaborar nuestro triple significado como siervos de Dios, guarda de mi hermano, y cuidador de la creación; una tarea comprehensiva macro/mesa/micro confesional que guía nuestras vidas profesionales en cada ámbito y lugar de acción donde Dios nos ha puesto, para un servicio tanto de conservación como de desarrollo (Génesis 2:15).

Con una unidad de concepción de vida como nuestro punto de partida, nosotros como profesionales entrenados técnica y científicamente seremos capaces ya sea de influir, probablemente reformar nuestras asociaciones profesionales llamándolas para dar gloria a Dios, o tal vez encontrar "nuevos sacos de vino", nuevas estructuras, nuevas instituciones, como el Dr. Calvin Seerveld nos ha invitado tan hábilmente a hacer en nuestro trabajo académico. Porque todas estas estructuras son dirigidas en maneras que promueven o están en oposición a la autoridad del Reino de Dios.

Como el Dr. Schuurman lo señala: "un enfoque alternativo es posible, si adoptamos un punto de vista filosófico Cristiano de la ciencia y tecnología." Al mismo tiempo, el Dr. Schuurman advierte que la antigua perspectiva del jardín desarrollado no es sin problemas. "Desde la misma Caída, un modelo libre de problemas ha sido imposible". "Espinos y Cardos" continúan acompañando nuestra cultura-corazón. Sin embargo, dentro de la perspectiva Bíblica, podríamos estar seguros de que dichos problemas no se convierten en asuntos insoportables. Es el único camino cultural que se adapta a la búsqueda de la justicia del Reino de Dios. Ciencia, tecnología, economía, deben ser consagradas al servicio del Reino de Dios. Entonces ellos serán una bendición para toda la gente. Entonces el florecimiento de la humanidad realmente tomará lugar aquí y ahora.

Dr. Arturo González Gutiérrez
Facultad de Ingeniería
Universidad Autónoma de Querétaro
Querétaro, Querétaro. MÉXICO
Febrero del 2020

Prefacio a la edición en inglés

Este libro es acerca de la fe y la ciencia en una cultura tecnológica. Es mi convicción que la relación entre fe y ciencia se trata frecuentemente de una manera muy abstracta – aislada de nuestra cultura – y que esa cultura se discute frecuentemente de la misma manera, aislada de aquellas otras dos. ¿No debería verse la relación entre fe y ciencia primeramente a la luz de los motivos o fuerzas que estimulan el desarrollo de la cultura? En este estudio explico porque esto es así.

Debido a la gran cantidad de problemas y amenazas inherentes en nuestra "cultura tecnológica", hay una clara necesidad de una reorientación cultural. Un cambio en nuestra cultura afectará por supuesto nuestro punto de vista acerca de la ciencia y la tecnología. Indirectamente, el desarrollo económico y el consumismo son también motivos de inquietud. Este estudio concluye con una consideración de lo que nosotros creemos debería ser un desarrollo responsable de la ciencia y la tecnología en nuestra cultura.

En cierto sentido, este libro es autobiográfico en su naturaleza. Durante mis actividades de enseñanza e investigación, he hecho de los problemas culturales del día de hoy mis problemas. He batallado con ellos y aún estoy batallando con ellos, pero creo que ahora tengo algo que decir que no puede encontrarse directamente en los trabajos de otros. Así, yo creo que se necesita poner más atención al hecho de que nuestra cultura tecnológica es al mismo tiempo una cultura secularizada. Más aun, yo creo que el espíritu predominante en nuestra cultura es tecnicista, es decir, que el espíritu de la tecnología impregna toda la cultura. Además, yo creo que para que tenga lugar cualquier reorientación, es necesario que haya un cambio en nuestra imagen de la cultura. La imagen técnica científica predominante debe dar paso a la imagen de la tierra como un jardín que se desarrollará o cultivará para que florezca. Yo no ofrezco muchas referencias, aparte de la lista de publicaciones al final del libro, la cual puede servir como un índice de nombres, ya que con cada publicación brevemente indico la sección del texto a la cual se aplica. La crítica de mis escritos iniciales sobre el tópico de la expectativa de la salvación tecnológica es asimilada especialmente en el Capítulo 3. En vista del hecho de que mi punto de vista acerca del tema, como lo presento en el Capítulo 3, es fundamental para una reorientación de núestra cultura, he encontrado necesario volver a visitar en este libro el trasfondo intelectual-histórico de nuestra cultura. Me he esforzado en escribir tan simplemente como ha sido posible y en usar ilustraciones fácilmente entendibles. Probablemente resultará que los problemas algunas veces parezcan más simples de lo que realmente son. De ser así, entonces ese es el precio que uno debe pagar por el enfoque seleccionado. Sin embargo, la reorientación que se necesita con tanta urgencia dentro y alrededor del desarrollo de la ciencia y tecnología será más clara.

Estoy muy agradecido con los estudiantes de las Universidades Técnicas de Wageningen, Delft y Eindhoven, quienes, durante discusiones conmigo acerca de los diferentes capítulos, hicieron su contribución al desarrollo de la edición original en holandés de este libro. Permanezco en deuda con mi amigo, el ingeniero Bert M. Middel, quien proporcionó comentarios útiles acerca de mis primeros borradores, ayudándome de este modo a producir la versión final de la edición en holandés. Estoy agradecido con Fred Reinders, John Vriend y Herbert Donald Morton por su asistencia en la preparación de esta versión del libro en inglés. Es por demás decir que, en última instancia, yo asumo completa responsabilidad por el texto.

Egbert Schuurman
Abril del 2003

Prefacio a la edición en español

Mi vida académica comenzó con mis estudios de ingeniería civil en la Universidad Tecnológica de Delft de los Países Bajos. Más tarde estudié Filosofía en la Universidad Libre de Amsterdam. Había una razón especial para mí como ingeniero estudiar filosofía. En ingeniería, el estudiante aprende cómo hacer cosas, cómo hacer tecnología. No se les presta atención a las preguntas de porqué, del porqué estamos haciendo tecnología, así como las relacionadas con el significado de la tecnología. Y esas preguntas eran importantes para mí. **Para un ingeniero no es suficiente ser ingeniero como tal**. Por eso estudié filosofía y desarrollé desde un punto de vista cristiano una filosofía de la tecnología. Mi tesis doctoral es acerca de la *Tecnología y el Futuro*. Durante 40 años estuve dando clases de Filosofía de la Tecnología en tres universidades holandesas. Al mismo tiempo, fui Senador en el Parlamento Holandés durante casi treinta años. Escribí libros sobre filosofía de la tecnología.

Permítanme enfatizar tres temas importantes, que son importantes para una filosofía de la tecnología. Primero: Como ingenieros, debemos prestar atención al **trasfondo histórico-espiritual** de la tecnología. Eso se hace más necesario ahora que nos enfrentamos a tantos problemas en la Sociedad Tecnológica. Francis Bacon escribió en el siglo XVII, como primer filósofo de la tecnología, el libro *Nova Atlantis*: el Nuevo Mundo. En cierto sentido, describe en su visión futura nuestra sociedad tecnológica. Pero falta algo importante en su descripción: en su paraíso tecnológico, *Nova Atlantis*, no hay problemas; todos los problemas se resuelven mediante la tecnología. Incluso promete que los ingenieros del futuro estarían controlando el clima. **Su motivo espiritual es superar todos los problemas humanos mediante la tecnología. El conocimiento es poder tecnológico. El hombre es señor y dueño de todo**. Este es el espíritu de la Ilustración.

Segundo tema: Al pensar en la tecnología, es necesario **un análisis filosófico de la estructura de la tecnología**. El punto central y nodal en dicho análisis es la influencia de la ciencia bajo la guía del espíritu de la Ilustración. El hombre como señor y maestro usa la ciencia como instrumento de control en la tecnología. Por lo tanto, las principales características de la ciencia – **la universalidad y la abstracción del conocimiento científico** – se proyectan en objetos tecnológicos. Eso ofrece muchas ventajas, pero – como en el espíritu de Francis Bacon – se descuidan las desventajas. La razón es que el espíritu de la Ilustración tiene un punto ciego. Falta la dimensión trascendental. En una perspectiva bíblica, tenemos que reconocer la coherencia de todo y la individualidad de todo, para superar los problemas, prestando atención a la realidad como una creación de Dios con su origen piadoso.

El tercer tema es enfatizar la responsabilidad de los ingenieros. Durante el desarrollo de la tecnología esta responsabilidad está creciendo. Piense, por ejemplo, en el problema climático, el problema del medio ambiente, la energía nuclear, la informatización con la confrontación de sistemas casi incomprensibles en todos los campos de la cultura, la influencia de los robots en el trabajo y la inteligencia artificial en general en todos los sectores culturales, problemas relacionados con modificación genética, y así sucesivamente.

El tema de la **ética de la tecnología** necesita una atención creciente. La ética se trata de motivos, valores, normas. Me gusta concentrar esos elementos al preguntar: ¿qué tipo de paradigma estamos siguiendo en tecnología?

En términos generales, creo que el paradigma abrumador bajo la guía del espíritu de la Ilustración es el paradigma de la tecnología misma. Todo lo que podemos hacer debe hacerse. En pocas palabras, es el modelo de máquina – en el que la estructura de la ciencia es dominante, con su influencia niveladora y reduccionista. **Ese paradigma es una amenaza de todo lo que vive.** Frente al modelo de máquina, me gusta desde un punto de vista cristiano aceptar el **paradigma del jardín**. Tal modelo tiene que ser honrado en un mundo distorsionado. En tecnología, todo lo que vive necesita protección, las sociedades humanas, todos los humanos, animales, plantas, y así sucesivamente. Tal ética de jardín ofrece una alternativa responsable frente al modelo de máquina. Puedes leer sobre esto en mis publicaciones.

Una de mis publicaciones, *Faith and Hope in Technology*, está traducida en este libro al idioma español. El Dr. Arturo González Gutiérrez como ingeniero en tecnología informática y como traductor ha hecho un gran trabajo. Estoy muy agradecido por eso. Que este libro sea de gran bendición para la comunidad hispana.

Profesor Dr. Egbert Schuurman
eschuurman37@hetnet.nl
Diciembre del 2019

CAPÍTULO I

Fe y Ciencia en el Contexto de una Cultura Técnica

1.1 Introducción

Cada generación de estudiantes es confrontada de nuevo por el viejo asunto de la relación entre fe y ciencia, es decir, entre fe cristiana y ciencia.[1] En las universidades, la gente concede mucho valor a los hallazgos de la ciencia, y con toda la razón, ya que es allí precisamente donde el desarrollo de la ciencia está en juego. Junto con ese desarrollo, sin embargo, vienen grandes pretensiones: por ejemplo, que la ciencia tiene un monopolio sobre la verdad, sobre el avance de la cultura y sobre la solución de muchos problemas. En la universidad, en consecuencia, uno puede observar al mismo tiempo la veneración de la ciencia.

Parte de esta sobrestimación de la ciencia es la suposición de que la realidad cósmica puede ser completamente entendida en términos de su base material. Recientemente, el editor en jefe de la prestigiosa revista científica *Nature* declaró, por ejemplo, que la religión es el archienemigo de la ciencia. Frecuentemente, los científicos, además de expresar sus sentimientos antirreligiosos, también creen que la realidad puede ser completamente dominada por la ciencia. Tengo en cuenta especialmente a las ciencias naturales y técnicas, por supuesto, pero también a la economía.

---

[1] Nota del autor: En este estudio hablaré de tecnología cuando, de acuerdo con el significado literal de la palabra, me refiera al estudio o a la ciencia de la "técnica". Usualmente, cuando la gente habla de "tecnología", quiere decir las formas técnicas concretas de la realidad; en ese caso, uso la palabra "técnica" o "técnica moderna". La base de la técnica moderna es la tecnología moderna; y la falla en distinguir entre "tecnología" y "técnica (moderna)" saca a luz, y ya tendremos repetidas ocasiones para notarlo en este estudio, que la gente sobrestima la ciencia. Nota del traductor al inglés: Sin embargo, con el consentimiento del autor, seguiré el uso del inglés común y usaré la palabra "tecnología" cuando la referencia es al entero complejo de los métodos científicos y materiales usados para alcanzar objetivos comerciales, industriales o de investigación.

Ciencia sin Dios

Cada vez que prevalece este punto de vista de la ciencia, implica una negación del Dios quien ha creado y sostenido todas las cosas. En ese caso, Dios, su revelación y declaraciones acerca de él son excluidas *a priori* por los criterios científicos. En tales asuntos, después de todo, no se puede demostrar ni su veracidad ni su falsedad, ¿cierto? Sobre las bases del pensamiento dominante en la ciencia, las universidades sugieren que la realidad cósmica tiene su origen y motivo de existencia solamente en sí misma. Muchos académicos abiertamente admiten que no saben qué hacer con Dios en la ciencia. Algunas veces, aun en círculos o departamentos teológicos, los profesores se oponen a creer en la resurrección de los muertos ya que, basados en el conocimiento científico, no existe la manera de que un cuerpo pueda regresar a la vida. Existe un respaldo casi universal a la teoría de que el origen de todas las cosas puede ser exhaustivamente explicado en términos del *Big Bang*. Los cristianos que aceptan esa teoría están destinados a tener dificultades con o a abandonar el contenido bíblico de ideas centrales tales como la Creación, Caída, Salvación y Recreación. La importancia central de Cristo, el Resucitado, quien es Señor de señores y Rey de reyes, es puesta especialmente en riesgo para los estudiantes. Obviamente, los estudiantes que creen en Dios el Creador y Sustentador, quienes respetan su Palabra y quieren escucharla, pueden enfrentarse a grandes dificultades en las universidades.

Usualmente, los problemas que rodean a la fe y la ciencia se centran sobre la pregunta concerniente al origen y desarrollo de las cosas. Así, la cuestión del evolucionismo ha sido un asunto presente cuando he enseñado en las universidades. Adicionalmente, en años recientes hemos sido testigos de desarrollos en ciencia y tecnología que plantean preguntas de carácter religioso y de fe. Existen, por ejemplo, las posibilidades inherentes en la manipulación genética de plantas, animales y humanos, así como también en las tecnologías de la información y comunicación. Más generalmente, los estudiantes encaran la pregunta relevante de qué tiene que ver la fe cristiana, además de su importancia para la ciencia, con la formación de nuestra cultura en la tecnología, agricultura, servicios médicos, economía, política y así sucesivamente.

Cultura sin Dios

En consecuencia, los estudiantes no sólo tienen que enfrentar una veneración idólatra de la ciencia; también encaran constantemente una sociedad en la que el poder de la gente, aquellos que poseen las herramientas de la ciencia y tecnología, se ha incrementado enormemente. La mentalidad atea que prevalece en la ciencia y la tecnología ha sido proyectada en nuestra cultura. La ciencia y la tecnología, una combinación totalmente poderosa, son por así decirlo los ingredientes principales del aire que cada uno de nosotros respira diariamente. El carácter "autónomo" o "ilustrado" del pensamiento científico llega a ser palpable en nuestros logros científico-tecnológicos. No es accidental que nosotros regularmente hablemos de la cultura científico-tecnológica o, simplemente, cultura tecnológica en la que vivimos. Sin embargo, la segunda característica principal de esta cultura es que está altamente secularizada. En esta cultura, ningún estudiante se escapa del conflicto con los valores y normas de la fe cristiana.

Por consiguiente, esta cultura atea significa una segunda confrontación para muchos jóvenes estudiantes. Los estudiantes con un trasfondo religioso, cuando asisten a la universidad, entran a un ambiente y encaran una cultura en la que Dios ya no tiene nada que decir. Él es declarado muerto o ignorado. Así como a Dios no se le ha prestado ninguna atención en lo que concierne al pasado, tampoco lo ha sido en la escena del futuro. El futuro es reclamado por la humanidad como su futuro. Ese futuro se centra especialmente en el poder y desarrollo técnico-económico. En eso ha puesto nuestra cultura sus esperanzas. La expectativa futura no es más la expectativa de que Dios irrumpirá y hará todas las cosas nuevas; sino por lo contrario, que el poder humano resolverá todos los problemas y allanará el camino hacia el futuro. La gente misma determinará el origen y el fin de todas las cosas. Eso se considera evidente. Si el cielo es un vacío, los humanos pondrán su esperanza en la ciencia y la tecnología. Se espera que la ciencia y la tecnología nos garanticen un buen futuro. Debiendo esta expectativa colapsarse después de todo, terminaríamos en el nihilismo (véase sección 6.5ss.).

Como la historia intelectual del Occidente lo demuestra, las expectativas futuras fueron por un largo tiempo acompañadas por magníficas visiones. Concedido: ahora que la humanidad ha tenido que asimilar numerosas desilusiones, las pretensiones de los humanos autodeterminantes han sido de algún modo rebajadas. Ahora son más individuales. Aunque toda clase de cambios en el punto de vista de la cultura occidental puede observarse, no hay indicios de un cambio total a nivel fundamental. El interés en la importancia de Dios y su Hijo Jesucristo para la ciencia, la tecnología, la cultura y el futuro sigue en declive. La importancia del reino de Dios ha sido y sigue siendo excluida del ámbito del pensamiento y la acción humana.

La confrontación entre la fe cristiana y la fe en la ciencia

La afirmación de que la verdad es por naturaleza científica no es precisamente una invención moderna. Lo que es moderno es su persistencia en la tecnología y economía. En la filosofía griega, el mundo ya era visto como una realidad verdadera y auténtica. El "pensamiento" determina el "ser". Y ese pensamiento es pensamiento lógico. La Filosofía, por implicación, afirma ser una revelación en sí misma. Esa afirmación se traslada a la ciencia.

Cuando los primeros cristianos encontraron esta afirmación filosófica, fueron forzados a tomar una decisión. Inicialmente, la rechazaron. ¿Qué más podrían hacer? La Biblia les advierte en contra de la filosofía que surge del corazón humano y no de Cristo (cf. Colosenses 2:8). Más tarde, sin embargo, comenzaron a adaptar su posición, al mismo tiempo que mantenían viva la conciencia de que ellos no tenían licencia para seguir las pretensiones de los filósofos griegos en todo. De modo que buscaron una especie de cristianización de todo esto.

No es mi intención describir en detalle el curso posterior del conflicto entre la fe cristiana y la fe filosófica que en los tiempos modernos coincide con la fe en la ciencia. Suficiente ya ha sido escrito sobre ese tópico. En cualquier caso, está muy claro que la historia del cristianismo es una gran demostración de que tuvo que ocuparse de la ciencia y sus afirmaciones. Tuvo que hacer esto, por un lado, porque el pensamiento científico se distinguió a sí mismo por sus grandes logros; por el otro lado, porque la filosofía, trabajando detrás de la ciencia, se volvió como nunca más claramente en contra de la religión en general y en contra de la fe cristiana en particular.

Más tarde cuando, bajo la influencia de las consecuencias de la ciencia en la tecnología y la economía, la atención se había movido de la verdad de la ciencia a su utilidad, la confrontación se movió cada vez más hacia el dominio de la cultura, la cual inició a portar el sello inequívoco de la tecnología y la economía.

Desde entonces y hasta el día de hoy, la reacción de los cristianos hacia la sobrestimación del pensamiento humano – filosofía y ciencia – ha sido variada. Lo mismo sucede en su confrontación con la cultura técnica-económica dominante. Uno puede distinguir algunas cuantas opciones. Discutiré brevemente el trasfondo y las implicaciones de varios puntos de vista con el fin de terminar con uno que me gustaría recomendar. En esta relación, quiero enfatizar que por el momento me abstendré de comentar sobre el significado de los diferentes modelos para la influencia ejercida por la ciencia – vía la tecnología y economía – sobre la economía global. Estos temas vendrán en capítulos subsecuentes (Caps. 7 y 8).

1.2 Una "doctrina del coronamiento"

Una primera interpretación – antigua y moderna – de la relación entre fe y ciencia podría ser llamada "la teoría del coronamiento". La teoría consiste en que el punto de vista común de la filosofía y ciencia como independientes de la fe cristiana, es decir, como aquello que pertenece al reino de la naturaleza, aunque aceptado como tal, necesita ser terminado o "coronado" con fe: el reino de la gracia. En el sistema de Tomás de Aquino (1225?–1274) esa fe es entonces equiparada con la teología. Lo que esta solución produce es una síntesis entre dos concepciones, cada una basada en su propia fe. La creencia en la autonomía de la ciencia es coronada con la creencia en la fe cristiana que es entonces elaborada en la teología. Desde este punto de vista, la gente habla de la teología como "la reina de las ciencias".

Que la tensión inherente en esta síntesis y el conflicto entre estas dos fes – en pocas palabras, entre la ciencia y la teología – fuera por largo tiempo contenida, fue debido al poder de la jerarquía de la iglesia. La iglesia, con la ayuda de la teología, en última instancia estableció los puntos de disputa. La solución adoptada en el conflicto con Galileo se considera como el ejemplo clásico de esta clase de resolución. En la tradición del Catolicismo Romano, la "doctrina del coronamiento" tiene aún fuerza. Esta síntesis entre naturaleza y gracia, por consiguiente, ha persistido por largo tiempo y, en esa tradición, está destinada a persistir por muchos años venideros. La autoridad o poder eclesiástico responderá por esto, a pesar de la disminución del apoyo brindado a esta posición.

Tal pensamiento-"síntesis" ocurre también en la tradición Protestante. Aquí también dominó la idea de que la teología como reina de las ciencias tiene la última palabra en disputas científicas serias. Pero, ya que no hubo poder Eclesiástico para establecer tales disputas, la síntesis tomó formas muy diferentes y flexibles. Esta síntesis, sin embargo, no es por esa razón menos seria. El resultado de este desarrollo es una variación moderna de la teoría del "coronamiento". La gente acepta más o menos acríticamente la visión predominante de la ciencia y luego "la completa" con un testimonio personal de fe. Así el "evolucionismo", que pretende integrar en una sola teoría tanto el origen como el desarrollo de todas las cosas (véase capítulo 2), es visto como inevitable. La gente opera con este punto de vista en la ciencia pero, como creyentes, simultáneamente afirman su adherencia a la creencia de la creación de todas las cosas por Dios. Por regla general, este "coronamiento" es sinceramente entendido en el sentido de un testimonio. Sin embargo, lo que estas personas de fe en general perciben es que esta posición es insostenible porque su fe y su ciencia no están de ninguna manera integradas en una sola perspectiva. Un testimonio de fe extendido como una "salsa" sobre una teoría de incredulidad no cambia esa teoría. Por el contrario, falla en hacer justicia a la fe ya que el evolucionismo subyacente es en sí una fe científica. Aquí no hay un compromiso integral y radical del pensamiento filosófico y científico a la fe cristiana. O más bien: su pensamiento filosófico y científico se ha desarrollado aparte de la perspectiva de la fe cristiana.

1.3 La separación entre fe y ciencia

A causa de las pretensiones y el enorme poder de la ciencia, es muy común que junto a la teoría del "coronamiento" la gente favorezca una "pared de separación" entre fe y ciencia. Ellos promueven que el punto de vista de la ciencia y la fe son dos áreas independientes de la vida. Esta división corresponde a una vida dividida. Al lado del mundo de la ciencia existe el mundo de la fe cristiana. Sarcásticamente, uno podría decir: El domingo está aislado de los otros días de la semana. Cuando ponemos así las cosas, es claro que esta división no solo marca los puntos de vista de los académicos cristianos sino también de los cristianos en general. Frecuentemente somos testigos de esta separación en la vida económica, en la vida política y en la vida diaria. Un día especial o actividades especiales están reservadas para la práctica de la fe. El tiempo restante es separado del día especial y llenado con lo que usualmente se hace en ciencia y cultura. Especialmente ahora que nuestra cultura occidental está claramente estampada por la ciencia, frecuentemente observamos esta separación. La *fe* cristiana, decimos, ha sido *privatizada*. Para el académico cristiano, esta separación significa que vive en dos mundos con dos verdades mutuamente contradictorias. La verdad de la ciencia se opone a la verdad de la fe cristiana. Aquellos que tienen un sentido de la historia saben que este conflicto ha sido frecuentemente resuelto a favor de la ciencia o, mejor dicho, a favor de la fe en la ciencia. La razón es que la gente busca su certeza en las características lógicamente convincentes, necesarias e ineludibles de la ciencia. Pero la gente está aún más firmemente apegada a los poderes de la ciencia y a las posibilidades del control. En ese caso, fe en la ciencia es simultáneamente creencia en el control técnico de la realidad y sus problemas. Ya que la gente espera de esta creencia progreso material, esta *creencia en el control* es acompañada por la *creencia en el progreso*.

Las universidades holandesas más antiguas proporcionan un claro ejemplo de la división actual entre la fe y la ciencia. Todas ellas comenzaron como universidades reformadas; ahora han llegado a ser bastiones del humanismo. Para tener una mejor compresión del curso de este desarrollo, debemos considerar la historia de la filosofía. La filosofía occidental, especialmente desde la Edad Media, ha sido controlada por el motivo de la idea de la autonomía humana. Y la filosofía occidental misma hizo todo lo posible para confirmar y establecer esta autonomía. Es esta filosofía la que trabajó y aún trabaja con un poder idolátrico en el trasfondo de cada disciplina científica, desde las matemáticas hasta la teología. Laplace, como matemático, aun creyó que tendría la habilidad de predecir el futuro. Y Rudolph Bultmann, teólogo, hablando desde una posición científica, negó que Dios, por su revelación y particularmente por su Hijo Jesucristo, podría penetrar el orden existente. Esta secularización de la práctica de la ciencia y, dado el poder cultural de la ciencia, resultó en la secularización de la cultura entera.

Tiene que agregarse que esta separación tampoco duró en otras áreas de la vida. La separación entre una cultura atea secularizada y la fe cristiana ha demostrado ser ilusoria. La secularización lucha en contra de la fe cristiana y gana repetidamente – a no ser que los cristianos, sin poner en riesgo la posibilidad de cooperación en la ciencia, claramente opten por una opinión, interpretación o dirección de suyo propio. Naturalmente, esto es más fácil en matemáticas; en teología es imposible. En la esfera de las ciencias naturales y técnicas los mismos resultados pueden llevar a diferentes interpretaciones y juicios. Desde diferentes perspectivas de fe, el mismo desarrollo puede ser evaluado de manera diferente y, por supuesto, regulado diferente (véase sección 8.6).

1.4 La "doctrina de los fundamentos"

Una tercera variación en la relación fe-ciencia ocurre en la "doctrina de los fundamentos". Aquí se rechaza la división entre fe y ciencia sin que se acepte alguna variante de la teoría de la "coronación". Sus proponentes correctamente dicen que uno podría favorecer una clase de integración desde el mismo comienzo. En la ciencia, un buen inicio es esencial. De modo que ellos formulan principios cristianos o puntos de partida que juntos forman el fundamento para la construcción del edificio científico.

Esta opinión, aunque luce muy atractiva, tiene algunos problemas. Existe, por ejemplo, la pregunta de cómo una persona llega a los puntos de partida. ¿Cómo puede uno estar seguro de que nuestro fundamento es cierto? La traducción de la Palabra-revelación de Dios en principios científicos no es tan fácil como parece. Antes de que te des cuenta, ya has elegido tus puntos de partida y encerrado tu fe en ellos: una práctica que aún ha demostrado ser la debilidad de la Universidad Libre de Amsterdam. Los fundadores buscaron de una vez por todas establecer principios escriturales o reformados para la práctica de la ciencia, principios que más tarde demostraron ser insostenibles. Como resultado de este enfoque, el ideal de la erudición cristiana ha sufrido un enorme daño. A lo que los fundadores debieron haber puesto atención es a la pregunta: ¿cuál es el carácter único del fundamento puesto y del proceso de construcción sobre él? La respuesta a esa pregunta será por supuesto que es el acto de pensar lo que sirve para mediar la formulación del fundamento y que, por medio del mismo proceso de pensar, uno construye sobre ello. Pero, ¿cuál es la relación entre ese proceso de pensamiento y la fe? ¿No existe la posibilidad de que la fe sea concebida como algo estático, algo que sea impuesto y que subsecuentemente la gente marche con la suposición de que el edificio conceptual es simplemente perfecto? En otras palabras, uno se concentra en las presuposiciones con la creencia de que es aquí donde radica la diferencia entre la erudición cristiana y la no cristiana. Diría que aquí también hay diferencia, pero, definida de esta manera, esta imagen es demasiado limitada. Porque, ¿cuál es el efecto de la fe, tanto en la formulación de principios como en el pensamiento que sigue? ¿Puede el pensamiento que está basado sobre el fundamento ser salvaguardado en contra de la creencia en el control científico-técnico?

En el siguiente capítulo, que trata la controversia entre evolucionismo y creacionismo (científico), intentaré exponer la posición de que el evolucionismo y el creacionismo *científico*, por mucho que difieran a nivel de sus presuposiciones, se encuentran sin embargo sellados por una clase de pensamiento técnico, es decir, una doctrina de control científico-técnico.

1.5 La fe regula el pensamiento

Como establecí en el prefacio, quiero hablar acerca del problema de la fe y el pensamiento, fe y filosofía y ciencia, especialmente a la luz de mi propio batallar con este asunto.

Ha llegado a ser cada vez más claro para mí que la pregunta es usualmente planteada incorrectamente. El asunto en cuestión no es la relación entre fe y ciencia, sino la relación entre la *fe cristiana* – en la cual, mediante una visión cristiana de vida-y-mundo, hay lugar para una cierta opinión acerca de la ciencia – y *fe en ciencia*. La fe y el pensamiento están interrelacionados. La pregunta es: ¿qué fe dirige o guía el pensamiento de uno? En la cultura occidental, la lucha entre las dos fes mencionadas arriba ha estado sucediendo por un largo tiempo. Los eruditos cristianos y estudiantes cristianos continuamente tienen que tratar con ello. En esa lucha, ellos están constantemente forzados a determinar su posición. No es poco frecuente – usualmente de manera inconsciente y de buena fe – que la gente adopte alguna clase de síntesis. Tal síntesis, sin embargo, nunca es el final de la historia. Nunca es estable. Dentro de la síntesis, la lucha entre las dos fes, los dos sistemas de creencias, continúa y es en esa lucha que la fe en la ciencia parece triunfar demasiado seguido. Si la fe cristiana va a determinar la práctica de la ciencia radical e integralmente, entonces la erudición científica *que procede de fe y para fe* debe ser una posibilidad. A la luz de la fe, la práctica de la ciencia tendrá que ser conducida dentro de una cierta perspectiva. ¿Se puede clarificar esto?

"Creer" y "pensar científicamente" son dos actividades humanas – calificadas de manera diferente – que no pueden ser reducidas la una a la otra. Lo que Hebreos 11:1 dice de la fe no puede decirse de manera científica: "Es, pues, la fe la certeza de lo que se espera, la convicción de lo que no se ve". Pero esta distinción fundamental entre "creer" y "pensar" no descarta una cierta clase de conexión entre las dos. Después de todo, las actividades a las que se hace referencia en las declaraciones "creo" y "pienso" son actividades de una y la misma persona. Esa conexión entre creer y pensar – así como obrar y de ahí la tecnología – es dada en el "en sí mismo", en el *corazón*, como el centro religioso de los seres humanos.

El corazón, bíblicamente considerado, es el centro humano sobre el cual Dios ha puesto su sello, haciendo así a los humanos portadores de su imagen. Del corazón, dice la Escritura (Proverbios 4:23), fluyen los manantiales de la vida. Lo que ocupe al corazón humano en el sentido religioso, es decir, lo que determine la posición religiosa del corazón, pone su sello sobre todas las maneras en que el corazón se expresa a sí mismo (creyendo, disponiéndose, pensando y así sucesivamente). El centro del hombre, por consiguiente, no es *pensar* – el intelecto – como la tradición filosófica occidental siempre ha creído, sino el *corazón*. Y desde dentro de ese centro tendrá que haber unidad entre fe, mente y manos: unidad entre fe, ciencia y tecnología. Durante este estudio – especialmente en el último capítulo (véase sección 8.2) – veremos qué tan difícil es mantener la unidad de corazón, mente y manos. El corazón, después de todo, está frecuentemente dividido. El resultado, como es también el caso de los cristianos, es que la división ocurre fácil y repetidamente en la vida, conforme diferentes fes compiten por prioridad en la misma vida. Esa declaración exige más explicación.

Creer, por consiguiente, está actuando en el fondo de cada cosa que nosotros hacemos. El testimonio de la fe hace claro el contenido religioso del corazón, en ese contenido es que el corazón encuentra certeza, estabilidad, firmeza. El contenido de esa fe dirige las actividades presentes, prácticas, no-científicas del pensamiento y entendimiento. Inherente al creer, después de todo, está la actividad precientífica del proceso de pensar y saber; al mismo tiempo, la fe trasciende esta actividad. El pensamiento científico a su vez presupone pensamiento no-científico y es posteriormente sostenido completamente y aún estimulado por la confianza o por la fe. Esa confianza máxima es el centro de la experiencia humana. En otras palabras, el creer dirige o regula, no solamente la experiencia, la actividad práctica y pensamiento, sino también la ciencia. Bajo la guía de la fe, todas las actividades humanas son abiertas y enriquecidas.

Pero existe también el otro lado de la moneda en este asunto. Permítanos limitarnos por el momento a la ciencia: inherente a la fe cristiana está la limitación última del lugar y contenido de la ciencia (véase sección 2.2). La fe en la ciencia no reconoce esas fronteras. Esa es la razón por la cual nosotros frecuentemente vemos a los científicos alegremente excediendo las fronteras de la ciencia y terminando en la especulación. Ese es el caso, por ejemplo, con el evolucionismo (véase capítulo 2). Pero basados en la fe cristiana, una fe que es nutrida por la revelación divina y la iluminación del Espíritu, los creyentes aceptan fronteras normativas para el ejercicio de la ciencia (véase sección 1.7). La ciencia es conducida dentro de la perspectiva significativa de la fe. La aportación de la fe en la ciencia o su regulación de la ciencia es, por tanto, un hecho. Y dentro de aquellas fronteras normativas y como un resultado de esa dirección, podemos también decir que la fe es un estímulo para la ciencia. El ejercicio de la ciencia es un mandato divino dado a los humanos, una oportunidad dada por Dios para examinar todas las cosas. En el proceso de seguir este mandato, la gente constantemente descubre nuevas cosas. Ese hecho no es contrario a la creencia cristiana. Por el contrario, ¡una ciencia guiada por normas enriquece aun a la fe misma! Un cristiano equipado con conocimiento científico puede conducirse hacia el honor, la omnipotencia y la sabiduría de Dios el Creador.

Debe ser constantemente enfatizado que la fe cristiana debe regular la actividad científica. En la tradición occidental, ciertamente, la fe en la autonomía de la razón humana se ha vuelto cada vez más fuerte. Desde el tiempo de los griegos, la creencia en la autonomía ha tendido a fusionarse, parcial o completamente, con el pensamiento filosófico o científico. Fe en la autonomía entonces llega a ser fe en la ciencia. Conocer, en el sentido del conocimiento concreto y la comprensión de la realidad empírica, con la confianza básica como el conocimiento del corazón en su centro, ha renunciado cada vez más a la reflexión científica como la práctica de pensar en abstracciones y sistemas lógicos. Así, fe en la autonomía ata a sí misma al pensamiento científico. Esto lleva a su vez a la cientificación[2] de la práctica de la vida y, en última instancia, a una imagen del mundo cerrado de la cual Dios está excluido.

Repetidamente vemos que la fe en la autonomía y cientificación prevalecen sobre la fe cristiana y minan su poder. Esta característica fundamental del pensamiento occidental ha influenciado fuertemente, por ejemplo, a la cuestión concerniente a la verdad. La verdad se convirtió en verdad *teórica, científica*. Esta verdad teórica, debido a la universalidad o validez general del conocimiento científico, inspiró confianza. La gente proyectó su idea de autonomía, su propia grandeza, sobre la ciencia. Perdieron de vista la relatividad de todas las afirmaciones científicas. Su absolutización los obsesionó completamente. Se entregaron al carácter convincente, lógico y necesario del conocimiento científico.

Llamamos *racionalismo* a esta tendencia dominante. Se caracteriza por una clase de verdad teórica. Esta verdad científica, sin embargo, no es la verdad entera; es impersonal y abstracta. Y esto es inevitable ya que las abstracciones tienen su lugar en la ciencia; llegan a ser riesgosas solamente cuando la gente ya no está consciente de esa realidad. De hecho, la verdad científica como verdad teórica *absolutizada* está en desacuerdo con la fe que reconoce que Jesucristo es el Camino, la Verdad y la Vida. Por él, todas las cosas fueron hechas; todas las cosas marcadas por el pecado han sido nuevamente reconciliadas con Dios y recuperaron su propósito y destino en él. Esta verdad es mucho más rica que una teoría científica. Es personal y exige un compromiso completo, que significa una rendición llena de confianza y buena disposición para prestar atención a la declaración: ¡Creo en Jesucristo! La demostración enteramente lógica no es parte de

---

2   Nota del traductor: Por *cientificación* se quiere decir la acción de hacer algo científico.

esta fe. Lo mismo es cierto para todo lo que tiene que ver con el contenido de esa fe, tales como la creación, la caída en el pecado, la redención, la gracia, el obrar del Espíritu Santo, la resurrección, la recreación, la vida eterna y así sucesivamente. "Por la *fe* nosotros entendemos que el mundo fue hecho por medio de la palabra de Dios. . ." (Hebreos 11:3). Eso no es algo que uno pueda *entender* – es decir, captar lógica o científicamente en un concepto – pero uno puede *creerlo*. Esta clase de creencia sobrepasa el reino de la lógica y puede, por tanto, ser argumentada solamente en parte. También sería, por tanto, un malentendido pensar que podríamos determinar la relación entre creer y pensar sobre la base de la razón. No es posible una armonía lógica *completa* entre pensar y creer. Aun si en nuestro pensar hemos cedido prioridad a la fe, nosotros hemos introducido un malentendido inicial. El tema "fe y ciencia", la relación entre creer y pensar, no puede ser elaborado al final en un pensamiento. Si eso fuera posible, el pensamiento científico dominaría la fe y resolvería el misterio de la fe. En los límites del pensamiento científico, la fe como misterio exige reconocimiento. La fe acompaña a la ciencia "desde más allá" de la ciencia; debemos practicar la ciencia "fuera de y para" la fe. La fe regula o se abre al pensamiento científico y lo limita, y así salvaguarda un lugar significativo muy propio de la ciencia. Cada pensamiento humano debe tomarse cautivo bajo la obediencia de Cristo (2 Corintios 10:5). El reinado de Cristo se extiende también a la ciencia. Esa es la verdadera renovación de nuestra mente (Romanos 12:2). En la búsqueda cristiana de la empresa científica, es especialmente verdadero que el profesional debe ser creyente, sabio, prudente, paciente, sobrio y sensato. Todo lo que no procede de fe es pecado, dice la Escritura (Romanos 14:23). Sin fe, la ciencia no puede alcanzar su verdadero destino. Nuestro pensamiento debe ser continuamente renovado bajo la guía del Espíritu Santo y mediante una fe viva (Efesios 4:23). La reflexión científica debe ser sustentada por, o enraizada en, la sabiduría práctica para vivir, de la cual Jesucristo es la fuente, la *radix* (raíz) auténtica. Por medio de la fe, debe haber en el pensamiento cristiano un enfoque íntimo centrado en Cristo. El propósito o significado de la ciencia, por consiguiente, no descansa en la supuesta autonomía del profesional científico, sino en la gloria de Dios, quien revela su omnipotencia y sabiduría en los frescos descubrimientos de la ciencia. Ese significado puede también discernirse cuando el académico mismo no lo reconoce. Es con asombro que usualmente leo la página semanal de ciencia del bien conocido periódico holandés *NCR/Handelsblad*. Como lector frecuentemente noto que la arrogancia humana atrae nuevos desarrollos científicos. Pero fe en la ciencia permanece ligada a la creación de Dios y por tanto, además de la tendencia a absolutizar, trae a luz el "estado de cosas" para poder apreciarse. Esto es, los resultados de tal ciencia pueden integrarse bajo la perspectiva de fe de uno. En pocas palabras, el sentido de asombro de uno

crece desde el interior de una perspectiva de creencia en estos resultados.
En nuestros días, los científicos están muy lejos de permanecer siempre racionalistas. La gente ha llegado a comprender bien las incertidumbres que podrían adherirse al conocimiento científico para ser racionalistas "auténticos". Más tarde, observaremos que esta "modestia" de ninguna manera resta valor a los planes presuntuosos de utilizar la ciencia como medio de control. Especialmente en la atmósfera del pragmatismo, esta pretensión científica es sobremanera estimada (véase sección 6.2).

1.6 ¿Qué es la ciencia?

Hasta este punto, he simplemente asumido que sabemos lo que es la ciencia. En cualquier caso, en este libro tengo en cuenta particularmente las ciencias naturales y técnicas.

Para tener una mejor idea de la relación de la fe con la ciencia es necesario, sin embargo, echar un vistazo más cuidadoso a la ciencia. Como ya ha sido establecido, es una actividad humana especializada. Detrás de esta clase de pensamiento se encuentra su fuente que reside en el corazón humano. Desde ese corazón, procede también la actividad científica de la humanidad. A los cristianos, en su idea de la ciencia, nunca les será dado ignorar a Dios y la realidad cósmica como la creación de Dios (todas las cosas son "de él, por él y para él", Romanos 11:36). Todo en la realidad se originó *de* Dios, existe *por* Dios y está destinado *para* Dios. La ausencia de esta perspectiva de significado tiene consecuencias de gran alcance. Cuando en nuestro ejercicio de la ciencia ignoramos a Dios y la realidad como la creación de Dios, estamos cerrando nuestros ojos a la relatividad, las limitaciones y la temporalidad de la ciencia. En ese caso, ya no reconocemos que la ciencia está caracterizada por abstracciones y en consecuencia por reducciones (véase capítulo 4).

Luego olvidamos que, en la ciencia, una gran parte del todo de la realidad es excluida. En la ciencia, la gente usa una especie de anteojera con el fin de perseverar en el examen y estudio de lo que es aún visible. A lo que caiga fuera de ese ámbito, un científico no pone atención. Eso es algo difícil de aprender. Pero cuando el científico persevera, es muy productivo: eso aún produce conocimiento universal. El conocimiento científico es universalmente válido y cualitativamente universal también, ya que lo que es único no se conoce científicamente.

La fortaleza del conocimiento científico es que, dentro del marco de las abstracciones, los científicos han aprendido mucho. Su debilidad llega a ser evidente cuando observamos que, con las abstracciones, las fronteras no han sido tomadas en cuenta. En la interpretación del conocimiento científico, lo que ha sido ignorado o puesto entre paréntesis tiene que tomarse en cuenta otra vez. En otras palabras, el conocimiento científico tiene que ser integrado en nuestra clase de conocimiento concreto de cada día. Así se enriquece el conocimiento cotidiano. Esto es lo que pasa o tiene que pasar cuando el conocimiento científico es aplicado a datos concretos. Es lo que el ingeniero tiene que tomar en cuenta en su campo técnico, el economista en el ejercicio económico, el doctor en la medicina y el teólogo en la exégesis de la Escritura.

Más tarde, aprenderemos que, como resultado del uso instrumental de la ciencia, las abstracciones causan numerosos problemas en nuestra cultura. Aquello que no se presta al control científico-técnico se pasa por alto fácilmente. Esto conduce al reduccionismo en lugar de a una visión completa de la realidad.

Si olvidamos que en el ejercicio de la ciencia estamos tratando con una realidad abstracta, en otras palabras, si depositamos nuestras esperanzas en la ciencia, perdemos la visión de su relatividad. Bajo la influencia de la fe en la ciencia, nuestro conocimiento concreto de la realidad es sacrificado al conocimiento científico abstracto, un proceso que conduce a la cientificación de la realidad. Esta cientificación ocurre en nuestra cultura a gran escala. Nuestro quehacer económico, la tecnología, el ejercicio de la medicina, la cultura, la vida de fe de la iglesia (bajo la influencia de una teología absolutizada) – todos estos sufren bajo el impacto de la cientificación. Naturalmente, el proceso de la cientificación es más agravado en el fenómeno de la tecnificación de la realidad cuando, bajo la influencia del pragmatismo, el control científico-técnico llega a ser dominante. ¡Manifiesto es aquí el espíritu de los tiempos (el *zeitgeist*), pero al reconocerlo seríamos más capaces de entender los muchos contramovimientos! Volveremos a visitar este tema con mayor amplitud en capítulos subsecuentes (véanse especialmente sección 5.2 y capítulo 6).

Cientificación

Probablemente pueda explicar mejor lo que se quiere decir con la palabra "cientificación" ofreciendo algunos ejemplos. Cuando adquiero un artículo – una acción concreta – lo que adquiero difiere de una teoría económica acerca de la compra. Ahora, el conocimiento de esa teoría económica puede en realidad influenciar mi conducta como comprador, para bien o para mal – para bien, cuando absorbo esta teoría económica en mi conocimiento concreto y así pre-científico, y al hacer eso incremento mi conocimiento y sentido de responsabilidad; para mal, cuando esta teoría económica *coercitivamente* influye en mi conducta como comprador y me priva de mi sentido de responsabilidad. En este último caso, la teoría económica ya no es un camino de acceso secundario para mi conducta económica, sino la principal autopista para ello.

Análogamente, podemos hablar de la relación entre el conocimiento de la fe y el conocimiento teológico. El conocimiento de la fe es vigoroso, personal y concreto. El conocimiento teológico es una teoría acerca de la creencia y sus normas y como tal – por consiguiente como teoría – necesariamente abstracto. Equiparar las dos, conduce a la teorización de la fe. Ello degenera en un problema teológico. En la práctica, frecuentemente encontramos este fenómeno. La vida de fe languidece bajo una carga de pericia teológica; voces proféticas son silenciadas; la vida de fe padece de cientificación y es entonces vaciada y empobrecida. El Dios viviente quien habla de manera pertinente y concreta a sus hijos, animándolos y confortándolos ("habla Señor, porque tu siervo está atento" – 1 Samuel 3:9–10) es reemplazado por un dios intelectual, el dios de los filósofos y teólogos. En discusiones entre nosotros mismos, nuestro pensamiento, que es pobre y débil, es a menudo escuchado más claramente que el testimonio de nuestra fe, que parece pobre, pero es fuerte, mejor dicho, es hecho fuerte por el obrar del Espíritu Santo.

Otro ejemplo: el pensamiento científico de la revelación acerca de Cristo podría no equipararse con la fe concreta en él y el vivir con él. Similarmente, una idea teológica con respecto al origen, la naturaleza y la manera de operar del pecado es algo muy diferente a reconocerse a uno mismo como pecador.

He discutido aquí con mayor extensión la cientificación de la vida de fe por la excesiva veneración de la teología porque, en mi opinión, este intelectualismo ha vuelto a los cristianos menos resistentes al proceso de la cientificación en general y hasta lo ha fomentado. Aunque el peligro de la cientificación es más ampliamente reconocido hoy que en el pasado, uno no debe concluir tan de prisa que hemos dejado esta tradición de resistencia detrás de nosotros.

La ciencia siempre es abstracta

Regresamos a las abstracciones de la ciencia. Hablando en general, los maestros de universidad raramente discuten en los salones de clase las abstracciones como tales. Uno casi podría decir que niegan su existencia. Hasta ahora, como yo puedo ver, la ciencia es el hábitat natural de las abstracciones. La razón del por qué las abstracciones como tales son usualmente ignoradas es que, como establecimos anteriormente, los académicos no desarrollan la ciencia desde una perspectiva de fe o significado. Como académicos, rompen con Dios y subsecuentemente abstraen sus datos especializados desde lo que las cosas significan y desde lo que la historia como el reino de Dios significa. Ya no tienen el conocimiento del significado para la ciencia a partir de los pronunciamientos de la fe. Ellos ya no quieren aceptar la revelación divina como luz para la ciencia. Consecuentemente, la pretensión se va haciendo a la idea de que la ciencia es autosuficiente y que, por medio de ella, uno puede captar el todo de la realidad (véase sección 6.2). La gente puede estar tan impresionada con el conocimiento científico abstracto que se olvida de que está tratando con abstracciones.

La falla en darse cuenta de que los científicos producen abstracciones conduce al reduccionismo. Esto implica también que el académico ya no se considera a sí mismo como criatura sino como "señor y maestro" (Descartes) sobre el todo de la realidad. Esta pretensión claramente lleva a exceder las fronteras científicas. La ciencia, consecuentemente, se convierte en una ideología y el científico en un creyente en la ciencia (véase capítulos 3 y 4). La ciencia se vuelve un ídolo.

1.7 La ley de Dios como frontera entre Dios y la creación

Sin embargo, un enfoque alternativo es posible si adoptamos una idea filosófica-cristiana de la ciencia. Cuando los académicos niegan la existencia de Dios o creen que pueden ignorarlo, terminan con una idea de la ciencia en la cual la ciencia ocurre entre el investigador científico como sujeto y las cosas a ser investigadas como objetos. El conocimiento científico, por consiguiente, se convierte en conocimiento de objetos y entonces es llamado conocimiento objetivo. Cuando los investigadores reconocen que ambos, tanto el sujeto como el objeto, son creaciones de Dios, descubren que no están en oposición mutuamente sino sujetos al gobierno de Dios sobre la realidad cósmica – a la ley de Dios para el todo de la realidad cósmica.

En filosofía reformacional, esa ley ha sido siempre un foco fuerte de atención. Aún en el nombre original: "La Filosofía de la Idea Cosmo*nómica*" el lugar especial de la ley de Dios se hace patente. En los estatutos de la Sociedad para la Filosofía Reformacional, se requiere que los miembros reconozcan que la ley cósmica es la frontera entre Dios el Creador y su creación. Los humanos nunca pueden elevarse por encima de esa ley. Lo que ellos *pueden* hacer – por medio de las abstracciones de la ciencia – es lograr una idea más clara acerca de esa ley. En los resultados de las ciencias especiales, esto se expresa diciendo que la física descubre las leyes que gobiernan la "naturaleza"; la biología, las leyes que gobiernan la vida; la economía, las leyes que gobiernan la vida económica y así sucesivamente. La historia de las ciencias, además, nos dice que la descripción de esas leyes puede cambiar. Pero se excluye una visión global ya que, como académicos, no nos encontramos por encima sino por debajo de esa ley. Nuestro enfoque de la ley es "trabajo a destajo". En el mejor de los casos (de ahí la *idea* cosmonómica), podemos hablar de un acercamiento a esa ley. Y en ese contexto, es el caso de que cada ciencia aborda un aspecto de la ley.

La manera en la cual los científicos intentan ver las leyes vigentes en cuestión puede variar. Los métodos que usan para ese fin pueden ser adaptados o algunas veces reemplazados por un enfoque enteramente nuevo. Recientemente, por ejemplo, los métodos más analíticos y reduccionistas usados en las ciencias naturales fueron reemplazados por el método sintetizador o expansivo del enfoque de sistemas (véanse capítulos 4 y 5). Este pluralismo metodológico pertenece a la ciencia intrínsecamente y debe ser valorado positivamente. Basado en el reconocimiento de que los académicos buscan ganar una idea de la ley cósmica, uno podría decir que, en sus actividades científicas, ellos hacen pocos modelos o prototipos, por así decirlo, de la realidad (Toulmin) que los ayuden a orientarse a sí mismos. Pero sobre las bases de las pretensiones del racionalismo, empiezan a pensar que aquellos pocos modelos son equivalentes a la realidad misma (Popper).

Especialmente Van Riessen, trabajando como filósofo reformacional, puso mucha atención al lugar de la ley y su significado para la ciencia. Por un lado, esa ley es una expresión de la voluntad de Dios para el todo de la realidad creada; por el otro, Dios está también presente en esa realidad a través de esa ley. Es un poder dinámico que conserva y mantiene la realidad cósmica y ofrece una perspectiva acerca de ella. Por medio de esa ley, la existencia de todas las cosas es existencia en promesa (Geertsema). Variada y diferenciada como es la realidad cósmica, así es la ley que la gobierna.

Ciencia bajo la ley de Dios

Hablaremos todavía más acerca del tema de la ley de Dios. Nada existe sin la ley. Se da por sentado que hay una gran diversidad en las leyes. Desde la Palabra de Dios es claro que los Diez Mandamientos constituyen el núcleo (centro) de la ley de Dios. Aquellos mandamientos gobiernan la vida diaria. En ciencia, los humanos intentamos localizar las leyes funcionales. El punto focal de toda la ley de Dios está en los mandamientos de amar a Dios por sobre todas las cosas y a nuestro prójimo como a nosotros mismos.

La Biblia frecuentemente habla del gobierno de Dios, en el Salmo 119 por ejemplo, en el sentido de las ordenanzas y estructuras que Dios ha establecido para la creación. Seakle Greydanus, por consiguiente, correctamente describió las leyes naturales como sirvientes de Dios. La Biblia también nos da una garantía para decir que la ley es tan amplia como la extensión misma de la creación.

Los humanos a menudo intuitivamente captamos la ley a través de la experiencia. Este proceso es bellamente descrito en Isaías 28:23-29, donde leemos que el agricultor en su trabajo diario comienza a entender cada vez más el significado de la ley de Dios para su trabajo. La ciencia intenta describir esa ley en fórmulas explícitas. Para ese propósito, el científico debe estar parado en el círculo de luz que radia desde la Palabra: "En tu luz veremos la luz" (Salmos 36:9). Usualmente, sin embargo, los científicos invierten este orden: creen que pueden ver la realidad cósmica o la creación "a la luz de la ciencia".

Con relación a esa ley de Dios, es importante para nosotros distinguir entre las leyes que ejercen fuerza coercitiva (leyes naturales) y las leyes que funcionan como principios normativos. En la cultura, los humanos llevan la responsabilidad de seguir estos principios como direccionales y transformarlos en normas. Especialmente para las leyes que funcionan como principios normativos, descubrimos que existe una perspectiva en la ley de Dios. La dirección y la dinámica de esa ley nos señalan al reino de Dios. La coherencia de esa ley con la "rectitud", por consiguiente, tiene que buscarse en la rectitud del reino de Dios.

Una y otra vez regresa la pregunta de si la ley de Dios, entiéndanse especialmente las leyes de la naturaleza, ha sido cambiada por la Caída. La ley es ley de Dios para la creación y, como tal, es una expresión de su fidelidad. Estando bajo la ley, la humanidad se ha vuelto en contra de la ley de Dios y la ha reemplazado con sus propias "leyes". Es como si Dios también dejara que las "leyes" establecidas a causa del pecado tengan efecto como un juicio, por así decirlo, sobre los humanos: la "ley" de la muerte. Es particularmente difícil, quizás aun imposible, determinar precisamente hasta dónde, en la situación existente de la naturaleza, el estado original de la creación está aún presente. Pero el Nuevo Testamento claramente enseña que Cristo ha vencido la "ley del pecado" (Romanos 7:25) al subordinarse él mismo a las estructuras creacionales que han sido también afectadas por el pecado. En él, la perspectiva original ha sido restaurada. Por más compleja que esta cuestión pudiera ser, en la ciencia siempre tenemos que considerar el hecho de que nosotros los humanos, por nuestra ruptura con Dios, hemos dado lugar a una "dislocación", disturbio que también marca nuestro trabajo. Además, nuestras mentes han sido ensombrecidas. Esta verdad debería otra vez hacernos sobremanera cautelosos con respecto a las pretensiones de verdad en la ciencia.

Milagros

Algunas veces creo que, a causa del pecado, debemos distinguir entre dos capas o estratos en las leyes de la naturaleza. La primera es la ley del paraíso, o la ley del reino de Dios, que es la ley como Dios originalmente la previó y que ha sido restaurada en Cristo. A los humanos nos cuesta trabajo ver esa ley a través de nuestras actividades científicas. *Para alcanzar esa perspectiva, es necesaria una actitud abierta hacia Dios. Al mismo tiempo, Dios viene a la gente con su Espíritu de modo que, mediante su ley, pueden tener esperanza y ser alentados.* Es por tanto correcto decir que el sentido profundo de la ley es ser la ley del reino de Dios.

Las ciencias naturales pueden abordar la segunda capa inferior de la ley, tal como está para la realidad marcada por el pecado. No quisiera que nuestras formulaciones de ello sean equiparadas con la "verdad" o aun con la "verdad teórica", sino simplemente decir que tales teorías, en las cuales nosotros descubrimos y damos nombres a las leyes naturales, pueden ser "correctas" o "válidas". En el momento en que las ligamos con la verdad, como frecuentemente pasa en el racionalismo, observamos –

lo veremos en el siguiente capítulo sobre evolucionismo – que las leyes descubiertas por científicos son extrapoladas ya sea al pasado remoto o hacia el futuro distante. Lo que se dibuja es un cuadro mundial científico que es cerrado y por tanto gobierna numerosas preguntas tales como la pregunta: ¿Hay aún lugar para los milagros?

Ya que los milagros son siempre únicos o particulares, hay poco que decir acerca de ellos sobre la base de la ciencia, la cual como tal está interesada en lo general o universal. Pero hay aún algo más en juego cuando hablamos de milagros. Desde un punto de vista bíblico, hay mucho que decir acerca de la noción de que precisamente en los milagros, una remembranza del orden del paraíso es manifiesta, o que un milagro apunta al orden o ley del reino de Dios. Los milagros atraviesan el orden de las leyes marcadas por la presencia del pecado. ¿No es acaso la resurrección de Cristo el gran ejemplo? Creer en la resurrección refiere al orden del reino de Dios y, como tal, es también de gran importancia para el desarrollo de la ciencia, tecnología, y cultura (véase sección 8.5).

1.8 La motivación de la ciencia

En general, como dije anteriormente, en la filosofía de la ciencia se presta poca atención a las abstracciones científicas como tales y no se dice nada acerca de la ley de Dios que se aplica a la realidad. Esta situación tiene enormes implicaciones para la ciencia y para la motivación subyacente al ejercicio de la ciencia.

Dentro de una idea filosófica-cristiana – ya que la ciencia intenta organizar la ley de Dios – se afirmará que el conocimiento científico está destinado a enriquecer la comprensión humana de la realidad. Esto hace a la gente más sabia. No es por nada que un profesional cristiano de la ciencia dirá que "el temor del Señor es el principio de toda sabiduría". La actividad de la ciencia sobre las bases de ese principio tiene el resultado de que la gente comprometida con la investigación científica obtendrá una mayor comprensión de la grandeza, omnipotencia y sabiduría de Dios. Vista a esa luz, la investigación científica puede contribuir al honor y adoración de Dios. Y, ¿qué académico cristiano no entona ese canto de adoración cuando él o ella, gracias a la ciencia, alcanza un mayor entendimiento de las profundidades y secretos de la creación?

Pero, donde el científico afirma como científico ser "señor y maestro" sobre los objetos a ser investigados, el motivo original cambia bruscamente. Desde esa posición, el científico busca ganar una comprensión completa de la realidad. Con su conocimiento científico, quiere doblegar las cosas a su voluntad. Más que servir a la causa de la sabiduría en la ciencia, quiere controlar la realidad y establecer su poder ahí.

La idea de realidad controlada ha causado siempre estragos en la filosofía y ciencia occidentales, pero en tiempos modernos ha llegado virtualmente a ser el motivo dominante. Por eso la gente pregunta especialmente acerca de la utilidad o relevancia para la sociedad de la investigación científica. Nuevos desarrollos científicos están garantizados solamente si nos habilitan para doblegar o inclinar la realidad a nuestra voluntad y para resolver problemas viejos así como nuevos. Subyacente a este motivo de poder en la ciencia, de la voluntad para controlar el mundo y torcerlo de acuerdo a la voluntad humana, existe un modelo técnico, una interpretación técnica de la realidad llamada *tecnicismo* (véase capítulo 3). Esta interpretación produce el ideal científico-técnico del control. Ese ideal ha puesto su sello en todos los sectores de nuestra cultura. El instrumentalismo prevalece. Como resultado de la elaboración de ese ideal, la gente ya no tiene ojos para las limitaciones – en el sentido de abstracciones – de la ciencia, y la ciencia no es más vista como útil para la sabiduría en el sentido de un entendimiento integral, sino que llega a ser un instrumento de control. Aun cuando la ciencia misma llegase a ser mucho más modesta, como ha ocurrido en nuestro tiempo, las pretensiones de la fe en el control como una expresión del viaje hacia el control técnico no disminuyen (véanse capítulos 3 y 4).

Más que permitir al pensamiento ser guiado por la fe en Dios – de modo que sea un pensamiento basado en el creer – es cada vez más una clase controladora de pensamiento. Y con eso, el pensamiento ha llegado a ser desleal a su mandato original. Por consiguiente, la fe en la ciencia ha llegado a ser cada vez más fe en el control científico-técnico. Y precisamente porque, especialmente al principio, esto ofrece enormes posibilidades de progreso técnico y prosperidad material, la gente cierra sus ojos a todo el daño que esta tendencia deja en su despertar y a lo que aun amenaza con perderse. En esta fe en la ciencia y tecnología radican las causas, yo creo, de los numerosos problemas de nuestra cultura – estampada con la ciencia y tecnología. Incluso hemos venido a parar en una crisis cultural. Esto nos permite nuevamente levantar preguntas auténticas, tales como: ¿Quién es Dios el Creador? y ¿Cuál es el significado de la creación? Los cristianos debemos participar en la discusión acerca del lugar, las fronteras y las posibilidades de la ciencia. La fe cristiana es realista (véanse capítulos 4 y 5).

En el siguiente capítulo, tratamos con la controversia entre evolucionismo y creacionismo científico. Intentaré clarificar que, aunque estos dos enfoques se oponen en sus puntos de partida, ambos realmente sirven a la ideología del control. Comparto los puntos de partida del creacionismo científico sobre y en contra de aquellos del evolucionismo; pero aun ese creacionismo sufre del descaro de pensar que puede construir un modelo de la creación. ¿Un modelo de la creación? ¿En oposición al evolucionismo, existe para nosotros otra manera, una tercera, a dónde ir?

CAPÍTULO II

LA INFLUENCIA DEL PENSAMIENTO TÉCNICO

2.1 Introducción

El asunto de la relación entre fe y ciencia en años recientes se ha reducido principalmente a la controversia entre evolucionismo y creacionismo. Se ha dado la impresión de que, con el rechazo del evolucionismo, la única alternativa es el creacionismo *científico*. En el debate entre estas dos posiciones, el énfasis ha sido permanentemente sobre las grandes diferencias entre el *modelo de la evolución* y el *modelo de la creación*. Ambas posiciones son sustentadas para reproducir la historia de la realidad cósmica en un modelo científico. Es sólo que la primera procede de la autonomía del razonamiento científico y la segunda de la posición de fe de que todas las cosas han sido creadas por Dios. La *fe* en el evolucionismo se enfrenta a la *fe* en la creación, y viceversa.

Sin embargo, tras reflexionar un poco más y dados estos dos modelos propuestos, es evidente que surgen más preguntas de las que uno supondría. Es claro, por ejemplo, que el modelo de la evolución física, el cual está basado en el Big Bang, procede de suposiciones concernientes al tiempo, presión y temperatura, las cuales hacen tendencioso a este modelo desde el principio. Estas suposiciones, uno pensaría, se deberían deducir o derivar del modelo, no ser incluidas en el modelo. En otras palabras: ¿acaso sus proponentes no han puesto *a priori* en el modelo lo que ellos quieren sacar de él? O recíprocamente: ellos procederán de una combinación de observaciones concernientes al estado presente del universo y la aplicación de la teoría de Einstein y, entonces, extrapolándola hacia el pasado, terminar con el Big Bang. En el proceso, procedieron a partir de la suposición de que el desarrollo del universo ocurre de acuerdo con las leyes físicas. La pregunta que no puede evitarse a este respecto es si esta extrapolación y, por lo tanto, la adopción del principio de continuidad, no va más allá del horizonte de lo que puede explorarse científicamente. Además, este modelo evolutivo es un modelo físico. Sin preguntar muchas cuestiones filosóficas, los científicos también aplican el modelo de la evolución a la realidad no física, por ejemplo, en la biología. En la medida en que el desarrollo (evolución) pueda determinarse en la realidad biótica, no hay objeción contra una teoría de evolución, ya que es limitada y abstracta. Los problemas y las preguntas surgen cuando una teoría de evolución empieza a funcionar, como lo hace en el *evolucionismo*, como un concepto de totalidad e incluso una idea de vida-y-mundo "hecha y derecha". En ese caso, el origen y desarrollo de la vida, el desarrollo desde animal hasta humano, y así sucesivamente, es interpretado en términos de la evolución. Estas consecuencias no provienen de una teoría (limitada) sino que son interpretadas o explicadas dentro de un modelo de evolución. No existen argumentos que prescriban la evolución como una explicación necesaria para una amplia variedad de desarrollos en el mundo existente. La macroevolución es una construcción.

En el primer capítulo comenté acerca de la influencia dominante del pensamiento técnico en nuestra cultura. En este capítulo, intentaré dejar claro que tal pensamiento técnico tiene raíces profundas en la historia intelectual de la cultura occidental. Desde este trasfondo surge la interpretación de la realidad como una construcción técnica que puede ser dirigida por los humanos por vía del ideal científico-técnico del control. En este desarrollo, la fe en la creación gradualmente desaparece. Los cristianos, naturalmente, resisten al evolucionismo desde la posición de sus creencias en la creación. En contraste con un *modelo de la evolución*, no pocas veces defienden un *modelo de la creación*. La pregunta que nosotros debemos considerar aquí es si el paso desde la creencia en la creación a la afirmación de un modelo científico de la creación – de esta manera, un modelo que describe no solamente la creación (*creatio*) sino también el desarrollo de eso que ha sido creado (*creatura*) – es tan simple como sus proponentes suponen. ¿No está también aquí implícito el estilo prevalente del pensamiento técnico? ¿No está el creacionismo científico, aparte de la diferencia en sus presuposiciones, cometiendo el mismo error que el evolucionismo? ¿No están ambas posiciones tratando de capturar la realidad cósmica en un modelo construido y, consecuentemente, no están ambas sobrestimado la capacidad del pensamiento concebido como pensamiento técnico?

En este capítulo, y con el fin de poner estas preguntas en una buena perspectiva, primero discutiré las fronteras y limitaciones del pensamiento filosófico y científico, y la pregunta sobre qué es el pensamiento técnico. Después de eso, el capítulo girará alrededor de la pregunta de si la creencia en la creación permite una alternativa al creacionismo científico.

2.2 Las fronteras del pensamiento

Con el fin de conducir apropiadamente la discusión acerca del evolucionismo y el creacionismo *científico*, debemos primero que todo referirnos a las fronteras y limitaciones del pensamiento filosófico y científico. En general, hay muy poca comprensión sobre la existencia de tales fronteras. Por el contrario, en la tradición de nuestra cultura, el alcance del pensamiento es usualmente sobrestimado. Esto es debido especialmente al hecho de que existe muy poco reconocimiento acerca de cuáles son las necesidades que preceden al pensamiento: a saber, maravillarse de la realidad dada a nosotros. Desde el principio, en la historia de nuestra cultura occidental, el pensamiento filosófico supuso que podría trazar el todo de la realidad. Más tarde llegará a ser más claro que yo asocié esta característica básica del pensamiento occidental con el deseo de controlar la realidad. Al menos, este deseo predomina. Los científicos individuales podrían adoptar otra posición más modesta. Sin embargo, la tendencia subyacente no va a proceder del reconocimiento de que la realidad es un regalo: realidad como creación. El deseo de dominar sirve como el punto de partida del pensador. Desde el tiempo de los griegos, pensar es frecuentemente equiparado con el "ser". El filósofo griego Parmenides (*ca.* 500 a. C.) ya afirmó que "pensar" y "ser" son idénticos. Y el padre del pensamiento moderno, René Descartes (1596–1649), dijo: "Pienso, por tanto soy". Inherente a esta posición está la afirmación de que "pensar" y "ser" son cada una la imagen espejo de la otra. O incluso más fuerte: el pensar determina el "ser". Eso es el racionalismo de la cultura occidental.

En la filosofía cristiana, por el otro lado, existen claramente dos áreas temáticas que indican las limitaciones del pensamiento. Se ocupan de las cuestiones básicas de la filosofía y los problemas de frontera de la filosofía. Quiero comentar cada una de estas brevemente.

Cuestiones Básicas. Los ejemplos son: ¿Qué es la vida? ¿Qué es el espacio? ¿Qué es el tiempo? De acuerdo con nuestra experiencia diaria, sabemos de lo que estamos tratando cuando hablamos de "vida", "espacio" o "tiempo". En el contexto de la vida diaria existe, por así decirlo, una intuición o confianza básica que nos permite, sin confusión alguna, entender el significado de la "vida" o el "tiempo". Nos entendemos sin dificultad. Parece ser parte de la estructura de nuestra naturaleza como criaturas saber qué es el "tiempo", la "vida" y así sucesivamente. Pero en el momento en que hacemos la pregunta: "¿Qué es la vida?" en el contexto de la filosofía; en otras palabras, cuando se me pide que defina la palabra "vida"; entonces fallo. Cada definición levanta nuevas preguntas. No se consigue claridad. Filosóficamente hablando, nosotros entonces decimos que estas cuestiones básicas no pueden responderse. En otras palabras, la respuesta a estas cuestiones básicas no puede esperarse de la filosofía. En tanto, podríamos ofrecer algunas respuestas a esas preguntas: Las respuestas son inherentes a nuestro entendimiento básico diario, intuitivo o confianza básica. Por esa razón, también Agustín podía decir: "Cuando alguien me pregunta qué es el tiempo, yo sé la respuesta, pero en el momento en que alguien me pide que lo explique, ya no lo sé". El tiempo es familiar para nosotros, sin embargo no podemos, mediante el acto de pensar, comprenderlo. Es decir, que no podemos responder la pregunta acerca de qué es el tiempo porque nuestra explicación de ello es inadecuada. En nuestra confianza básica, nuestra fe diaria, sabemos lo que es. Esa confianza básica se profundiza cuando es combinada con la fe bíblica. De esta combinación surge la comprensión de que la realidad como creación de Dios nos impide excederla a través del pensamiento, como si pudiéramos estructurar esa realidad nosotros mismos. Es por ello que Dios también desaparece de tal pensamiento presuntuoso.

Hay una enorme cantidad de tales preguntas básicas o limitantes para las cuales el pensamiento humano no puede ofrecer una respuesta definitiva. Hendrik van Riessen ha enfatizado repetida y correctamente que tales preguntas simplemente deben ser planteadas. Sin embargo, si iniciamos con el asombro y mantenemos las fronteras en mente, entonces confrontamos las preguntas como es debido, y servimos a la causa de la sabiduría con nuestro pensamiento. En otras palabras, nos guardamos de la presuntuosidad de nuestro pensamiento.

¿Reconstrucción por medio del pensamiento?

El pensamiento está restringido por una segunda limitación. Es un hecho que, por medio de nuestro pensamiento, no podemos reconstruir la realidad integral. En nuestro pensamiento separamos lo que en realidad se da como uno. Después de que hemos desarmado una entidad, nunca podemos, por medio de nuestro pensamiento, armarla nuevamente. Esto sucede en el caso de una manzana. Una vez que la hemos rebanado en secciones, nunca podemos recuperarla como un todo. Pero sólo con la ayuda de las secciones podemos aprender a conocer la manzana de manera diferente y algunas veces mejor. Podemos también aprender mucho a través del pensamiento; sin embargo, tiene distintivas limitaciones.

Problemas de Frontera. Es en efecto muy sorprendente que se dedique tan poco tiempo para considerar el alcance limitado del pensamiento. Apenas si entra en nuestros cálculos. La razón es, después de todo, como veremos en la siguiente sección y especialmente en el siguiente capítulo, que pensar es usualmente visto y sobrestimado como pensamiento de control, constructivo o técnico.

Con el propósito de ilustrar esto, permítanme dar un par de ejemplos. Cada persona es única, particular y especial pero al mismo tiempo un humano en un sentido universal, genérico. La unicidad y la universalidad se dan juntas. Sin embargo, no podemos pensar en ambos al mismo tiempo. Entonces, en nuestro pensamiento, separamos lo que se da en el tiempo como una entidad, como una sola, y luego no tenemos más opción que poner las partes una al lado o detrás de la otra.

Nosotros hacemos lo mismo con el problema básico de continuidad y discontinuidad. En la historia y la totalidad de la realidad, éstos están íntimamente ligados entre sí. Sin embargo, cuando pensamos en el asunto, los desarmamos y los ponemos uno después del otro. La razón es que el pensamiento filosófico y científico es siempre *abstracto* y, por tanto, nunca puede abarcar la plenitud de la realidad.

Si fallamos en hacer justicia a este fenómeno de los límites del pensamiento o fronteras de nuestro pensamiento, existe el gran peligro de que nos concentremos en un polo del problema – digamos, la universalidad – y desatendamos o neguemos el otro – el de la unicidad. Sin embargo, puede también decirse que la unicidad en cuestión no tolerará este tratamiento y que se manifestará a sí misma, pero entonces usualmente en una manera desequilibrada, ya que desde el principio no le hemos hecho completa justicia. Hacer justicia a ambos polos significa aceptar los límites de nuestro pensamiento.

Pensamiento limitado acerca del futuro

La misma falla ocurre con el problema de continuidad y discontinuidad. En la historia, los dos están estrechamente entretejidos. Este entretejimiento debe ser incluso aceptado como norma. Pero, usualmente, la gente opta por un "polo" – continuidad – o por el otro – discontinuidad. Debido a que la gente no acepta la interconectividad de los dos "polos", el movimiento de la futurología (la teoría o ciencia del futuro) se resquebraja, inmediatamente después de su inicio, en dos movimientos. Los así llamados "futurólogos del orden", trazan las líneas de ciertos desarrollos desde el pasado a través del presente hacia el futuro. Estas extrapolaciones son usadas posteriormente como las bases para planear el futuro. Es la intención de estos planes ser implementados por los expertos en sus campos, como economistas, técnicos, políticos y así sucesivamente. En 1973, en contra de estos *futurólogos del orden* cuyo enfoque exclusivo era el de la continuidad, surgió un contramovimiento, el de los *críticos futurólogos*, quienes se enfocaron en un solo lado, esto es, el de la discontinuidad. De acuerdo con su mayor crítica en contra de los futurólogos del orden, ellos adujeron que, con sus extrapolaciones y planes, ellos no solamente no resolverían los problemas y amenazas en la sociedad contemporánea, sino que los harían todavía peores. Estos críticos futurólogos querían romper las tendencias en los desarrollos con el fin de resolver los problemas y amenazas presentes, o al menos mitigarlas.

Un grupo de futurólogos, en resumen, buscando certeza en relación con el futuro, quiere reforzar tendencias actuales; el otro grupo, en contraste, quiere renovación y grandes adelantos. Aquí resulta evidente un conflicto fundamental: aquellos que representan los poderes de la tecnología, la ciencia y la economía dedican sus energías especialmente a un mayor progreso y bienestar material, haciendo caso omiso de las amenazas que esta tendencia evoca; el otro grupo, viendo especialmente cómo las amenazas crecen, quieren cambiar el curso. Ellos están más enfocados en la creatividad, la libertad, la humanidad y, dentro de estas cualidades, las posibilidades de discontinuidad.

También en el desarrollo científico técnico actual, nosotros observamos la íntima relación entre la continuidad y la discontinuidad. Mientras que, en un sentido, podemos extrapolar acontecimientos futuros, también ocurren cosas inesperadas y sorprendentes. ¿Quién podría haberse imaginado diez años atrás que el desarrollo de las computadoras personales sería tan dramático como lo ha demostrado ser el día de hoy? Hace menos de tres años la Internet era aún desconocida. Ahora parece que muy pronto nadie podrá prescindir de ella.

La eternidad como un problema de frontera

El problema de frontera del tiempo y la eternidad también es diferente. La eternidad es frecuentemente vista como "tiempo infinito", o "tiempo interminable", o "siempre", o "supra-temporal" o la "suspensión del tiempo". En otras palabras: eternidad es vista desde la perspectiva del tiempo. De hecho deberíamos reconocer que desde nuestra posición dentro del tiempo, nosotros nos formamos una idea de la eternidad. En el momento que nosotros hacemos esto, el misterio de la eternidad ha sido resuelto. Por fe nos encomendamos nosotros mismos a ese misterio. En el evangelio de Juan, por ejemplo, leemos que aquellos que creen en Cristo tienen vida eterna, aunque estén muertos (Juan 11:25).

Con esto he introducido la palabra "misterio". De este modo la palabra refiere a que los "polos" de un problema de frontera se mantienen unidos y que no pueden ser sondeados científicamente. Un pensador debe reconocer el "misterio" de la realidad. Ese "misterio" debería infundir en nosotros un sentido de asombro; y ese asombro debería prevenirnos de una sobrestimación de nuestro pensamiento. El misterio debe impregnar nuestro pensamiento, de modo que seamos cautelosos al trazar conclusiones que no pueden ser definitivas.

En algún punto, la ciencia humana podría ser desafiada a revelar el "misterio", pero entonces dicho misterio se mueve otra vez. O como Newton podría haberlo dicho: cuando la ciencia revela alguna cosa acerca del misterio que está en la realidad, es comparable a abrir una puerta. Detrás de la puerta abierta siguen escondidas muchas otras puertas cerradas, y detrás de cada una de ellas muchas tantas más. Esto significa que aún con la ayuda de la ciencia nunca conoceremos completamente la realidad. Si esto es cierto para la realidad presente, ¿cuánto más se aplica al pasado y aún más – pero mucho más – al *origen* de la realidad? Esto es válido aún más para todo lo que tenga que ver con el futuro y ciertamente para el significado de todo: la llegada del reino de Dios en donde cada cosa esté enfocada en Dios y sea dependiente de él. ¿Quién, por el pensamiento solamente, puede comprender ese futuro?

Fronteras del Pensamiento

En resumen: Las preguntas de frontera definitivamente no pueden responderse por medio del pensamiento; y los problemas de frontera definitivamente no pueden resolverse por medio del pensamiento. En filosofía, uno debe reconocer esas preguntas y límites; haciendo esto, tomamos en cuenta las fronteras del pensamiento. El evolucionismo en particular es firme en hacer caso omiso a esas fronteras. Esto significa que sus defensores fácilmente conectan varios conjuntos de datos científicos, aunque de hecho este procedimiento no corresponda con la realidad. La transición gradual de, digamos, animales a humanos o – más generalmente – de especies a especies, no ocurre: el evolucionismo es una construcción conceptual. "Evolución", en la forma de evolucionismo, ha llegado a ser una opinión de vida-y-mundo, ejercitando gran influencia sobre la ciencia y nuestro mundo cotidiano. En el modelo de la evolución, el pensamiento humano se manifiesta a sí mismo en el fondo como el pensamiento de control, un estilo constructivo o técnico del pensamiento. El evolucionismo, la omisión de las fronteras, conduce a una reducción enorme. Cuando las fronteras son olvidadas, la naturaleza multifacética de la realidad creada es sacrificada.

La pregunta de este capítulo es si el creacionismo científico escapa a este peligro. Quiero enfatizar nuevamente que estoy hablando acerca de creacionismo *científico*. Quien cree en la creación de la realidad por Dios es llamado creacionista. Así, yo pertenezco a este grupo. También pertenezco a aquellos que están convencidos de que la creencia en la creación es de gran importancia para las posibilidades, las fronteras y el estatus de la ciencia. Pero por *creacionismo científico* se entiende el intento por reproducir la creación – la *creatio* – en un modelo científico de la creación en oposición al modelo de la evolución. La pregunta es si esto es posible.

2.3 El pensamiento técnico

Ya he establecido más de una vez que, para mí, el carácter del pensamiento occidental dominante es el *pensamiento técnico, pensamiento que pretende el control*. Tal pensamiento está enraizado en la autonomía o autosuficiencia del pensador. Ello no reconoce las fronteras y limitaciones del pensamiento discutidas en la sección anterior. La razón de esto es obvia: tal pensamiento no mira la realidad como creación sino, en su lugar, como una realidad objetiva sobre la cual la humanidad es "señor y maestro". El origen de este pensamiento técnico puede encontrarse en la filosofía de Descartes. Para su mente, la realidad externa al hombre puede describirse y definirse completamente, es decir, puede explicarse en términos mecánicos. Para Descartes, la realidad es un mecanismo. La mente mecánica o técnica mira el todo de la realidad como territorio para ser explorado. El pensamiento técnico, por consiguiente, deja una impresión "hambrienta". Su inclinación es *totalitaria*. Cada cosa permanece unida con todo lo demás en un grandioso mecanismo automatizado.

Desde este punto de vista, podemos entender que el pensamiento técnico no se detiene en las fronteras (véase la sección anterior), sino que incansablemente continúa con el fin de construir la realidad. De hecho, concebido como un grandioso mecanismo, todo puede ser medido, pesado y contado; y, por lo tanto, técnicamente controlado. El pensamiento técnico está inclinado al ateísmo y así excluye las "fronteras" de la fe. En la veneración religiosa del pensamiento técnico mismo, todas las fronteras son erradicadas.

Yo estoy consciente de que no todos reconocen la influencia de este estilo técnico de pensamiento. Una razón para esto es quizás que alguna entrada "constructiva" es inherente a todo pensamiento. Esto es ineludible. Lo "técnico" es un aspecto de la realidad y aparece de una manera u otra en los demás aspectos; por consiguiente, también en actividades coloreadas por aquellos aspectos, como por ejemplo el "pensamiento". Esto es evidente, por ejemplo, en el encuadre de las hipótesis en las ciencias, en el desarrollo de modelos y en la conducción de experimentos. Pensamiento técnico significa que lo que debería jugar solamente un papel indirecto en nuestro pensamiento ha comenzado de hecho a dominar y estampar nuestro pensamiento. La suposición subyacente aquí (véase también el capítulo anterior), como se ha establecido, es que el todo de la realidad es ya un mecanismo (complejo), un todo técnico. Todo lo que hacemos en nuestra ciencia es reconstruirlo.

En el capítulo anterior, comenté que, en la visión cristiana del mundo, la ciencia es vista como el intento de conocer las leyes que gobiernan la realidad. Y precisamente en ese "conocer" descansa la diferencia fundamental en principio entre la idea cristiana y una visión técnica del mundo que intenta "moldear la realidad".

2.4 Evolucionismo o creacionismo científico

En el capítulo anterior, ya mencioné a grandes rasgos la cuestión relativa a la naturaleza de la ciencia como una actividad humana en el ámbito de la realidad creada. Sobre esto ya se ha dicho suficiente. El hombre como criatura investiga, con la ayuda de la ciencia, cada cosa creada (*creatura*) que se hace evidente desde el acto de creación (*creatio*) de Dios. Vimos que la ciencia como una actividad debería ser regulada mediante una perspectiva de fe. Cuando esa perspectiva no corresponde con la creencia cristiana, entonces se involucra otra fe: por ejemplo, fe en la ciencia o, en el fondo de esta fe, fe en el control técnico de la realidad. La gente no puede *no* creer; y eso también es cierto para el académico o científico.

Las cuestiones preliminares que deben ocuparnos son: cuál fe, cuál idea de vida-y-mundo, cuáles presuposiciones o motivos están en vigor en el evolucionismo y en el creacionismo científico. Ambos pertenecen al campo de las ciencias naturales. Si fuéramos a dar una definición inicial simple de las ciencias naturales, incluiríamos como mínimo una referencia al hecho de que estas ciencias tratan con cosas que uno puede ver y examinar, y que la explicación del fenómeno examinado debe ser confirmada o refutada mediante observaciones o pruebas.

Anteriormente ya establecí (véanse secciones 1.5 y luego 4.3) que el centro del conocimiento humano, el centro desde el cual la actividad científica procede, es el conocimiento *primario* adquirido mediante la confianza básica. Esta confianza básica subyace a cualquier otra forma de conocimiento; sostiene y dirige las demás formas de conocimiento, tanto la clase de conocimiento cotidiano como la clase de conocimiento científico. Sin esa confianza básica, no tendríamos la valentía para avanzar un solo paso; al caminar, debemos no temer que el piso se rompa bajo nuestros pies.

El conocimiento científico surge sobre las bases de este conocimiento primario ya que la gente busca un cierto camino, un método científico específico, para ese fin. En relación con el conocimiento primario, el conocimiento científico es *secundario*. Especialmente en nuestros tiempos, este conocimiento científico ha ejercido una poderosa influencia sobre el conocimiento primario. Nuestro conocimiento de todos los días ha crecido y ha sido profundizado por medio de la absorción del conocimiento científico de cada clase. Sin embargo, como resultado de esa integración, el carácter distintivo de ese conocimiento cotidiano no se pierde; sino que es vigoroso y concreto y en el fondo es sostenido por el conocimiento de la fe. Aun el conocimiento mismo de la fe puede ser profundizado y enriquecido por el conocimiento científico. Como resultado, el asombro por la sabiduría y omnipotencia de Dios crece.

Al mismo tiempo, habiendo dicho todo esto, nos encontramos en el centro del problema. La experiencia indica que el conocimiento científico aleja con frecuencia a las personas de su creencia. En ese caso, el conocimiento científico reemplaza el conocimiento de la fe. El conocimiento de fe cristiano o bíblico es coronado por la ciencia. En aras de ser claros, debe decirse, sin embargo, que el creer como tal no desaparece, sino que la gente se rinde y confía en lo que dice la ciencia. Eso significa que la gente empieza a creer en la ciencia. Ellos convierten el conocimiento secundario en el conocimiento primario que lo controla todo. En su mismo centro o núcleo está una creencia en la ciencia *que se levanta en contra de la creencia cristiana*. En el evolucion*ismo*, como ya lo apuntamos anteriormente, la creencia en la evolución se manifiesta a sí misma. Esa creencia se opone a la creencia en la creación. La evidencia de esto puede encontrarse aun en los trabajos de los mismos evolucionistas: al final, la evolución no está probada ni demostrada y, por lo tanto, es incierta, pero la única alternativa es la creación, y la creación no es creíble porque es impensable. El evolucionismo es una consecuencia de la fe en la ciencia o fe en el control.

No hay ciencia sin fe

Como vimos también en el capítulo anterior, obtenemos una mejor idea acerca del asunto de la fe cristiana y la ciencia en el momento en que entendemos que el problema subyacente es que tenemos *dos fes diferentes*. El asunto no es: ciencia contra fe cristiana; sino que una confianza básica en la ciencia, en el pensamiento científico, mina el contenido de la fe cristiana. Lo secundario llega a ser primario. El pensamiento llega a ser pensamiento técnico que todo lo controla; en otras palabras, pensamiento constructivo en lugar de un pensamiento que fluye desde la creencia cristiana y que juega un papel subordinado, secundario. Como resultado de las *diferencias* en las creencias, surge una diferencia en la valoración del conocimiento científico. La fe en la ciencia se adhiere a lo universal como una propiedad muy importante del conocimiento científico, pero al hacerlo cierra fácilmente sus ojos a la abstracción, las limitaciones y las fronteras del conocimiento científico y, por lo tanto, al estado secundario del conocimiento científico.

2.4.1 Fe cristiana y ciencia

A la luz de lo anterior, es incorrecto buscar el problema en la ciencia como tal. En relación con la fe cristiana, el pensamiento científico, aun dentro de las ciencias especiales, tiene un lugar subordinado. No tenemos que distanciarnos nosotros mismos de la ciencia. La posición subordinada de la ciencia aún implica un reto. La ciencia sigue siendo *fascinante*. Porque a la luz de la creencia de que vivimos en un mundo que ha sido creado, nos damos cuenta de que el mundo creado es en el fondo un misterio inconmensurable que no puede ser sondeado. "Lejos está lo que fue; y lo muy profundo, ¿quién lo hallará?" (Eclesiastés 7:24).

Esto significa que el conocimiento científico es relativo, el cual es por así decirlo abierto y provisional en *carácter*. A través de la ciencia, no podemos entender completamente la realidad. Aun la suma de muchas formas, incluso de todas las formas posibles del conocimiento científico, no nos habilitan para asir la realidad considerando que hemos sido creados por, a través de y para Dios. El conocimiento científico como conocimiento *universal* – ¡su fuerza! – siempre es al mismo tiempo conocimiento *restringido, reducido, funcional*. Como tal, el conocimiento científico es pobre por vía de comparación con la profundidad insondable del misterio de lo que la realidad creada es.

La capacidad para discernir que el conocimiento científico está fundamentado en una realidad que no puede ser sondeada a su total profundidad surge de la comprensión y reconocimiento en fe de que la realidad (*creatura*) no está fundamentada en sí misma sino que es una creación (*creatio*) de Dios. El científico no puede tener la primera y la última palabra acerca del mundo creado; él mismo es una parte de ello y, junto con el mundo entero creado, es sostenido por el poder de la Palabra de Cristo (Hebreos 1:3). A través de la revelación divina – Dios está hablando a la gente – la gente sabe, además, del origen divino de todas las cosas, del pecado como la causa de la angustia y la ambigüedad de la naturaleza, la vida humana, la cultura y la historia. La gente sabe y reconoce que su entendimiento está limitado (hay mucho que se encuentra más allá de dicho entendimiento) pero también frecuentemente obscurecido. La gente sabe en parte y, por tanto, nunca podría hacer grandes afirmaciones.

Este saber y reconocer implican un conocimiento cuyo contenido va a ser entendido por fe. Con nuestro intelecto, nunca asiremos el contenido de esta fe. Nosotros no podemos, con nuestro pensamiento, respaldarla porque ella sostiene todo pensamiento. El conocimiento de la confianza es el conocimiento central, conocimiento en el sentido más profundo y abarcador que continuamente sostiene, acompaña e impregna el pensamiento de cada una de las ciencias especiales. Esta confianza básica se hace explícita en nuestro conocimiento que es por medio de la fe. Este conocimiento que es por fe mantiene todo el conocimiento científico en su lugar limitado, relativo, abstracto y provisional.

Muy al principio establecí que en la idea cristiana-filosófica, el conocimiento científico necesita encontrar su origen en, o ser integrado con, el conocimiento a partir de la experiencia diaria. De este modo, el conocimiento a partir de la experiencia es profundizado y enriquecido. El conocimiento de la fe que forma el núcleo de esa experiencia puede también ser enriquecido por el conocimiento científico. En ese caso, el conocimiento científico nos da aun más conocimiento sobre el misterio de la creación de Dios (*creatura*). Como tal, y como lo establecí anteriormente, la ciencia apunta a la grandeza, sabiduría y omnipotencia de Dios, el Creador.

El evolucionismo niega que todo en la realidad, el ser humano incluido, está sujeto a la ley de Dios. En el Capítulo 1, ya vimos que la ley consiste en una frontera para el pensamiento humano. Ese solo hecho enfatiza el lugar relativo de ambos, del científico y de la ciencia. El evolucionismo, como una expresión de fe en la ciencia, hace afirmaciones demasiado grandes y que están dañando tanto a los humanos como a su cultura. Pero especialmente, fallan en hacer justicia a la gloria de Dios.

Humanos pensantes en el centro

Anteriormente, ya he indicado mi convicción de que en el trabajo en el trasfondo de la fe en la ciencia uno realmente encuentra fe en el control, fe en el control técnico, en el pensamiento constructivo (véase también el capítulo que sigue). En la discusión acerca del evolucionismo, por ejemplo, esa fe en el control se evidencia algunas veces muy fuertemente. No todo se puede establecer científicamente – lejos de ello – como por ejemplo, la transición del reino de las plantas al de los animales, o de los animales a los humanos. Para una amplia variedad de afirmaciones evolucionistas, no se pueden proporcionar pruebas científicas en observaciones y experimentos. Científicos prominentes, tanto biólogos como geólogos, están todos también sumamente conscientes de cada elemento que carece de demostración científica. Más aun, ellos aceptan al evolucionismo como la mejor "teoría" para ellos, mientras que de hecho ha llegado a ser su vida y visión del mundo. Esto significa que, basado en lo que saben o piensan que saben, ellos *construyen* la evolución. Estoy convencido de que la evolución como construcción es una expresión, sobre todo, de la pretensión de los humanos que quieren, y piensan que pueden, examinar toda la realidad y su historia. Quieren dar una visión general del origen y desarrollo de la realidad. Con ese fin, exceden las *fronteras* de la ciencia. Fomentan una construcción científico-técnica de esa realidad e historia. Incluso presumen tener la capacidad de establecer el orden de la realidad por sí mismos.

Este evolucionismo, que cree tener la primera y la última palabra acerca de la realidad, tiene consecuencias de largo alcance para la comprensión que se tenga acerca de lo que Dios ha hablado – es decir, la revelación de Dios – y para la religión cristiana. En el evolucionismo, ambas cosas, tanto la comprensión de lo que Dios ha hablado como la religión cristiana, son vistas como si se derivarán de, y se conformarán a, la evolución. Es decir: ellas emergen a través de la evolución; son productos de un desarrollo gradual. Debido a que se convierten en fenómenos evolutivos, la revelación y religión, como eternamente válidas para todos los tiempos, son abolidas. Llegan a ser meramente fenómenos históricos y son por lo tanto transitorias en carácter. El evolucionismo es una forma de historicismo y, por consiguiente, de relativismo.

Mi defensa en contra de una idea de esta clase es que la característica principal del contenido de la revelación divina es que no es acorde con el hombre; es decir: la revelación se extiende hacia nosotros, lo que nosotros los humanos no pedimos por naturaleza. Cuando Cristo es visto como un producto de la evolución, él puede incluso ser honrado por sus características especiales, pero ya no reconocido como el Salvador de los pecadores. La Biblia nos dice claramente que Cristo ha sido enviado por Dios a los humanos, quienes, debido a su ruptura con Dios, se encuentran en el camino de los condenados a muerte. Cristo, como el Hijo de Dios, llega a ser como aquellos humanos en todas las cosas y entonces es condenado, condenado por la gente a muerte, a morir en la cruz para así salvarlos de la muerte. Ningún ser humano pidió alguna vez la cruz de Cristo; ni nunca fue concebida esa idea en el corazón humano. Es la obra de Dios, su gracia y amor para los humanos. El evolucionismo, enraizándose a sí mismo en la evolución, no puede aceptar esa revelación. Ya no reconoce el corazón de la religión cristiana. Para el evolucionismo, por consiguiente, la religión cristiana ha llegado a ser un fenómeno histórico que ha surgido en la evolución y puede también nuevamente desvanecerse en esa misma corriente.

2.4.2 ¿Creacionismo científico en lugar de evolucionismo?

El creacionismo se opone al evolucionismo. Eso es digno de ser aplaudido. La *intención* del creacionismo de practicar la ciencia a la luz de la revelación de Dios merece nuestra aprobación. Sin embargo, la pregunta que continuamente enfrentamos en conexión con el creacionismo es si es genuinamente posible, en contra del modelo del evolucionismo, hablar correctamente de un *modelo científico de la creación*. ¿No hay una gran pretensión oculta en la "construcción" de un modelo científico de la creación, el cual es diseñado para reproducir la revelación de Dios concerniente al origen de todas las cosas? ¿Es posible para nosotros los humanos crear un modelo científico de las actividades de Dios como creador?

Yo respondí con anterioridad a esa pregunta. Me gustaría enfatizar que tenemos que distinguir entre, digamos, creacionistas americanos y holandeses. Los últimos son mucho más cautelosos que los primeros. Al mismo tiempo, ellos comparten la característica de querer construir un edificio científico alternativo al del evolucionismo.

Como yo lo veo, creencia en la creación se opone a y está al nivel de la creencia en la evolución. Y ya que la creencia en la evolución es también creencia en la ciencia, los evolucionistas pasan a hablar del modelo de la evolución. Con ese modelo, dejan de lado la modestia y la prudencia. Ellos creen que pueden explicar el origen y la existencia – el génesis y la historia – de todas las cosas. Sin embargo, incorporado a la creencia en la creación, en mi opinión, está el rechazo de un "modelo de la creación". Este rechazo no significa despejar el camino para la adulación de concepciones evolucionistas, como en algunas ocasiones se sugiere desde el lado del creacionismo.

El asunto en cuestión en y alrededor del creacionismo científico es la reflexión sobre el papel, las pretensiones y las fronteras de la ciencia; y sobre la cuestión de si un nuevo "edificio" científico creacionista es necesario para combatir al evolucionismo. El trasfondo de la discusión tendrá que ser que la lucha, en lugar de estar al nivel de dos concepciones científicas básicas opuestas, es entre dos fes: la creencia en la evolución y la creencia en la creación (con otra visión de la ciencia como consecuencia). Francamente, se puede decir que nuestro rechazo de un evolucionismo racionalista o tecnicista debe ser acompañado por el rechazo de un creacionismo racionalista o tecnicista.

Me doy cuenta de que con esta breve formulación estoy haciendo algo menos que justicia a un gran número de creacionistas. Pero lo que estamos tratando aquí son las preguntas previas que necesitan ser dirigidas tanto al evolucionismo como al creacionismo. En este punto, nadie es beneficiado por la carencia de claridad. Además, he adoptado esta formulación a partir de un (originalmente) creacionista americano (Robert Russell en *Theological Forum*, 1980). Él establece que, desde un punto de vista intelectual, le debe mucho al creacionismo americano. Sin embargo, dice, una amplia variedad de preguntas de naturaleza filosófica son ignoradas por el creacionismo. De acuerdo con él, eso tiene que ver con el hecho de que el creacionismo siempre ha tenido una aversión a todo aquello que huela a filosofía. Según el creacionismo, es la filosofía la que lleva a la ciencia en la dirección del evolucionismo. En el conflicto con el evolucionismo, la gente ha juzgado mejor eliminar toda la filosofía y reemplazarla con la Biblia. Ellos ven una conexión directa entre la Biblia y la ciencia. Russell muestra que, en su punto de partida, siguen tácitamente bajo la influencia de una filosofía, es decir, del positivismo. Esta es una filosofía que procede de los hechos dados solamente y rechaza toda especulación. Los hechos, para los creacionistas, incluyen no solamente hechos empíricamente observables, sino también hechos bíblicos. Cuando, al construir un edificio científico, se hace justicia a ambas clases de hechos, será evidente la armonía que hay entre la Biblia y la ciencia. O, como escuché una vez a un creacionista decir, la Biblia es verdadera, de modo que los resultados científicos deben estar en armonía con ella. Al final, esta idea pone en claro que los creacionistas científicos quieren defender científicamente que la Biblia es confiable. En otras palabras, la Biblia proporciona un marco que contiene información contundente para la ciencia, mientras que los hechos científicos confirman la verdad bíblica en armonía con este marco. Este razonamiento es inaceptablemente circular.

El creacionismo científico no puede ignorar más que el evolucionismo la pregunta que hicimos anteriormente: ¿cómo debe juzgar uno a la ciencia? Cuando la gente no entiende las limitaciones del conocimiento científico y, por consiguiente, falla en reconocer que el misterio del origen y la existencia de todas las cosas tiene que ser reconocido en la práctica de la ciencia, ellos no entienden la imposibilidad de una armonía total o exclusivamente lógica entre la ciencia y la revelación divina. En el creacionismo científico, poca o ninguna atención crítica es dada, a la luz de la revelación de Dios, a las exageradas afirmaciones de la ciencia. Por tanto, los creacionistas científicos, junto con los positivistas, son frecuentemente racionalistas (ellos sobrestiman la ciencia). Y junto con los evolucionistas, son también tecnicistas, ya que (aunque dentro de un marco diferente) construyen un modelo de la creación como respuesta al modelo de la evolución. ¡La revelación de la obra de creación de Dios es capturada en un modelo! Eso es contrario a la modestia y prudencia que debe acompañar y tomar en perspectiva cada teoría científica.

Mencioné con anterioridad que los evolucionistas proceden de la idea de la evolución como una línea ascendente. Cuando surgen objeciones en contra de esa noción – objeciones que yo también gustosamente apruebo – me satisface ver que alguien proponga una idea directriz alternativa. Peter Scheele hizo esto no hace mucho tiempo con la idea de la degeneración, la cual derivó de la genética. En esto no veo un ejemplo del pensamiento técnico, sino más bien de la creatividad de un pensador que afirma que uno puede hablar con igual – o incluso más – validez de una línea degenerativa (véanse los hechos existentes en biología) que de la evolución. Una discusión acerca de esto puede ser fructífera sin defender un modelo construido sobre la creación.

2.4.3 Revelación y ciencia

Los científicos creacionistas dicen (para decirlo brevemente; y tal vez demasiado brevemente) que los datos bíblicos y los datos de la realidad deben combinarse para producir una ciencia responsable. Sin embargo, en esta posición, encontramos casi nada de reflexión acerca del papel y la estructura de la ciencia. En dondequiera que falte dicha reflexión, el peligro de que los datos de la revelación sean interpretados o explicados científicamente es mayor. En otras palabras, y de acuerdo con este punto de vista, la ciencia coincidiría con el contenido de dicha revelación. Por ejemplo, Henry M. Morris dice en su libro *Studies in the Bible and in Science*[1] (1966, 113) que lo que nosotros leemos en Hebreos 1:2,3, a saber, que Dios hizo el mundo mediante su Hijo y que su Hijo sostiene todas las cosas por su Palabra poderosa, confirma lo que la física moderna dice acerca de la equivalencia de materia y energía. En este caso, el poder de la Palabra de Dios es equiparado a la potencia y energía nuclear del átomo. Él escribe: "Jesucristo, a través del flujo continuo de su ilimitada energía divina está de este modo sosteniendo todas estas cosas materiales del universo que él había creado una vez. Aquí está explicada claramente la moderna verdad científica acerca de la equivalencia de materia y energía. También es aquí revelada la última fuente de las misteriosas fuerzas nucleares, lo que garantiza la energía del átomo". En mi opinión, lo que tenemos aquí refleja una idea incorrecta sobre la Biblia. La ciencia confirma lo que la Biblia dice y, recíprocamente, una palabra de la Escritura es por definición una palabra científica. En el creacionismo científico, entonces, como lo anotamos anteriormente, no hay reflexión acerca de los límites

---

[1] Estudios en la Biblia y en Ciencia.

y estructura de la ciencia. El trasfondo aquí es que tampoco hay reflexión alguna sobre el significado de la revelación Escritural para la ciencia. En una situación como ésta, se espera mucho de la ciencia y también se hace poca justicia a la revelación. La revelación provee la luz en la que debería hacerse la ciencia; la ciencia misma no es la luz.

Creencia en el Creador

Si ya un cristiano debe ser precavido en la ciencia referente a asuntos de la existente realidad creada, entonces cuánto más debe aplicar esta advertencia al asunto de la revelación de Dios acerca de sus actos de creación, el génesis de la realidad. Creemos que la realidad se originó cuando Dios habló. En las primeras páginas de la Escritura, Dios nos dice que él llevó a cabo esta y aquella proeza y, al hacerlo, siguió un cierto orden. En Génesis 1, nosotros encontramos repetidamente la expresión recurrente: "y Dios dijo". La pregunta natural de carácter científico acerca de *cómo* Dios creó el mundo *no* es respondida. Las preguntas naturales de carácter científico son ajenas a la Biblia. La Revelación nos conduce a la confesión, "Creo en Dios Padre Todopoderoso, Creador del cielo y de la tierra".

Así, Génesis 1 no responde a nuestras preguntas naturales científicas. Debemos también tomar en cuenta la posibilidad de que, a causa de la Caída, podrían haber ocurrido cambios en las leyes de la naturaleza. Dije anteriormente que el resultado de esto es que no podemos regresar al Paraíso – ni siquiera aún en nuestro pensamiento (véase sección 1.7). Esta limitación debe advertirnos en contra de aceptar como verdad científica extrapolaciones en dirección del "pasado remoto" y, recíprocamente, en contra de establecer conclusiones científicas desde el principio de la Biblia. Por lo demás, esto no excluye el uso de modelos científicos sino que destaca su relatividad.

Un ejemplo del Nuevo Testamento clarifica de manera similar la necesidad de ser prudente. En Lucas 1:26-28, se nos revela el anuncio del nacimiento de Jesús. María pregunta: "¿Cómo puede ser esto. . .?" La respuesta es: "El Espíritu Santo vendrá sobre ti". En otras palabras, esta inmaculada concepción tiene que ser creída. Es imposible, como algunos creacionistas buscan hacer, explicar este evento por medio de alguna teoría científica. Este intento manifiesta una sobrestimación (racionalismo) por parte de los creacionistas.

Pero – los creacionistas han preguntado algunas veces – ¿no estás de ese modo introduciendo un dualismo en la realidad: la realidad de la fe y la realidad con la que la ciencia puede ocuparse? De hecho, solo hay una realidad creada. Dentro del contexto de esa realidad, la fe en la revelación establece límites para la ciencia y el pensamiento científico. La fe dirige y desarrolla nuestro pensamiento; esto significa que en la fe – entendida como el escuchar obedientemente la revelación – yace la máxima limitación del papel y contenido de nuestro pensamiento. La *racionalidad lógica* tiene que observar fronteras normativas. Esto significa que la racionalidad lógica de la ciencia está sujeta a la revelación y no podría ejercer dominio sobre ella. "Más allá de nuestro pensamiento" – en fe – llegamos a comprender bien y nos es dado por el Espíritu de Dios, un destello de la ley de Dios como la ley para el reino de Dios.

El tiempo como creación

Pero – escucho a mis amigos objetar – ¿cómo se aplica esto a los días de la creación? ¿Qué clase de días son esos? Bueno, esos son días en los cuales Dios completó su trabajo de creación. No son días ordinarios de 24 horas como nosotros los experimentamos, sino días de *creación* en los cuales Dios creó. Similarmente, no debemos – bajo la presión de las ciencias naturales – ver estos días como periodos.

Por lo pronto, esto no hace que los problemas se marchen. Probablemente es mejor incluso aprender a vivir con estos problemas que buscar soluciones producto de elucubraciones. Por lo demás, el problema de los días de la creación es más antiguo que el evolucionismo. Agustín ya trataba con sus problemas en este punto. Por ejemplo, él creía que el séptimo día aún continúa el día de hoy. En nuestro siglo XX, con reverencia para el Creador y asombro por su creación, Herman Bavinck habló acerca de los días de la creación como los *días del trabajo de Dios*. Su asunto es que Dios, en su capacidad como Creador, nos comunica sus actividades de creación de manera que nosotros como humanos podamos entender. En otras palabras – y esto al mismo tiempo refleja nuestra vergüenza – Dios habla en palabras humanas acerca de cosas que exceden nuestro entendimiento. Pero todas estas palabras no son por esa razón un tiro en la oscuridad. Todas esas palabras apuntan a la realidad divina. Así que, mientras que su trabajo de creación sobrepasa toda comprensión y experiencia humana – incluyendo nuestra experiencia del tiempo – al mismo tiempo, sin embargo, le da firme significado. También por esa razón yo me opongo a la práctica de los teólogos quienes, bajo la influencia del "éxito" de las ciencias naturales, leen en Génesis 1 lo que no dice. Génesis 1 tiene poder formativo: es definitivo para el papel y fronteras de nuestro pensamiento y, por consiguiente, también para los objetivos de la ciencia.

Esto, por lo tanto, no significa en lo más mínimo una pérdida del contenido revelacional. Lo contrario sí es el caso. El trabajo de creación de Dios, el cual no está sujeto al tiempo, está – si pudiéramos probablemente ponerlo de esa manera – relacionado a nuestros días de trabajo humanos a fin de que, mediante la fe, pudiéramos ver siempre nuestro trabajo a la luz del trabajo de creación de Dios. Similarmente, nuestro día de descanso está relacionado, en fe, al descanso de Dios (Hebreos 4:10) (ver también al final de la sección 7.3).

Además, numerosos malentendidos podrían evitarse si el tiempo también fuera visto como creación. Esto significa que no podríamos aislar y abstraer el tiempo de los actos de creación de Dios. Dios es también el origen y el creador del tiempo. El tiempo también es creación. Y con eso, el tiempo es una frontera o presuposición para nuestras actividades científicas, una frontera más allá de la cual no podemos ir.

De él, por él y para él

Sobre las bases de todo lo que he dicho hasta ahora, sería muy conveniente que usáramos consistentemente la terminología correcta. Hablando de la "creación", tenemos que distinguir entre el acto de creación de Dios (*creatio*) y lo que es creado (*creatura*) como resultado de la actividad creativa de Dios. Los creacionistas no hacen eso. El milagro de la *creatio* (los actos de creación de Dios) no están abiertos para cualquier clase de inspección humana: sobrepasan el entendimiento humano. Nosotros como humanos pertenecemos a la *creatura* (eso que ha sido creado) y debemos por lo tanto hacer caso cuando escuchamos la pregunta: "¿Dónde estabas tú cuando yo fundaba la tierra?" (Job 38:4). Esta pregunta corta cualquier clase de especulación.

Aunque la *creatura* puede ser investigada científicamente y, a mi mente, deja amplio espacio para modelos científicos y teorías que deben en su momento confirmarse o negarse, al mismo tiempo tiene que reconocerse que nunca comprenderemos la plenitud y profundidad de la *creatura* en el sentido científico. Anclados en el reconocimiento por fe de que vivimos en un mundo que ha sido creado por Dios y es mantenido por él, existe la comprensión de que eso que ha sido creado como misterio insondable es fundamentalmente incognoscible, aun para las disciplinas especiales (Eclesiastés 7:24). Por lo tanto, siempre habrá posibilidades para la investigación científica fresca. Esto no hace que el trabajo realizado anteriormente carezca de sentido; por el contrario, se aumenta y, a veces, se reinterpreta. Hay espacio de sobra para un cambio de paradigma aparte de los métodos usuales en la ciencia. Pero, aun así, la ciencia no produce una comprensión completa de la "creatura." Todo lo que ha sido creado es "de Dios, por Dios y para Dios": esto determina la existencia de todo, lo cual, posteriormente puede examinarse científicamente.

En filosofía reformacional, el ser "de, por y para Dios" de todas las cosas se llama también el carácter del "ser como significado" de la realidad. Este "ser como significado", por así decirlo, hace la realidad posible; esto es, como si dijéramos, la dimensión trascendental de todo. Es la dependencia de todas las cosas de Dios y su direccionalidad hacia Dios, el Trascendente. Esto también se aplica a los humanos y sus actividades, incluyendo la ciencia. No hay manera que uno pueda esconder ese "ser como significado" que hace posible toda la existencia, incluyendo la actividad científica de inquirir y pensar. El "ser como significado" de las cosas, como su dimensión que lo controla todo, debería también permear la práctica de la ciencia. Implica el reconocimiento de fronteras a nuestra actividad lógica, como un resultado del cual esta actividad se vuelve no menos científica sino más. Es, en cualquier caso, liberada de especulaciones y regulada por la fe.

Ni en círculos positivistas ni en científico-creacionistas escuchamos mucho acerca de las abstracciones de la ciencia y el carácter "ser como significado" de la realidad. Esto es debido a la fe en la ciencia y al racionalismo relacionado; incluso a la creencia en la posibilidad de que los humanos podrían reconstruir el todo de la realidad con la ayuda de la ciencia. Por fe, conocemos la creación como misterio divinamente concebido, y es la fe, nutrida por la Palabra y el Espíritu de Dios, la que ofrece resistencia en contra de cualquier sobrestimación de la ciencia.

A la luz de lo que hemos ya dicho y sobre lo cual discutiremos más ampliamente en el capítulo 6, nuevamente quiero enfatizar que, en este racionalismo opositor, estamos adulando al irracionalismo como una reacción ante y en contraposición al racionalismo. Nuestro conocimiento en fe dirige y guía nuestro conocimiento científico. En este punto, me gustaría decir que la ciencia tiene que proceder desde la fe y hacia la fe. Dentro de esa perspectiva, el conocimiento científico – junto con todas las limitaciones y fronteras conectadas con ello – profundizará más que ahuecar o vaciar el conocimiento de la fe.

En suma: la actividad científica cristiana, comprometida a la luz de la revelación divina, no persigue grandes pretensiones; es modesta, sabia, cauta y reconoce su ignorancia fundamental. Es decir: la diferencia no se manifiesta en los diferentes resultados basados en diferentes modelos; la diferencia se revela más bien en el hecho de que nuestro pensamiento cristiano mismo permanece sujeto al ejercicio de la fe. ¿No tiene que ver ese resultado con la renovación de nuestra mente de la cual habla Romanos 12:2?

2.4.4 Interludio: geología del diluvio

Hasta ahora, he hablado acerca de la revelación de Dios concerniente a sus actos de creación (*creatio*) y acerca de las fronteras implicadas en esta revelación para la búsqueda de la ciencia. Existen también límites para la ciencia que se ocupa de lo que ha sido creado (*creatura*): por ejemplo, nunca podríamos tener una idea completa de la ley que sostiene todas las cosas verdaderas. Adicionalmente, dado que nuestro intelecto ha sido afectado por el pecado, nosotros podemos también estar seriamente equivocados. Esto no niega que, por medio de la demostración de la veracidad o falsedad de las teorías científicas, puede lograrse mucho trabajo valioso. Tal trabajo será también apreciado cuando sea hecho por no cristianos.

Un punto en particular merece aquí especial atención. Donde, entre otras cosas, la Biblia reporte eventos históricos tales como la Caída

(Génesis 3) y el Diluvio (Génesis 6), existe la ocasión para académicos y científicos de incorporar los datos históricos en sus hipótesis. Entonces, por medio de un trabajo científico intenso y bien fundamentado, podríamos alcanzar la suficiente claridad para determinar si tales hipótesis pueden ser mantenidas.

Para mí resulta incomprensible que geólogos y biólogos cristianos crean que pueden negar esa historicidad, mientras que incluso en el Nuevo Testamento (Romanos 5:12-21; 1 Corintios 15:22) los autores la presuponen. Inherente a este rechazo existe nuevamente el intento de leer la revelación de Dios a la luz de la ciencia más que a la inversa. En este contexto, el credo cristiano se opone al credo de la Ilustración.

Esto sigue sin alterar el hecho de que nosotros no sabemos precisamente cuáles son las consecuencias de la Caída para la ciencia. En cualquiera de los casos, la realidad ha sido trastornada. En el capítulo anterior (1.7), ya he dicho que la ley de Dios para la realidad – en forma de las leyes de la naturaleza – también ha sufrido cambio. Además, tiene que ser continuamente enfatizado que la mente humana ha sido obscurecida como resultado de la Caída. Nosotros conocemos en parte y somos frecuentemente también confundidos. La ciencia también está sujeta a las consecuencias de la Caída. Estas cosas nos dan a todos mayor razón para ser prudentes.

Pero, ¿qué diremos acerca de la llamada geología del diluvio? La Biblia nos habla acerca del Diluvio como un gran evento histórico de enorme alcance. Después del Diluvio, Dios concertó un pacto con Noé, el cual es universal en propósito y efecto (Génesis 9:8-17). Cómo ese Diluvio ocurrió no nos es dicho en la forma de un tratado científico. Pero, para mí, no parece necesario incluir el contenido del Diluvio concebido como un evento histórico en una hipótesis científica. Si el Diluvio fue en realidad global en su alcance, las consecuencias de ello deberían aún estar disponibles para examinación. Las consecuencias de catástrofes globales que ocurrieron en el pasado relativamente reciente invitan a discusión por medio de otros científicos también. No sería muy convincente si solamente los investigadores cristianos afirmaran ver tales catástrofes globales.

En cualquier caso, la literatura creacionista produce una gran cantidad de material que yo nunca he visto refutado, aunque debo decir que no soy un experto en esta área. Me gustaría ciertamente dejar espacio para una geología del diluvio. Al mismo tiempo, quiero decir a los creacionistas que sobre las bases de su geología del diluvio, ellos también tienen que establecer conclusiones para su modelo de la creación. Su geología del diluvio es descrita algunas veces como "catastrofismo". Es decir, ellos claramente enfatizan que un evento masivo ha ocurrido. Aquí se sugiere una gran discontinuidad. Probablemente el principio de continuidad, es decir, que todas las leyes naturales hoy vigentes estuvieron también vigentes antes del Diluvio y la Caída, tiene que ser abandonado. Una ventaja de eso debería ser que ya no sería posible hablar muy positivamente acerca de un modelo de la creación. Y, como dije anteriormente (véase sección 1.7), esto dejaría espacio para los milagros y la nueva perspectiva del reino de Dios.

2.4.5 Creación y recreación

En la sección anterior vimos que la revelación de Dios es de gran importancia para las fronteras de la ciencia. La ciencia, después de todo, debería ejercerse a la luz de la revelación. Pero esa luz misma no puede ser científicamente examinada; no podría degradarse al nivel de "información científica". Génesis 1, por ejemplo, es de gran importancia para la ciencia: Dios creó todas las cosas con un orden que no puede ser anulado por los humanos. Pero la pregunta respecto al "cómo" de la creación y, por consiguiente, la pregunta científica, no pueden ser respondidas. Si insistimos en hacerlo, pronto caeremos en especulaciones que no garantizan el nombre de "científico". Tenemos que hablar de "ignorancia sabia" o "ignorancia inquisitiva". Esto es cierto, por ejemplo, cuando se habla de la presencia de luz donde no hay fuentes de luz. También es cierto para los días de la creación. Un "modelo de la creación" no puede leerse desde las páginas del Génesis.

La posición que yo he tomado en el debate entre evolucionistas y creacionistas no es la más cómoda. Decir que hay cosas que los humanos no pueden saber, que deben adoptar una actitud de "ignorancia sabia", es generalmente difícil de aceptar. Yo sigo prefiriendo la inherente tensión persistente en esta posición a dar respuestas que continuamente tengan que ser corregidas.

Esta idea tiene también otras consecuencias. No podemos científicamente forzar la creación (*creatio*) de Dios dentro de una teoría, ni tampoco podemos hablar científicamente acerca de la *recreación*. La evolución ni tiene, ni puede tener, espacio para eso. Su posición lo excluye. Los científicos creacionistas no se aventuran a ofrecer teorías científicas acerca de la recreación. Nosotros creemos, por ejemplo, que la resurrección de Cristo es el inicio de la recreación: ocurre en el tiempo y es así un evento histórico; aunque al mismo tiempo es mucho más que un evento histórico. Por esa razón, la resurrección de Cristo excede al alcance de nuestro intelecto, y también de nuestro intelecto científico. Sin embargo, mucho habrá que decirse acerca de la historia alrededor de la resurrección – también científicamente – que nosotros no podemos alcanzar a comprender científicamente. Aun la teología como disciplina científica tiene que detenerse ante la resurrección como un misterio de fe. Yo por lo menos tengo objeciones serias cuando los teólogos, armados con un surtido de modelos científicos, quieren explicar la resurrección y hacerla aceptable. Una y otra vez es evidente que, cuando hacen esto, la *creencia* en la resurrección es explicada convincentemente. ¿No es la resurrección el inicio del orden paradisiaco restaurado, el orden del reino de Dios? Con nuestro intelecto pensante, no tenemos acceso a ese misterio, sino que tenemos que aceptarlo en fe.

En el capítulo 1 (sección 1.7) establecí que probablemente haremos mejor si distinguimos dos órdenes de la ley: (1) el orden del paraíso y el reino de Dios; (2) el orden de un mundo caído y marcado por el pecado. El último es explicado por las ciencias naturales y aun entonces, yo creo, nunca completamente hasta el límite. Pero, ¡cuánto más entonces el orden del paraíso y el orden de la recreación eluden a nuestra ciencia! Ese orden deja espacio al obrar de Dios "desde la eternidad". Ese es el único término bíblico que apunta a lo que nosotros no podemos nombrar, no digamos entender, con nuestros conceptos e ideas. Todavía espero que el lector sea persuadido, como yo lo estoy, de que la fe en la obra de la recreación de Cristo es de enorme significado para la ciencia, ya que se ocupa de sus riquezas *y* sus límites y significado. Debemos ver aun con mayor claridad lo grandioso, poderoso y sabio que es Dios el Creador; y cómo, lleno de amor, en Cristo él cuidó y aún cuida la creación de camino hacia la total redención y cumplimiento en la recreación. Y en nuestra vida, y también en nuestra ciencia, ¿no debería ser el impulso controlador el reconocimiento de ese significado?

La revelación de Dios alimenta nuestra fe y mantiene a la ciencia en su relativo, limitado y a la vez significativo y fascinante lugar, ¡con su tarea interminable! El camino que nosotros debemos recorrer no es un camino entre el evolucionismo y el creacionismo, sino otro, más difícil, porque su estímulo es la fe. Y esa fe es continuamente atacada por la dominante fe en la ciencia con sus muchas variaciones. Este es, sin embargo, un camino con una perspectiva para el futuro. Ciertamente, nosotros necesitaremos de la eternidad para descifrar las profundidades y las riquezas de la creación de Dios conforme ella misma está siendo restablecida en Cristo.

CAPÍTULO III

Tecnología: ¿Nuestra esperanza para el futuro?

3.1 Introducción

En los dos capítulos precedentes vimos cómo un gran número de personas en las ciencias son presa – en gran parte inconscientemente – de las garras del pensamiento técnico. En este capítulo, queremos obtener una pista acerca del origen de este suceso. Así seremos capaces de detectar más claramente la influencia del pensamiento técnico en nuestra cultura en los capítulos siguientes.

Humanidad y tecnología siempre han ido de la mano. Tanto así ha sido el caso que tendemos a describir la historia humana en términos del estado de la tecnología: la era de piedra, la era de bronce, la era del hierro, la era atómica, la era de la computadora y así sucesivamente.

La tecnología es de gran importancia para la existencia humana y la cultura. Sin ella, uno podría argumentar, la vida se empobrecería y la cultura se estancaría. Hay por tanto una buena razón para dedicar mucha atención al desarrollo necesario de la tecnología.

La cultura occidental en particular se encuentra estampada por la tecnología moderna, una tecnología que ha sido poderosamente influenciada por la ciencia. La cultura occidental se distingue de las demás culturas por la enorme influencia de la tecnología moderna.

Conforme la tecnología moderna ha florecido en la cultura occidental y ha puesto su impronta sobre ella, esa cultura se ha diseminado en todo el mundo. Al mismo tiempo, los inconvenientes inherentes a ese proceso se han incrementado. Por consiguiente, ninguna filosofía de la cultura puede prescindir de un análisis crítico del desarrollo técnico moderno y de su trasfondo en la cultura occidental.

En el proceso, es sorprendente que la cultura occidental, la cual fue originalmente cristiana, se haya convertido gradualmente en una cultura secularizada, atea, al compás de los avances de la ciencia y la tecnología moderna. Ha llegado a ser, de pies a cabeza, una cultura antropocéntrica. La humanidad, con su poder científico-técnico es central; es el poder del control científico-técnico lo que domina y sella todos los sectores de la cultura e irresistiblemente permea el mundo de la experiencia humana. Los seres humanos modernos no sólo se han rodeado de tecnología; también actúan desde un marco de pensamiento tecnológico. La tecnología es un poder al que los humanos parecen haberse subordinado, y por el cual la naturaleza es explotada y la cultura fragmentada.

Eso exige una explicación: no solamente la tecnología moderna es la base para muchas actividades culturales; conseguir un mayor desarrollo técnico es al mismo tiempo la fuerza motriz detrás de estas actividades. Si alguna cuestión sale mal con la tecnología moderna, entonces algo anda mal con la cultura entera. O mejor dicho: cuando la tecnología está sujeta a la influencia de motivos equivocados (por ejemplo, que el ser humano sea "señor y maestro" sobre la realidad, o que todo lo que pueda ser hecho debería ser hecho y por lo tanto que el imperativo tecnológico sea aceptado como norma), ese solo hecho se convierte en la razón de base para muchos problemas en nuestra cultura.

En este capítulo investigamos el contexto de este desarrollo científico-tecnológico. Después de considerar el significado de la tecnología y la influencia estructural que la ciencia ejerce sobre la tecnología, me enfocaré sobre la expectativa de salvación tecnológica que ha llegado cada vez más a controlar nuestra cultura. En el siguiente capítulo intentaré clarificar que en ese contexto han surgido una mentalidad técnica y una tecnología demasiado seguras de sí mismas, a las cuales les debemos no solamente numerosas ventajas materiales sino también varios problemas y peligros amenazadores.

3.2 El significado de la tecnología

La tecnología es un fenómeno enormemente multifacético. En general, podemos decir que estamos hablando de tecnología cuando usamos herramientas para darle forma a la naturaleza al servicio de los propósitos del ser humano. Eso es cierto tanto para la tecnología tradicional como para la tecnología moderna. La tecnología moderna ha sido especialmente formada por la influencia de la ciencia, especialmente de las ciencias exactas y técnicas. Como resultado de esa influencia, el diseño y la formación técnica – la producción – ya no coinciden. El diseño se ha hecho independiente de la ejecución y está marcado especialmente por un método científico-técnico. Este método de diseño como un método de control técnico sella el desarrollo técnico del día de hoy y asegura que las herramientas, instrumentos y operadores técnicos trabajen independientemente. Por sus características científicas, además, este método de control ha estimulado enormemente el dinamismo de la tecnología moderna.

Cuando hablamos de biotecnología, el equipo tecnológico actual juega un papel mucho menos activo pero más protector. Entonces estamos tratando con la manipulación de los procesos de la vida a fin de que aquellos procesos produzcan mejores resultados que los existentes, o que resulten procesos de vida totalmente nuevos y muy prometedores.

Cuando comparamos nuestro tiempo con hace varios siglos, podemos correctamente hablar acerca de las bendiciones de la tecnología. En general, podría decirse que el significado de la tecnología es muy rico y que no puede ser trazado completamente. En cualquier caso, podemos decir lo siguiente acerca de ello.

La tecnología puede satisfacer algunas de las necesidades básicas de cada ser humano. La tecnología puede proveer alimento, abrigo y cuidado de la salud y ofrecer un creciente número de posibilidades humanas y una disminución del trabajo físico y cargas en nuestro trabajo; puede liberarnos de rutinas monótonas y conducirnos a formas variadas de trabajo intelectual y creativo. Hasta los animales son aliviados por la tecnología: tenemos cada vez menos bestias de carga. A través de la tecnología podemos evitar ciertos desastres naturales tales como inundaciones; o al menos los mantiene controlados. A través de las posibilidades de la electrónica y las minicomputadoras, las personas discapacitadas pueden ser ayudadas enormemente: el sordo puede nuevamente "oír", el ciego "ver" y el cojo "andar". La tecnología facilita el crecimiento de la información y la expansión y profundización de la comunicación. En y a través de la tecnología, los dones abundantes y las cualidades personales de individuos y personas pueden florecer.

Si usamos la tecnología cuidadosamente y la desarrollamos dentro de un entorno responsable, se hace lugar para tiempo recreativo y un desarrollo cultural rico balanceado administrando cuidadosamente la naturaleza.

En la medida que la tecnología se desarrolla dentro de esta perspectiva ricamente significativa, también tiene una sustanciosa influencia sobre otros sectores de la cultura, tales como la economía, la agricultura y el sector salud. Continuamente debemos tener en mente el significado de la tecnología.

Es la convicción cristiana que la realidad fue creada por Dios y es sostenida por él. Uno incluso puede decir que la gente debe afirmar que la realidad es un regalo de Dios para ellos y que, como resultado de ser de Dios, por Dios y para Dios, esta realidad está llena de significado. Eso demanda virtudes como respeto, admiración, gratitud y prudencia en nuestro trato con la realidad. Después de todo, las personas no son los dueños sino los cuidadores autorizados.

Si se persigue la tecnología sobre las bases de ese entendimiento y persuasión, esta puede desarrollarse responsablemente como un regalo de Dios. La tecnología al servicio de la humanidad revela la realidad. Entendiéndose la tecnología como el moldeado o formación de la naturaleza con la ayuda de herramientas para fines humanos o como la formación de procesos de la vida – como en el caso de la biotecnología.

En filosofía reformacional, en consecuencia, es por una buena razón que hablamos de la tecnología como la revelación del significado inherente en la realidad. Este significado-revelación presupone el carácter y el significado previamente dado, o la naturaleza única de las cosas. Dada esta base, la tecnología implica el enriquecimiento de la cultura. Bajo esa perspectiva, la ciencia y la tecnología tienen una conexión perdurable con Dios (ver adelante en capítulo 8).

3.3 Tecnicismo

En el mundo a nuestro alrededor observamos la sobrestimación de la tecnología. La tecnología es vista como la respuesta a una amplia gama de problemas y la solución a toda clase de enfermedades. En ese contexto, la tecnología adquiere en algún sentido una función idolátrica. Esto es mejor ilustrado por la clásica historia del Rey Midas. A Midas se le permite pedir un favor a los dioses. En su respuesta, pide que todo lo que toque se pueda convertir en oro. En el momento en que este deseo es concedido nosotros atestiguamos las consecuencias. Todo lo que toca – su comida, su esposa, y así sucesivamente – se convierte en trozos de oro. El resultado de su codicia es que el oro amenaza su propia vida.

La moraleja de esta historia es que, aunque el oro sea un metal precioso tiene un lugar especial en medio de todas las cosas que existen y son preciosas, la vida misma es estrangulada cuando todo es oro. ¡La misma situación es cierta con la tecnología! La tecnología es significativa pero cuando todo es estampado por la tecnología llega a convertirse en una maldición para la vida y la sociedad. En ese caso, la tecnología amenaza la calidad de la existencia. El hombre y la naturaleza se convierten en víctimas del despotismo de la tecnología.

En mi opinión, es contra ese despotismo que somos confrontados en nuestra cultura. En publicaciones anteriores, he puesto mucha atención al tecnicismo como el trasfondo intelectual-histórico de nuestra cultura tecnológica. El tecnicismo surge desde una actitud fundamental específica: La gente occidental está cada vez menos dispuesta a aceptar que vivimos en un mundo creado por Dios.

En el tecnicismo, la actitud fundamental es muy diferente de la idea bíblica. Karl Marx lo estableció muy claramente. La naturaleza, de acuerdo con él, es dada con toda certeza, pero sin significado, hasta que recibe su significado de nuestra labor, de nuestra tecnología. En ese caso, es el hombre con su tecnología el dador del significado; la realidad integral es de importancia en la medida que sea útil para la humanidad. Esto implica que el tecnicismo es acompañado por una *ética utilitaria*. Todo gira alrededor del uso particular al que los humanos quieren poner su tecnología. Para Marx esto es la autorrealización humana en y a través de la tecnología. Todo lo que falla en contribuir a este propósito es despreciado o abandonado. En la teoría marxista, no existe la preocupación de que, con su tecnología, los seres humanos puedan destruir mucho de lo que es valioso en la naturaleza. Además, la idea marxista conduce fácilmente a una tecnología que es sobrevalorada o que cruza las fronteras en la tecnificación de la realidad (véanse capítulos 4 y 5).

El tecnicismo es una pretensión muy antigua. Ya encontramos su arrogancia en la construcción de la Torre de Babel: los seres humanos, viéndose a sí mismos como dioses, quieren tomar por asalto los cielos: "nada les hará desistir ahora de lo que han pensado hacer" (Génesis 11:6). La misma mentalidad surge después de la Edad Media cuando el desarrollo de las ciencias naturales cobra fuerza y se une con una filosofía de la cual Dios ha desaparecido y en la cual el hombre es entronizado. Una vez que esto ocurre, la conexión original entre la humanidad y la naturaleza es quebrada y la naturaleza es reconocida como un mecanismo a ser controlado.

En esta filosofía occidental atea, el hombre, como "señor y maestro" por medio de la tecnología, es asignado al papel de creador y redentor del mundo. Más tarde, cuando podemos hablar justificadamente de los enormes logros técnicos – en cualquier caso desde la mitad del siglo XIX – esta pretensión se hace más fuerte y simultáneamente empieza a mover las mentes de muchas gentes. La gente manipula la realidad circundante hasta que se convierte en lo que la gente quiere que sea la realidad. De un mundo aparentemente carente de significado, quieren construir uno que sea técnicamente significativo para cada quien.

El lado obscuro

Este movimiento de salvación por medio de la tecnología provoca una manipulación ilimitada del ambiente natural: ilimitada *ad infinitum*. La gente cree que con nuestra tecnología podemos dominarlo todo. La promesa de un paraíso tecnológico ahora parece estar a nuestro alcance. Cuando, en la era de la post Segunda Guerra Mundial, los resultados en la forma de crecimiento de la prosperidad se hicieron verdaderamente impresionantes, los consumidores empezaron también a venerar la tecnología moderna. Por mucho tiempo, esta veneración hizo a la gente incapaz de ver sus aspectos negativos. Mientras tanto, hemos descubierto que el mundo circundante – plantas, animales, incluso la humanidad misma – puede fácilmente convertirse en víctima de la tecnología moderna. Hoy en día, los desarrollos técnicos constituyen una amenaza en muchas maneras. La base misma de nuestra existencia está siendo arruinada.

Al pensar en las peligrosas manifestaciones del tecnicismo, no solo tengo en mente la amenaza del armamento nuclear o los residuos radiactivos generados por las plantas de energía nuclear, sino también ciertos fenómenos de nuestra cultura tecnológica como la deforestación, la desertificación de grandes partes de la tierra, el agotamiento de la capa de ozono, la emisión de gases de efecto invernadero junto con los cambios climáticos, la destrucción y la contaminación de la naturaleza, la sobreestimación de las técnicas de manipulación genética y de las últimas tecnologías de información y comunicación que producen información y comunicación cada vez menos genuina entre las personas. Una tecnología sobrevaluada acarrea mutuo distanciamiento y desintegración social.

Mientras que la tecnología ha dado a la gente mucho poder, ellos parecen en gran medida impotentes frente de la misma. En lugar de tener su desarrollo tecnológico bajo control, parecen más bien estar controlados por él. En otras palabras, el desarrollo técnico es claramente paradójico. El hombre se convierte en prisionero de su propia tecnología.

¿Qué es precisamente el tecnicismo?

A la luz de la postura bosquejada arriba puedo describir con precisión lo que es el tecnicismo. El tecnicismo es la pretensión de los seres humanos, como señores y dueños autodeclarados usando el método científico-técnico de control, para inclinar toda la realidad a su voluntad con el fin de resolver todos los problemas, viejos y nuevos, y garantizar el aumento de prosperidad material y progreso. Los seres humanos, por medio de su tecnología, quieren controlar y salvaguardar el futuro. Este tecnicismo responde a dos normas importantes como si fueran los dos grandes mandamientos: la norma de la perfección técnica o efectividad y la norma económica de eficiencia. En otras palabras, por medio del método científico-técnico del control, las metas establecidas deben alcanzarse tan directa y eficientemente como sea posible. El proceso técnico entero, por lo tanto, es establecido claramente dentro de un marco estrecho. *A todo lo que quede fuera de ese marco angosto se le niega reconocimiento*. Esto refiere al valor de la naturaleza y al carácter distintivo de plantas y animales. Normas como las de agradecimiento, cuidado, amor, armonía, hacer justicia y así sucesivamente son, por consiguiente, pasadas por alto (véase sección 8.7).

El método del control

Cuando yo hablo del "tecnicismo", tengo especialmente en mente la sobrestimación del método del control técnico. Por consiguiente, las tecnologías en las cuales ese método subyace como trasfondo (como en la ingeniería civil) también producen menos problemas; pero precisamente esas tecnologías que no pueden existir sin este método ocasionan más inquietud (tales como la tecnología química, la electrotecnología, la tecnología de la información, la biotecnología y así sucesivamente). Además, el método de esas tecnologías está siendo también introducido en áreas no técnicas.

Por supuesto que este "mal" no es inherente al método mismo, sino que lo es en su sobrestimación e imperialismo. Es inherente la convicción de que, con este método científico-técnico de control, los seres humanos pueden lograr aún mejores y mayores resultados tanto en la tecnología misma (donde el método es apropiado) como fuera de ella.

Existe en nuestra cultura un impulso hacia la perfección técnica. Por esa razón, la gente intenta resolver los muchos problemas causados por la tecnología con la tecnología moderna. Sólo observe, por ejemplo, cómo son llevadas hacia adelante, sin sentido crítico, la tecnología de la información, la biotecnología o la manipulación genética como soluciones evidentes a problemas del medio ambiente o laborales (y así sucesivamente). Pero la gente rara vez se pregunta si al tomar este enfoque nos dirigimos en la correcta dirección. La verdad es que, al hacer esto, nos están ocultando los problemas, al menos por una vez, con el fin de ser confrontados con ellos de nuevo más tarde en una forma elevada. El tecnicismo como una fuerza motivadora básica también influye, por ejemplo, en nuestra idea de la ciencia y la economía. Reduce la ciencia al nivel de utilidad instrumental. En otras palabras, el conocimiento científico se convierte en el marco que indica lo que es técnicamente posible. La economía es entonces marcada por el excesivo control científico-técnico, siendo dominada por un modelo científico-técnico: el *mecanismo* del mercado. La entrada de materias primas debe ser transformada en productos tan eficientemente como sea posible. El objetivo es maximizar ganancias y hacer realidad al mayor número posible de gente la más grande utilidad o prosperidad material posible. Al camino y la manera en la que esto es logrado, así como al daño hecho durante el proceso no se les presta atención o son virtualmente ignorados – al menos así fue por mucho tiempo.

Es bueno enfatizar otra vez que el tecnicismo no es lo mismo que la tecnología. El tecnicismo se apodera de la moderna tecnología científicamente condicionada como la única posibilidad para alcanzar el desarrollo de la cultura. En especial, el método empleado por la tecnología moderna en la fase de preparación – la de diseño – inspira a la gente a aplicarlo también fuera del dominio de la tecnología. El método científico-técnico del diseño como un método de control parece haber iniciado a funcionar como una clase de varita mágica. Yo sospecho, por ejemplo, que las organizaciones modernas están también estampadas por el tecnicismo y provocan con ello enormes problemas a la comunidad que conforma la mano de obra y al papel de la gente responsable en esa comunidad. Pero ese es un tema que no deseo tratar aquí.

La religión de la tecnología

Dentro del *tecnicismo*, yo creo, estamos tratando con la *tendencia dominante* de la cultura occidental. No obstante, muchos académicos e ingenieros que van o quieren ir en una dirección diferente no pueden detener al tecnicismo de seguir estampando la cultura.

En el capítulo 6 revisaré varias corrientes filosóficas que, cada una a su propio modo, buscan ser contraculturales, pero apenas pueden influir la línea de desarrollo predominante en nuestra cultura.

Podemos encontrar un creciente número de filósofos que llaman o han llamado la atención al asunto del tecnicismo. El existencialista Heidegger, el neomarxista Horkheimer, el existencialista cristiano Ellul, el pensador católico Staudinger, el filósofo americano Ihde y el filósofo ingeniero Sachsse tienen todos – cada uno a su manera – devota atención al tecnicismo.

Un ejemplo penetrante de esto puede encontrarse también en David Noble, el autor de un reciente libro titulado *The Religion of Technology*[1] (1977). Él demuestra que desde el Renacimiento mucha gente ha defendido vigorosamente la pretensión de que, en tecnología, los seres humanos pueden comportarse como dioses – conectando así la tecnología con la idea de un estado colaborativo de creador y redentor. A pesar de la Caída, la gente en círculos filosóficos y científicos cree que, por medio de la tecnología, los seres humanos pueden restablecer las condiciones originales del Paraíso. El hombre técnico es el nuevo Adán. Con base en este punto de partida, la religión de la tecnología se enfoca en el futuro de esta tierra como el único futuro: aquí, el reino de Dios es un reino tecnológico secularizado.

De acuerdo con Noble, estos motivos religiosos operan en cada nivel del programa espacial, y este impulso religioso es el motivo más importante detrás de los viajes y exploración extraterrestres. En el desarrollo de la Inteligencia Artificial, Noble discierne la búsqueda de la inmortalidad mecánica y de una perfección incorpórea de la mente (véase sección 5.3.1). Y en los desarrolladores del Ciberespacio y de la Realidad Virtual, Noble discierne un espíritu que aspira la omnipresencia divina. En el trabajo de los representantes de la manipulación genética (véanse secciones 4.4 y 5.2), Noble frecuentemente se topa con la idea de que esta tecnología posibilita a los seres humanos para lograr una nueva creación y especialmente una nueva clase de seres humanos. Es sorprendente que la manipulación de los genes humanos, por ejemplo, sea aceptada tan fácilmente con la justificación de que los seres humanos son *cocreadores*, no administradores, y que, por lo tanto, los inconvenientes de esa tecnología puedan corregirse por medio de adaptaciones de esa tecnología (véase sección 5.2).

Noble no fantasea con estas ideas, pero da la palabra a los representantes de estos desarrollos tecnológicos. En su propio pensamiento es predominante la crítica de este desarrollo a causa de los muchos problemas y amenazas que inicialmente permanecían ocultos, pero que han llegado a ser claramente manifiestos en nuestro tiempo.

---

1 La Religión de la Tecnología.

La tecnología bajo un cielo vacío

Como es usualmente el caso con los contramovimientos, aquí también no todos comparten su visión crítica de las cosas. Sin embargo, yo deseo que entre los cristianos se preste más atención al análisis crítico del tecnicismo. Los cristianos están también muy poco conscientes de la conexión obvia entre el gigantesco desarrollo científico-técnico y el proceso de secularización. Cuando la gente no toma en cuenta la historia de las ideas en el trasfondo de los desarrollos actuales, rápidamente buscan una solución fácil a los problemas con los cuales se enfrentan. Sin tomar en cuenta las causas, optan por una solución superficial y miope. Sin embargo, al poner atención al trasfondo intelectual-histórico, tenemos una mejor oportunidad para encontrar los desafíos de nuestro propio tiempo (véanse capítulos 7 y 8).

El ideal científico-técnico del control

La interpretación de la filosofía e historia occidental como tecnicistica es muy cercana a lo que el padre de la filosofía reformacional, Herman Dooyeweerd, ha designado como las fuerzas motrices de la cultura occidental. Su posición es que, desde el principio de la era moderna, la filosofía occidental ha sido controlada por el ideal de alcanzar libertad absoluta de la persona humana en la dominación científica de toda la realidad – un punto de vista también llamado *cientificismo*. Dooyeweerd llama a este ideal el ideal del control científico. Me gustaría dar un paso más y decir que este ideal es en realidad el ideal del control científico-técnico. Al tomar este paso, estamos profundizando a la vez que ampliando la perspectiva de Dooyeweerd. Profundizando, porque ello contiene el entendimiento de que la humanidad autónoma y libre no solamente se manifiesta en la ciencia sino que con ese ideal de control también busca subordinar toda la cultura a sí misma. La ampliación es entonces que el conflicto, como Dooyeweerd lo ha descrito, no sólo ocurre entre la libertad absolutizada del pensador y la ciencia absolutizada que resulta, sino que el ideal científico-técnico de control pone la totalidad de la realidad bajo presión. El ideal del control técnico amenaza no sólo al hombre en su libertad sino también la naturaleza y las estructuras sociales dentro de las cuales la gente funciona. Como resultado del ideal del control, la gente reduce la realidad a las categorías científico-técnicas y niega el carácter distintivo de las cosas.

En otras palabras, mientras que Dooyeweerd merece mucho crédito por señalar la tensión en el pensamiento científico y filosófico occidental, me gustaría enfatizar que la tensión o conflicto interno es el que abarca la cultura occidental como un todo y no sólo se ocupa del mundo intramuros de la ciencia. Creo que Dooyeweerd estaría de acuerdo con esta idea. Él simplemente no encontró tiempo para hacer un análisis completo del impacto cultural de la tensión entre el ideal de la libertad y el ideal de la ciencia.

Tecnicismo y economismo como aliados

Probablemente el lector desearía refutar mi interpretación diciendo que no es el tecnicismo sino el economismo – como una economía reducida y al mismo tiempo absolutizada – la enfermedad básica de nuestra cultura. Hay mérito en esta idea. Pero si hacemos alguna investigación histórica, rápidamente descubriremos que en tiempo de guerra y, por ejemplo, en el desarrollo de los viajes espaciales durante la era de la Guerra Fría, el espíritu del tecnicismo demandó numerosos sacrificios económicos más que traer prosperidad económica. Mientras tanto, hemos aprendido que la población de la Unión Soviética fue privada de comida por el interés de hacer realidad los ideales del tecnicismo. Por el bien del poder geopolítico y en nombre de la Unión Soviética, todo fue puesto al servicio de la tecnología de los viajes espaciales a expensas de la población. Por consiguiente, cuando hoy la economía del mercado libre – es decir, el capitalismo – es señalada como la causa de mucha miseria, se encuentra que ese análisis es inadecuado. Tal análisis, como al que Bob Goudzwaard ha dedicado su atención, es muy fructífero. Yo creo, sin embargo, que lo que trabaja en el trasfondo del capitalismo es el ideal del control técnico. La economía del mercado libre de hoy es posible solamente en la fuerza del empuje para alcanzar el control técnico. En otras palabras, la cuerda de la salvación del capitalismo es el tecnicismo.

En especial los gobiernos son conducidos por el tecnicismo en sus planes de control de la sociedad. Mientras que el poder del control técnico podría ser fundamental para las empresas industriales, aún tienen que tomar en cuenta lo que los consumidores quieren. La economía del mercado libre no puede prosperar sin la aprobación de los consumidores. Por esa razón, se puede decir que el capitalismo a su vez fortalece al tecnicismo. Los dos son, por así decirlo, gemelos siameses. Ambos sufren de una reducción en su perspectiva. Como resultado, en parte, del dinamismo evocado y la enorme magnitud del mismo (hay una buena razón para hablar de la globalización de la tecnología y la economía), la concurrencia de una tecnología sobrestimada y una economía contraída es peligrosa para la humanidad, la sociedad y el ambiente.

Crítica al tecnicismo y la cultura

Desde la posición ventajosa del tecnicismo, como también será evidente en el capítulo que sigue, obtendremos una mayor visión en la coherencia estructural de los problemas culturales de nuestro tiempo. Estos problemas se pueden entender mejor a la luz de la influencia del tecnicismo más que a la luz de – digamos – la absolutización de la ciencia o la economía. Adicionalmente – regresaré a este punto en el capítulo 6 – las numerosas corrientes irracionalistas de nuestro tiempo tales como el existencialismo, neomarxismo, pensamiento contra-culturista, la

Nueva Era(isma), el posmodernismo y naturalismo, pueden ser mucho más provechosamente categorizados como reacciones al tecnicismo que como reacciones al racionalismo o economismo (ver sección 6.5). Pero nuevamente, el cientificismo y economismo son reforzados por el tecnicismo y viceversa.

Ejemplos de tecnicismo

Una vez que sabemos lo que es el tecnicismo, lo reconoceremos frecuentemente en la vida diaria. Permítanme citar varios ejemplos vívidos. Mi primer ejemplo de la vida ordinaria clarifica la medida en que la gente es controlada por la "perspectiva técnica". Yo amo mi jardín y, por lo tanto, estoy ansioso de mostrarlo a mis invitados. No hace mucho tiempo alguien me dijo con emoción: "¡tu pasto es tan verde! ¡parece como si fuera de plástico!". Tal comentario demuestra que incluso vemos a la naturaleza como algo que nosotros mismos hemos hecho, y que apreciamos mucho más lo que hemos hecho que el valor de la naturaleza misma como *dada*, sin importar lo bien mantenida que esté.

Usualmente, la mentalidad técnica es todavía presentada de una manera más gráfica en las historias políticas. En 1969, comentando el éxito del alunizaje, el Presidente Nixon de los Estados Unidos dijo: "Esta es la semana más importante en la historia desde la creación". Al siguiente domingo, Okke Jager dijo en un sermón que el evento más importante en la historia desde la creación no es que un hombre haya puesto su pie sobre la luna, sino que hace 2000 años Dios en Cristo puso su pie sobre la tierra. Al decir esto, estaba puntualizando que los logros técnicos son erróneamente vistos como proezas redentoras de la humanidad.

El mismo exceso de confianza tecnicista nos impacta cuando un simposio sobre manipulación genética en la Universidad Técnica de Eindhoven es anunciado bajo el encabezado: "El Octavo Día de la Creación"; o un documental de la VPRO[2] sobre manipulación genética es promovido exageradamente bajo el título: "Mejor que Dios". Recientemente, el Presidente Clinton también dio evidencia de ser un verdadero creyente de la tecnología. En un discurso ante las Naciones Unidas en Junio de 1997 acerca del problema global de la contaminación ambiental y la destrucción de la naturaleza, parecía esperar la solución a todos estos problemas gracias a la tecnología. En un breve discurso de menos de quince minutos, él expresó su confianza en la tecnología en por lo menos diez ocasiones. Y, por supuesto que debe involucrarse la tecnología en la solución de los problemas presentes; sin embargo, el espíritu con el cual se dicen estas cosas usualmente indica que la tecnología es vista como la solución a todos los problemas. La práctica política está repleta de evidencia acerca de la veneración hacia la tecnología. Muy

---

2 Vrijzinnig Protestantse Radio Omroep, o Compañía Emisora de Radio Protestante Liberal.

frecuentemente, por ejemplo, la ingeniería genética se presenta como la nueva tecnología que tiene las posibilidades de solucionar casi todos los males, especialmente aquellos de la contaminación ambiental y el trastorno que ha sufrido la naturaleza. Entretanto, la gente olvida que la nueva tecnología está preñada de una gran cantidad de nuevos problemas. La aplicación a gran escala de esa tecnología conducirá, por ejemplo, a una pérdida de la biodiversidad (véase sección 4.4.1).

Un ejemplo final del pensamiento tecnicista: algunos filósofos, el profesor De Mul de Rotterdam por ejemplo, hablan y escriben acerca de la Internet y las posibilidades técnicas de la Realidad Virtual como si, con el advenimiento de esta nueva tecnología, un nuevo mundo con incluso una nueva religión se ha abierto paso. Se puede observar una gran cantidad de cosas nuevas en estas posibilidades técnicas, sin duda, pero por mucho que sea así, los problemas reales de la humanidad – por ejemplo, la cuestión del significado de la vida – no pueden ser respondidos por esta nueva tecnología. Sorprendentemente, los ingenieros técnicos y los expertos mismos son usualmente mucho más moderados en sus reacciones. Afortunadamente, ellos usualmente están conscientes de sus limitaciones.

Resumiendo, el tecnicismo – un fenómeno que también puede describirse como la ideología del control científico-técnico, o como la religión de la tecnología – está profundamente influenciando el clima espiritual e intelectual del Occidente. Es un *ethos*: una actitud básica de las masas de gente se manifiesta en su conocimiento y acción, en la ciencia, tecnología y la economía.

3.4 Las intersecciones de ciencia y tecnología

El tecnicismo ha producido un vínculo poderoso entre la ciencia y la tecnología. El resultado es un complejo técnico del que la humanidad se vuelve cada vez más dependiente pero del que carece de una visión general. Con el fin de atender este déficit, podríamos bien escuchar al filósofo francés Jacques Ellul. Desde el punto de vista de su filosofía de la cultura (cristalizada en dos publicaciones, *The Technological Society*[3] [1966] y *The Technological System*[4] [1980]), él trata extensamente con la combinación de la ciencia y la tecnología. La base científica de la tecnología y el método científico del diseño, de acuerdo con Ellul, son las razones para la línea de distinción clara entre la tecnología moderna y la tecnología tradicional basada en lo artesanal. Ese punto de vista es correcto. Para Ellul, algo está en operación en la interrelación entre ciencia y tecnología que culmina en la autonomía de la tecnología como una ley en sí misma. Respaldo este

---

3   La Sociedad Tecnológica.
4   El Sistema Tecnológico.

análisis con el señalamiento de que, cuando la ciencia y la tecnología están sujetas a la influencia del tecnicismo, no hay escapatoria a la perspectiva de que las dos, unidas en una gran alianza impía, controlarán todo. Si nos desprendemos de la ideología del tecnicismo (véanse capítulos 7 y 8), entonces, aunque sus respectivas características permanezcan, las dos serán obligadas a retroceder hacia marcos normativos. La autonomía de la tecnología demuestra ser nada más que una expresión de la mente colectiva del tecnicismo.

Ellul establece con agudeza que la tecnología moderna está marcada por las siguientes características: (1) racionalidad, (2) artificialidad, (3) automatismo, (4) autoafirmación, (5) monismo, (6) universalismo y (7) autonomía. Brevemente comentaré cada una de estas características.

(1) La *racionalidad* de la ciencia moldea la tecnología moderna de modo que su influencia en nuestra cultura está condicionada por esta racionalidad. En nuestra cultura se demuestra haber progresivamente menos espacio para la fantasía, la belleza y la irracionalidad. La sistematización del trabajo, la división del trabajo, la creación de normas estandarizadas para productos y procesos de producción proporcionarán cada vez menos espacio para la espontaneidad y creatividad personal. Con cada nueva introducción de una técnica, el patrón de la lógica es reforzado en la cultura. Al desarrollo técnico le siguen las leyes de hierro de la lógica.

(2) Mientras que en el pasado la tecnología estaba enclavada en la naturaleza – tecnología artesanal—, la tecnología de hoy ha producido un *mundo artificial* totalmente abstracto. La tecnología moderna presenta una acumulación de medios técnicos o incluso de sistemas técnicos que juntos empiezan a dominar o hasta suprimir a la naturaleza.

(3) El *automatismo* de la tecnología implica que la tecnología se dirige más o menos a sí misma. La gente tiene cada vez menos influencia sobre la dirección que toma la tecnología. Una vez que los descubrimientos científicos han sucedido, el desarrollo técnico que surge a partir de ellos procede automáticamente. De este modo, el desarrollo de la física nuclear lleva a la tecnología de la energía nuclear. A pesar de toda consideración humana contraria, la tecnología moderna es irreversible.

(4) Sorprendentemente, en ese proceso surge la autoafirmación[5] de la tecnología moderna. Por ejemplo, en la medida en que la biología molecular penetra los procesos de la vida más profundamente, se refuerza la influencia de la biotecnología. La tecnología también se refuerza a sí misma influenciando o inclusive estampando otras actividades culturales tales como la organización, la administración, la educación, la economía, la agricultura, la política, el gobierno y así sucesivamente. En especial, la influencia de la computadora sirve como un ejemplo en este asunto. Al mismo tiempo, esta autoafirmación implica que el desarrollo técnico es

---

5 O "autoaumentación". Ver J. Ellul, *The Technological Society* (La Sociedad Tecnológica) pp. 85ss.

irreversible. Esta irreversibilidad se aplica tanto al desarrollo técnico como tal, como a la influencia de la tecnología sobre la totalidad de la cultura. Un nuevo desarrollo técnico tiene consecuencias crecientes para todas las ramas de la tecnología y para todos los sectores de la cultura.

(5) Tanto el automatismo como la autoafirmación se aseguran de que la gente tenga cada vez menos que decir acerca del desarrollo técnico. El fenómeno de la tecnología está ciego al futuro, sin embargo crece en intensidad. La gente empieza a involucrarse cada vez más en la tecnología pero en realidad tiene cada vez menos control sobre ella. Eso es lo que Ellul llama el *monismo* del desarrollo técnico. Sopesar las ventajas y las desventajas del desarrollo técnico una contra la otra no es parte del proceso. Tampoco existe espacio para juicios morales. La tecnología moderna es completamente independiente de consideraciones éticas; o, mejor dicho, la tecnología obliga a la ética a acomodarse a sí misma a la tecnología. Ahora que la tecnología se ha convertido en un sistema, la ética apropiada a ello es una ética del sistema que no ofrece crítica a la tecnología como sistema, sino más bien la refuerza. De acuerdo con Ellul, esto no significa que, con el actual desarrollo técnico, nos estamos dirigiendo a un final catastrófico. Pertenece a la lógica interna de la tecnología que sus aspectos perniciosos sean eventualmente eliminados. En otras palabras, gracias a la influencia de la ciencia sobre la tecnología, la tecnología se corrige a sí misma.

Sin duda, este orden tecnológico es desastroso, de acuerdo con Ellul, para la libertad humana y el ambiente natural. Elimina la libertad humana y la tecnología artificial reemplaza a la naturaleza.

(6) Ellul sitúa el vínculo entre la autoafirmación y el monismo de la tecnología en el "plan" como un diseño técnico fijo. A este respecto, se refiere especialmente a otra influencia, una influencia también ejercida por la ciencia sobre la tecnología: la *universalidad*. Como resultado del comercio, las guerras, la asistencia técnica y la influencia de los medios modernos de comunicación, el alcance de la tecnología se ha vuelto mundial. La tecnología ha derrumbado las barreras existentes entre las culturas.

La globalización de la tecnología moderna significa no sólo universalidad geográfica, sino también universalidad cualitativa. La ciencia, que aspira a lo universal, es la base para la tecnología y por medio de su método ha asegurado que la tecnología también se haga universal en un sentido cualitativo. Esto quiere decir que, precisamente debido a la influencia de la ciencia sobre la tecnología, la tecnología misma también influye a la cultura en la dirección de uniformidad. Hay cada vez menos interés en la particularidad y la singularidad.

(7) Todas las características anteriores se derivan de la influencia de la ciencia sobre la tecnología y ultimadamente encuentran su unidad en la *autonomía* de la tecnología. Esto, de acuerdo con Ellul, significa

que la tecnología es una realidad como tal, una realidad que subordina todo a sí misma y pone su sello sobre todo. Esta tecnología que todo lo determina es tan influyente que la misma gente se sujeta a ella en veneración religiosa. De este modo, no sólo la ética sino también la religión es influenciada, e incluso determinada, por la tecnología. La sociedad del futuro es una sociedad técnica; la ética del futuro es una ética de sistema; la religión del futuro es la expectativa de la redención técnica. La humanidad confiará, se maravillará y adorará a la tecnología, pero no pocas veces también temerá a los medios técnicos como si fueran dioses. La sociedad tecnológica está construida por la tecnología, para la tecnología y consistirá exclusivamente en tecnología.

Desafortunadamente, Ellul *absolutiza*, de algún modo, las características anteriores de la tecnología; sin embargo, no puede negarse que donde se trata la influencia de la ciencia sobre la tecnología – ciertamente cuando la tecnología, bajo la influencia del tecnicismo, es irresponsable – él ofrece contundentes caracterizaciones. También en su trabajo de 1980, Ellul permanece fiel a su análisis anterior. Como resultado del pensamiento sistémico – un método que asume que un todo dado es más que la suma de sus partes – que mientras tanto surgió, Ellul analiza el fenómeno "técnica" más como un sistema que todo lo abarca. El carácter totalitario de la tecnología es evidente desde la tecnología como un sistema en el que todos los medios técnicos son incorporados en su mutua conectividad.

Fuera de la tecnología, por consiguiente, hay cada vez menos cosas. La mentalidad técnica es el aire que todos respiramos; nos circunda como el agua lo hace a un pez. Esto es lo que también hace difícil para nosotros entenderla, reconocerla o incluso percibir su influencia. Nuestro mundo se ha convertido en un mundo totalmente tecnificado. Es más que la suma de todas las pequeñas y grandes máquinas o aparatos que nos rodean. En una etapa temprana, Mumford ya habló en este sentido de la "Mega-máquina" a la cual los seres humanos están sujetos. Por lo tanto, la idea de una tecnología autónoma no solamente ocurre en Ellul.

La tecnología no es autónoma

En el capítulo final, planeo discutir la delimitación ética de la tecnología moderna. Para Ellul, eso es una imposibilidad, ya que él cree que la tecnología moderna excluye toda ética. Contrario a Ellul, yo creo que la ética no es excluida sino que exige más atención, precisamente debido a la influencia creciente de la ciencia sobre la tecnología y sobre sus características que la acompañan. El gran problema de la tecnología moderna es que, como resultado del tecnicismo, la influencia de la ciencia se ha hecho autoevidente. En el siguiente capítulo, espero demostrar que los rasgos característicos de la ciencia – digamos su universalidad y otras abstracciones – están en desacuerdo con la plenitud de la realidad. Dentro de una reflexión ética, la pregunta central tendrá que ser si la ciencia técnica, en lugar de la tecnología dominante, puede ser de servicio a la tecnología y la cultura. En el capítulo final, espero proporcionar un fuerte impulso para la prevención de un total aglutinamiento de la ciencia y la tecnología. La veneración religiosa de la tecnología debe ser vista como la causa raíz del aprisionamiento de la humanidad y la cultura por medio de la tecnología. La despedida de este cautiverio crea un marco para una perspectiva significativa para la cultura.

3.5 Cómo desapareció Dios de la ciencia y la tecnología

Es de la mayor importancia examinar si está justificada la interpretación del tecnicismo como la he desarrollado aquí y hasta ahora. Tendremos que regresar a las decisiones tomadas hace muchos siglos para una evaluación del tecnicismo y sus consecuencias. En el fondo del tecnicismo se encuentra presente el motivo de la Caída: el deseo de ser como Dios. Al comienzo de la Era Moderna, a este motivo se le dio un ímpetu fresco durante el Renacimiento y el surgimiento de la ciencia moderna, así como durante el surgimiento de la filosofía moderna, más tarde reforzado por la Ilustración, el positivismo, el marxismo y especialmente el pragmatismo. En cualquier caso, debe quedar claro que dentro del desarrollo del tecnicismo tenemos que ver con una disposición religiosa fundamental que es contraria a la disposición religiosa básica de la fe cristiana.

Esto viene a quedar más claro dentro de los representantes del Renacimiento y la filosofía moderna. Esta tradición usa varios conceptos bíblicos esenciales, pero su contenido está completamente determinado por el hombre como autónomo e independiente de Dios. Aquí, la humanidad se convierte en el centro de la realidad. La *creación*, por consiguiente, no es más la obra de Dios sino la obra del hombre. La realidad no es más aceptada como dada por Dios sino como una realidad a la que los seres humanos mismos, por medio de actividades como la filosofía, la ciencia, y la tecnología, le asignan significado. La *caída en el pecado* no es un acto de ser infieles a Dios, sino un acto de ser infieles a nosotros mismos como humanos. La *redención*, por lo tanto, no significa la confesión de que Cristo restaura la comunión con Dios, sino el llamamiento a los seres humanos a nuevamente a pararse sobre sus propios pies. Y la *fe* no es fe en Dios por medio de Cristo, sino auto confianza. La *libertad* no es nuestra libertad en Cristo y por consiguiente nuestro ser sujeto a la ley de Dios; la libertad es proclamada como absoluta independencia. Y, finalmente – por dar todavía un ejemplo más – el *futuro* no es más un regalo que viene de Dios para nosotros; ahora el futuro significa doblegar el mundo a nuestra propia voluntad.

Hoy, esta mente maestra permea cada vez más el pensamiento de los filósofos y académicos en la cultura occidental, fortaleciendo la expectativa de salvación a través de la tecnología y extendiéndose cada vez a nuevas áreas de la vida. Y conforme esto sucede, somos testigos del simultáneo aumento de una situación técnica cerrada a nivel mundial. *Dios desaparece.* Enseguida, quiero demostrar el trasfondo de este acontecimiento: bajo la influencia del tecnicismo, Dios gradualmente se esfumó de la mente de los seres humanos y de la cultura que ellos crearon. Más adelante (véanse capítulos 7 y 8), el retorno a Dios será la base para una perspectiva mediante la cual nosotros podemos salir de la presente crisis cultural. Al mismo tiempo, a la luz de la larga trayectoria intelectual-histórica, debe quedarnos claro que esta recuperación no será fácil. De cualquier modo, como veremos más tarde (sección 8.8), lo que hemos aprendido hasta ahora no significa la pérdida total de una perspectiva significativa.

Pensadores tecnicistas

Valdrá la pena pasar revista a una serie de pensadores clave. Me quiero enfocar especialmente en la mentalidad tecnicista que los movió y mostrar cómo esa mentalidad se fortalece en el tiempo y gana mayor influencia en la cultura occidental. En este sentido, sería bueno recordar que estos pensadores estaban lejos de ser siempre coherentes en su tecnicismo. No obstante, podemos aún hablar de una clara línea de continuidad corriendo a través de la historia de la filosofía occidental.

Leonardo da Vinci, uno de los más grandes representantes del Renacimiento del siglo XV y conocido en círculos técnicos como el diseñador de aviones y submarinos, propuso que la construcción de máquinas es el Paraíso de las matemáticas. Galileo (1564–1642) y Descartes (1596–1649) fueron claramente inspirados por tal pronunciamiento. Lo que Leonardo da Vinci afirma de los autómatas es, de acuerdo con Galileo, verdad de la naturaleza. Establece que el libro de la naturaleza fue escrito en el lenguaje de las matemáticas y, por consiguiente, en el lenguaje de los autómatas. Descartes, llevando esta línea de pensamiento aún más lejos, dice que las leyes de la mecánica son idénticas a las leyes que se aplican a la naturaleza. Él ve a la naturaleza como un complejo de autómatas. En otras palabras, la naturaleza no es más que un complejo de mecanismos. Con esto, estamos atestiguando el gran avance (para usar una expresión de Dijksterhuis) de la "mecanización del panorama mundial". "La naturaleza es una máquina, tan fácil de entender cómo los relojes y autómatas, si tan solo se la examina con cuidado lo suficiente", dice Descartes. La implicación de esto es que, una vez que los seres humanos conocen cómo funcionan en la naturaleza los sistemas de las fuerzas naturales, ellos mismos pueden calcular y dirigir a la naturaleza. De acuerdo con Descartes, y desde que los seres humanos son "los amos y dueños de la naturaleza", ellos pueden controlarla e inclinarla a su voluntad. De ahí que la búsqueda del control técnico inicia seriamente en el pensamiento de Descartes. Al mismo tiempo, es claro que él mismo se aleja de la religión cristiana. El hombre es el punto central de un mundo que es su propio mundo, que puede controlar y por consiguiente manipular a su voluntad. En la medida en que Descartes aún habla de Dios, él crea un dios a su propia imagen. Para él, Dios es el técnico perfecto que hizo la naturaleza – digamos, el mundo de plantas y animales – incomparablemente mejor que las máquinas que los seres humanos pueden construir.

Descartes es sobre todo un tecnicista. Él no ve más las plantas y los animales como criaturas con una naturaleza específica y una dignidad propia, sino como cosas susceptibles a ser manipuladas. Por medio de la manipulación de las cosas, Descartes cree que nosotros seremos capaces de una manera u otra de hacer buen uso de ellas. Él ve la realidad como algo para ser manipulado, únicamente por su utilidad para la humanidad. La realidad, en ese caso, no es más que el uso técnico que los seres humanos hacen de ella. En nuestro tiempo, vemos cómo esta idea cartesiana se aplica a la bioindustria y al desarrollo de la ingeniería genética (véase sección 4.4).

No es difícil ver, por otro lado, cómo esta idea de Descartes sirvió como estímulo para el desarrollo de las ciencias naturales y la tecnología; pero, por el otro lado, cómo también condujo al empobrecimiento de nuestra experiencia de la realidad y a una idea de la vida extremadamente utilitaria. Si solamente aquello que produce beneficio material a los seres humanos es visto como importante, entonces estamos ciegos ante la calidad de todas las cosas que nos rodean. Ya no apreciamos la naturaleza peculiar o el significado de, por ejemplo, los reinos de las plantas y los animales. Ese es el reduccionismo en la filosofía de Descartes que, a causa de su influencia cultural, más tarde resultaría ambientalmente destructivo.

Nosotros encontramos la misma perspectiva en un, algo más viejo, contemporáneo de Descartes, Francis Bacon (1561–1626). Él es llamado algunas veces "el heraldo de los tiempos modernos". Debido a sus pronunciamientos: "el conocimiento es poder" y "para conquistar a la naturaleza primero debemos obedecerla", él anticipó todas las cosas hechas posibles por la tecnología. La naturaleza debe ser forzada a servir a la humanidad y por consiguiente ser hecha su esclava. La naturaleza, dice Bacon, "debe ser penetrada hasta su núcleo más profundo". En lugar de ver el nihilismo de la naturaleza de ese sentimiento, Bacon defiende el estatus del hombre como el "soberano absoluto" sobre la naturaleza. En ese sentido, él encuentra especialmente su inspiración en las nuevas invenciones hechas al principio de los tiempos modernos. Proyectando las líneas de su tiempo hacia el futuro, Bacon predice que, mediante nuestras habilidades químicas, nosotros estaremos en la capacidad de hacer nuevas combinaciones naturales, cambiar las especies de las plantas y animales, hacer nuevos metales y alterar el clima. Sin embargo, por mucho que él intenta interpretar este desarrollo a lo largo de las líneas religiosas-cristianas, no puede negarse que Bacon era impulsado (como Hooykaas ha observado) por una arrogancia impía. En su Utopía *The New Atlantis*[6], Bacon describe una sociedad ideal en la que todos los poderes están en las manos de los científicos de las ciencias naturales e ingenieros. Ellos aseguran un gran "Progreso". Muestra que el desarrollo de la ciencia y la tecnología debe ser interpretado como una imitación de la obra divina de la creación. Las perspectivas bíblico-escatológicas son reinterpretadas como perspectivas de progreso. Bacon incluso cree que con la ciencia y la tecnología podemos vencer las consecuencias de la Caída. Él vio sus planes para el progreso de la ciencia y la tecnología como una restauración del poder que los seres humanos disfrutaban antes de la Caída. Por lo tanto, el interés de Bacon no es mitigar y prevenir el sufrimiento con la ayuda de la tecnología, sino, por medio de la ciencia y la tecnología, corregir las consecuencias de la Caída. Este motivo redentor es tan típico para el tecnicismo como el motivo de creación. El filósofo Spengler del siglo XX expresó esta idea epigramáticamente cuando dijo: "La tecnología es eterna como Dios el Padre, redime la vida como el Hijo y santifica la vida como el Espíritu".

Del tecnicismo al ateísmo

Volvemos a la historia. A pesar de la crítica y las correcciones de la filosofía cartesiana a través de subsecuentes pensadores, la tendencia tecnicista vino a dominar la filosofía occidental y el pensamiento científico. Los grandes científicos naturales Pascal (1623–1662) y Newton (1643–1727) son las excepciones, dada su idea bíblicamente responsable de las ciencias naturales. Pascal reconoció que el dios de los filósofos no era el Dios viviente de Abraham, Isaac y Jacob. Newton sabía que el universo que él examinaba era la creación de Dios. Fue precisamente esta toma de conciencia la que contribuyó al supuesto de que los seres humanos nunca terminarían con su investigación científica y que todo eso es relativo. La creación, en el fondo un misterio insondable, siempre permite a cada rato nuevas posibilidades a la investigación científica. Poco después de Newton, esta convicción disminuyó y la gente gradualmente llegó a reconocer a la ciencia natural como un instrumento de control para la organización de la realidad.

Pronto atestiguamos un ensanchamiento del tecnicismo. El filósofo Thomas Hobbes del siglo XVII fue el primero, bajo la guía del tecnicismo, en aplicar el modo de pensamiento científico natural de Descartes y Galileo al Estado. Es decir, él estructura su análisis del Estado con la ayuda del método mecánico y demanda que el Estado debe cumplir con los criterios del modelo mecánico. Por consiguiente, Hobbes ve el todo de la realidad a través de los espectáculos de la mecánica. Por lo tanto, él ve a Dios como el gran ingeniero quien, habiendo construido su máquina

---

6   *La Nueva Atlántida*.

cósmica, la pone en movimiento y entonces la consigna a las leyes de la mecánica. El mundo entonces puede compararse con un reloj al que se le ha dado cuerda y entonces se agota lentamente.

Debido a que Hobbes aún reconoce a Dios como Creador, nosotros lo llamamos un *deísta* – en contraste a un *teísta* que adicionalmente cree que Dios sostiene de manera continua a su creación. Para el teísta, el mundo no sólo se origina como resultado del acto de Dios sino que sigue existiendo por su poder. Hobbes creyó que su *deísmo* era consistente con la revelación de Dios. Para él, Dios era el constructor perfecto y omnipotente, quien técnicamente hizo el mundo tan perfecto que no necesitaba que Dios le diera mantenimiento. Con esa idea, su punto de vista reduce a Dios a un Ser-a-distancia quien se ha retirado de la escena y ya no tiene significado alguno para el presente. Si todo se ejecuta bajo el gobierno de las leyes de hierro, no tiene sentido la oración – por citar un ejemplo. En cambio, es necesario investigar mejor acerca de las leyes del mundo natural para posteriormente reconstruirlo en términos de nuestros propios deseos. Hobbes considera que esta tarea está de acuerdo con el reconocimiento de que los seres humanos han sido creados a la imagen de Dios. Para él, Dios y el hombre son constructores de máquinas. Por consiguiente, encontramos en su trabajo la idea de que el hombre es cocreador con Dios, una idea que más tarde compite con la noción de *mayordomía* y desafía el orden divino para la realidad.

De acuerdo con esta filosofía, el hombre debe arribar a la construcción del Estado como una especie de máquina. Hobbes ve a los ciudadanos como pequeñas piezas en el gran engranaje del Estado. Esta máquina Estado, a la cual Hobbes llama Leviatán y el "dios terrenal", es el resultado de la labor creativa de los seres humanos. Mientras tanto, este Estado se convierte en un ídolo. Ello funciona como un centro religioso en el que la gente pone su confianza y de quien esperan todo – literalmente todo. A partir de esto, se hace tan claro como el agua qué tan estrechamente el tecnicismo y la secularización van de la mano, como se hizo cada vez más evidente en el desarrollo de la cultura occidental. El tecnicismo produce una cultura materialista que está espiritualmente vacía. Aunque Hobbes no optó conscientemente por ese rumbo, rechaza deliberadamente la realidad de la revelación de Dios en el presente y, como tal, es, por consiguiente, un señalamiento al lado del camino hacia el *ateísmo* posterior.

Tecnicismo e impiedad

Aparte de Bacon y Hobbes, el desarrollo filosófico poscristiano no parece haber sido controlado por el tecnicismo. Aun esta apariencia es engañosa ya que en realidad fue reafirmado por éste. Ha sido dicho incluso que la filosofía de Kant es tecnicista ya que es controlada por una mentalidad constructiva. En su filosofía, la realidad dada es partida en componentes más pequeños y subsecuentemente reconstruida. De acuerdo con el filósofo alemán Sachsse, en el trabajo de Kant (1724–1804) aun el orden moral está estampado por el tecnicismo: los seres humanos están destinados a seguir el camino que ellos mismos han diseñado. El hombre se ha convertido en *homo faber*, la persona técnica, de quien Fichte (1762–1814) dice: "Eso es cada uno que puede decir: Yo soy un ser humano. ¿No tendría una santa reverencia por sí mismo y temblaría y se estremecería ante su propia majestad?" En Feuerbach (1804–1872), este pensamiento tecnicista culmina y se da cuenta de sí mismo: el acto técnico debe agregarse a la palabra técnica. La palabra tecnicista se hace carne; en otras palabras, el pensamiento tecnicista conduce a una praxis completamente controlada. La filosofía tecnicista se transforma en un principio que todo lo controla para la organización del todo de la realidad, de la naturaleza, de la sociedad, de la economía, de la política y de la humanidad misma.

La relevancia del desarrollo tecnicista ha variado. Como resultado de la influencia de la Reforma, la Contra-Reforma y el Reavivamiento Evangélico como movimientos cristianos, pero especialmente como resultado del Romanticismo, la elaboración y efecto del tecnicismo en la cultura occidental ha sido frenado. "El deseo de ver a los animales como máquinas es un pecado como ningún otro en contra de la naturaleza", escribió Herder, el gran precursor del Romanticismo, en 1971. La mentalidad de la Ilustración, por el otro lado, aumentó grandemente la influencia del tecnicismo. En este movimiento, que surgió en el siglo XVIII, la mente del Renacimiento, con su ilimitada confianza en la capacidad humana para renovar la vida, se alió con el desarrollo de las ciencias naturales. La pretensión de la autonomía humana (el hombre como Prometeo – el ser humano que no tiene necesidad de Dios sino que es autosuficiente) se apegó ella misma a la ciencia. Inspirado por el desarrollo exitoso de las ciencias naturales, el hombre heroico de la Ilustración cree poder superar todos los problemas y renovarse a sí mismo y a la sociedad a la vez. En la medida en que ninguna otra norma fuera de una ciencia instrumentalista sea reconocida – en la Ilustración, después de todo, los eruditos y científicos ya no vieron las fronteras y las limitaciones de la ciencia – el camino está abierto a una ilimitada manipulación científico-técnica de la realidad como un todo. Este papel absolutamente dominante del pensamiento científico significa que cada autoridad no científica es excluida. En este sistema, atestiguamos la realización definitiva del rompimiento con Dios como la Fuente de todas las cosas.

Para un correcto entendimiento de este desarrollo histórico, uno debe ver que ese rompimiento definitivo con Dios empezó con el llamado "ateísmo metodológico" de la ciencia. Implicó el reconocimiento de que la práctica de la ciencia es posible "como si Dios no existiera". Esto ciertamente no quiere decir que los científicos rompieron con Dios en todo. Sin embargo, significó que Dios y religión se hicieron asuntos privados.

Para la práctica de la ciencia, la creencia en Dios como el origen de todas las cosas y la aceptación de la realidad como creación ya no tuvo significado alguno. Los científicos, por tanto, se disociaron a sí mismos del significado previamente dado, del sentido de coherencia y de la estructura normativa de la realidad. Mientras tanto, y como resultado, la ideología del control científico como una expresión de la autonomía humana fue sometida a una enorme expansión.

Humanidad: el punto final de orientación
A medida que pasa el tiempo, a causa de la emergente secularización de las convicciones cristianas básicas y una acomodación acrítica a las tendencias de la Ilustración, el poder de la ciencia ya no es relativizado. Por el contrario, junto con la secularización de la fe cristiana, la oposición a la absolutización de la ciencia gradualmente languideció. Al mismo tiempo, las expectativas seculares para el futuro llegaron a ser dominantes. En ese clima intelectual llegó a ser eventualmente más fácil para el positivismo y el pragmatismo acabar con toda resistencia al ilimitado control científico técnico sobre la realidad. El ateísmo metodológico en la ciencia condujo finalmente – por vía del control científico-técnico sobre la cultura – a una cultura atea. Es decir, que en la medida en que la influencia de una ciencia y tecnología secularizadas se vuelva mayor, el todo de la realidad será visto como algo completamente material y, por consiguiente, como algo completamente controlable por medios racionales y técnicos.

Las consecuencias de este desarrollo fueron inicialmente impresionantes. Hasta el presente, este desarrollo ha fascinado a una numerosa cantidad de gente y es visto, por tanto, como una avenida que conduce a un progreso y prosperidad material sin precedente. Sin embargo, es importante descubrir que desde el comienzo de este desarrollo hubo una carencia implícita de dirección. Una cultura tecnicista, en principio, no reconoce ningún significado o dirección normativa desde el exterior. Sólo más tarde hace que las consecuencias de este rechazo se aclaren.

Ya hemos visto que, en el control científico-técnico de la realidad, la materia es elegida como el único punto de referencia. Por esa razón, el tecnicismo más tarde da lugar al consumismo, que a su vez refuerza nuevamente el espíritu tecnicista.

Debido a la ruptura con Dios, la humanidad es, por un lado, el fundamento en este desarrollo y el "ser supremo" en la realidad. Por otro lado, sin embargo, visto desde la perspectiva de la ciencia, la humanidad es el resultado de un desarrollo material – científicamente determinado. Bajo la influencia del tecnicismo, la ciencia (re)construye el origen y la existencia de todas las cosas como una evolución continua (véase capítulo 2). Los seres humanos son "señores y amos" pero, como un "producto accidental" de la evolución, ellos son al mismo tiempo víctimas. Los seres humanos como humanos, sin embargo, no quieren arribar a las conclusiones obvias de este "estado de víctima" y entonces su "dominio" sigue prevaleciendo. Mientras tanto, no puede negarse – y aquí la carencia de dirección mencionada arriba se manifiesta a sí misma – que a causa de los problemas que surgen, el pesimismo y la incertidumbre cada vez más se afirman a sí mismos en este desarrollo en curso. Sin embargo, este no es el caso en el siglo XVIII cuando – por citar un ejemplo – un materialista como Dietrich von Hollbach estableció que el mundo no nos muestra nada más que materia y movimiento, que es una cadena interminable de causas y consecuencias y que el conocimiento de ellas se convierte en una guía que habilita a los humanos para controlar la realidad. Muchos representantes de la Ilustración tuvieron más o menos la misma idea.

No hay lugar para los cristianos

A mediados del siglo XIX, el proceso que hemos descrito se desarrolló en dos direcciones, ambas teniendo sus raíces en el Renacimiento y especialmente en la Ilustración: el positivismo y el marxismo. En ambas, los seres humanos son señores y amos, no solamente sobre la naturaleza, sino también sobre la sociedad y su futuro. Los dos más importantes representantes son, respectivamente, August Comte (1798–1857) y Karl Marx (1818–1883).

August Comte sepultó al deísmo. Consideró sin sentido alguno preguntar acerca del origen y el significado de las cosas. Sólo la investigación de las fuerzas que operan en la naturaleza y la sociedad es importante. Al decir esto, estaba, por supuesto, promoviendo el ateísmo y así despejando el camino para un mundo completamente gobernado por la ciencia y la tecnología. Los procesos sociales, de acuerdo con Comte, pueden ser tan precisamente trazados y controlados como la materia inanimada que puede analizarse por medio de las ciencias naturales y ser controlada por medio de la tecnología. El principio de la viabilidad estampa su pensamiento y tiene que influenciar toda acción humana.

Los ideales de control de Comte militan en contra del cristianismo. A través del Estado, él quiere dominar la sociedad y de ahí controlar completamente a cada individuo. Él reconoce que los cristianos se opondrán a este control ya que ellos valoran en gran manera la libertad individual. Así que, de acuerdo con Comte, una sociedad reorganizada tendrá que ser una sociedad sin Dios. Solamente entonces, los seres humanos pueden alcanzar el control total. Aquellos que no estén de acuerdo con esta perspectiva – y esos serán los cristianos – tendrán que ser excluidos de todo poder político. Él considera a los cristianos como "esclavos de Dios", oponentes a sus ideas. El cristianismo, para él, es un obstáculo en el camino hacia una completa tecnocracia.

Como veremos más adelante, en vista de los problemas y los males de nuestra cultura tecnificada, los pensadores contemporáneos frecuentemente apuntan con su dedo acusador al cristianismo. Comte y sus seguidores, desde su punto de vista marxista, han acusado a los cristianos de impedir el progreso. ¿Es el cristianismo culpable de la crisis de nuestra cultura tecnológica? Discutiremos más tarde la evidencia histórica (véase sección 7.2).

La línea del positivismo de Comte ha sido continuada y, de hecho, reforzada en el siglo XX. Aunque podría citar muchos ejemplos de esto, mencionaré solamente un notable ejemplo. El filósofo británico Bertrand Russell (1872–1970) una vez estableció que en nuestro tiempo la religión cristiana se ha convertido en superflua o, peor aún, en un mal. De acuerdo con Russell, el cristianismo es la marca de alguien que no ha alcanzado aún una madurez total. Solamente gente madura será capaz de resolver los problemas de la cultura. Y para esa solución, él pone su confianza en la tecnología. La sociedad, dice Russell, debe diseñarse y construirse tan precisamente como una máquina de vapor.

La utopía de Marx

Por mucho que difiera del positivismo (porque Marx estaba consciente de los lados oscuros de los desarrollos tecnoeconómicos), el marxismo está aún más influenciado por la mentalidad del tecnicismo. Como es bien sabido, Karl Marx fue un ateo declarado que vio la desaparición de la religión, y especialmente del cristianismo, como el inicio de la felicidad verdadera. Por tanto, no es de sorprenderse que donde el marxismo predominó, el ateísmo se convirtió en la religión del Estado, como lo hizo en la ex-Unión Soviética. La entrega total al tecnicismo y la secularización de la cultura van de la mano.

En los estados marxistas estaba de moda creer que el mundo tendría que ser reorganizado y renovado completamente por el poder científico-técnico de la humanidad. A diferencia de los positivistas, Marx entendió que el progreso no podía ser lineal sino que pasaría a través de miseria, enfermedades y problemas de una Revolución Industrial. Él puso especial atención a las multiformes clases de alienación que conllevan al proceso del desarrollo industrial. Sólo si, a través de la revolución, una sociedad controlada tecnológicamente se convirtiera en una sociedad sin clases, todos compartirían por igual los beneficios. En ese caso, la tecnología ya no sería un instrumento de opresión sino un medio de liberación. En el "reino de la libertad", la tecnología reemplazaría al trabajo humano, y todos compartirían por igual la prosperidad material resultante.

Para Marx, el significado de la historia es el creciente dominio del hombre y la humanidad, primero sobre la naturaleza, y entonces también sobre la sociedad y su futuro. El significado de la historia es, en primer lugar, progreso en el logro del control científico-técnico y, entonces, progreso en términos de crecimiento económico. Se ha dicho correctamente que el pensamiento de Marx fue controlado por el "eros tecnológico". Con base en un deseo por el poder técnico, Marx construyó una sociedad comunista en la que la tecnología traería la liberación y libertad en lugar de opresión y esclavitud.

Fue Lenin quien, a través de la Revolución rusa de 1917, se apoderó, transformó, y puso en práctica la visión de Marx acerca de una nueva sociedad. En 1919 él expresó sus ideales de esta manera: "La sociedad debe ser reconstruida en una máquina de tal manera que cientos de millones de gente puedan ajustarse a sí mismos a su operación como a un plan único". La Unión Soviética se permitió ser guiada por medio de este modelo de "tecnología perfeccionada". El resultado fue una tecnocracia centralmente dirigida y total. Su práctica mientras tanto nos ha demostrado que nada surgió de libertad e igualdad, sino que la explotación, la coerción y la alienación fueron sus principales características.

Ha quedado claro a partir de la historia reciente que la tecnocracia central de la Unión Soviética sucumbió bajo el peso mortal de la burocracia. El tecnicismo colectivo acabó en una falla colosal. Esto no quiere decir, sin embargo, que la mentalidad del tecnicismo esté ahora muerta. En el mundo occidental, podemos estar seguros, se ha asumido una forma mucho más individualista. En la ideología de una libre economía de mercados y la tendencia filosófica del pragmatismo, el control científico-técnico en aras de una mejor vida todavía es central. En el pragmatismo, la ciencia es considerada como el instrumento de control. El estado de la ciencia está determinado por su utilidad práctica en el camino hacia la prosperidad material.

Pragmatismo en ascendencia

William James (1842–1910) y John Dewey (1859–1952), ambos representantes del pragmatismo, han sido descritos por varios eruditos como pensadores tecnológicamente estampados. Ellos están controlados por la "perspectiva tecnológica". Dewey, por ejemplo, ve el mundo como imperfecto, pero un mundo, sin embargo, que puede ser liberado de todos sus problemas por medio del avance del control tecnológico, al cual llama "instrumentalismo". Eso no es una forma de control centralmente guiada, sino que echa sus raíces en la libertad individual. Pragmatizar el todo de la realidad es un asunto que sirve al propósito de la experimentación y formación técnica. Desde esta perspectiva, el pragmatismo es la filosofía de la perspectiva tecnológica, de la propensión de la realidad a la manipulación. Dentro de ese marco, la ciencia natural es aceptada sólo como un instrumento de control técnico y, de este modo, no en su propio carácter especial como conocimiento de la realidad. En la medida en que haya espacio para algo más que la tecnología, digamos para el arte, este es nuevamente derivado del control técnico y por consiguiente dependiente de él. Debido a que el mundo es visto sólo como materia que puede ser moldeada por los humanos, surge una cultura totalmente tecnológica de principio a fin. El carácter de todas las cosas en referencia a su Creador se desvanece. Las cosas ahora apuntan solamente al "hombre tecnológico" y ya no son transparentes a Dios.

El pragmatismo, en consecuencia, está marcado por la religión de la tecnología que es simultáneamente la religión del progreso en bienestar material y expansión de la libertad. El pragmatismo es la expresión más fuerte de una esperanza tecnológica de salvación. Esta actitud religiosa, mientras tanto, se está haciendo menos tolerante hacia cualquier otra fe aparte de ella misma. Parece que la fe cristiana debe retirarse al sector privado. Para decirlo con mayor fuerza: también los cristianos están tan sujetos a la influencia de la esperanza de una salvación tecnológica y al materialismo que la acompaña que separan su fe del desarrollo cultural (ver sección 8.5).

En pocas palabras, desde la caída del imperio Soviético en 1989, esta mentalidad individualista del tecnicismo no sólo caracteriza la cultura Americana; actualmente tiene influencia sobre la cultura tecnológica mundial. El tecnicismo actualmente pone su sello sobre la ciencia, la economía, agricultura, educación, política y servicios médicos – lo que sea.

Deconstrucción y construcción

Para posteriormente poder comprender mejor las consecuencias de la esperanza de una salvación tecnológica basada en una tecnología presuntuosa (véanse capítulos 4 y 5), debemos considerar el método usado por el tecnicismo. Anteriormente, vimos que el tecnicismo es el esfuerzo en crear un mundo que obedezca al hombre. El método empleado para ese fin podría llamarse como el método de "deconstrucción" y "construcción". Sin tomar en cuenta el orden dado para la realidad – la ricamente variada estructuración y la interconexión de esa realidad – la gente asume con la mayor consistencia la deconstrucción del todo hasta los componentes más mínimos, para posteriormente, con la ayuda de los elementos básicos obtenidos, reconstruir la realidad de acuerdo con sus propios propósitos arbitrarios. Esta reconstrucción "creativa" de la realidad en la filosofía y ciencia tiene su secuela en el control científico-técnico de la práctica contemporánea. Es solamente en y después de la revolución industrial que el tecnicismo encuentra su elaboración en la cultura. A través de la industrialización, toda la realidad cae bajo el encanto de un sistema científico-técnico de control demasiado extendido. Esto produce enormes proezas técnicas pero, mientras tanto, los consiguientes problemas que conllevan siguen creciendo.

En los siguientes dos capítulos, en contraste con el trasfondo del tecnicismo y su impacto estructural, nos ocuparemos de los problemas y peligros de una cultura tecnológica. El tecnicismo, repito, es la actitud intelectual y espiritual fundamental que se expresa a sí misma en un atrevido pensamiento y acción científica-técnica – dentro del ideal científico-técnico del control.

CAPÍTULO IV

Pensamiento y Acción Técnica Presuntuosa

4.1 Introducción

Como resultado del desarrollo de la tecnología moderna, nuestra cultura está cambiando drásticamente. Así que decimos que esta cultura se ha convertido en una "cultura técnica" o incluso en una "cultura de alta tecnología". Todo porta la impronta de la tecnología. Además, como resultado del desarrollo técnico, esta cultura se encuentra en un estado permanente de cambio acelerado. Una invención le pisa los talones a otra. El filósofo alemán Stork una vez dijo que, si uno redujera la historia de la tecnología a la escala de un día, y así a la escala de 24 horas, entonces la invención de la máquina de vapor ocurrió en el último minuto, después del cual inició un desarrollo tumultuoso que cambió la tierra alrededor a la velocidad de un rayo en segundos y alteró su apariencia hasta dejarla irreconocible.

En el capítulo precedente vimos que esto sucede debido a que el hombre presume ser el señor y maestro de la realidad y quiere liberarse a sí mismo de sus problemas y limitaciones por medio de la tecnología. A causa de las numerosas ventajas de este desarrollo, este proceso está siendo todavía reforzado.

Si uno compara nuestra cultura técnica con aquella de hace un par de siglos, inmediatamente pueden verse las ventajas. La tecnología hace posible la satisfacción de las necesidades básicas de mucha gente. Muchas enfermedades han sido superadas; el periodo de vida promedio se ha más que duplicado; las circunstancias en las cuales vivimos y trabajamos han mejorado enormemente. La tecnología ha aliviado al hombre de numerosas cargas físicas. El trabajo se ha vuelto menos extenuante físicamente. La tecnología ha hecho posible la prosperidad material.

El desarrollo de la tecnología ha sido siempre, en cierto sentido, ambiguo: junto con ventajas, hay desventajas. En nuestros tiempos parece que las desventajas están empezando a superar las ventajas. Como resultado de la influencia de la ciencia, estimulada por las fuerzas económicas así como las fuerzas políticas, la tecnología moderna se ha vuelto muy compleja, dinámica, y muy a menudo confusa y vulnerable en sus consecuencias.

Considere por ejemplo el problema del milenio. Al final del siglo XX, nuestra cultura era más técnica que nunca. Pero debido a que en el pasado éramos técnicamente miopes y económicamente "tacaños", el 1 de Enero del 2000 muchas certezas técnicas y económicas amenazaron con estallar en nuestras propias caras. Cuando las computadoras brincaron del 99 al 00, pudieron suceder cosas extrañas. En retrospectiva, se puede ver que nuestros temores eran exagerados, pero en ese momento eran tan reales que de hecho dieron lugar a numerosas actividades inusuales.

Hablando en general, el desarrollo técnico genera enormes problemas que están siempre lejos de una fácil solución. Esto es tanto más grave debido a que el desarrollo de la tecnología moderna parece ineludible y tiene consecuencias globales como el agotamiento de la capa de ozono, cambios climáticos, el derretimiento de hielo del Polo Sur y el incremento del nivel del mar.

Además de los problemas ecológicos que entretanto se han vuelto ampliamente conocidos, existen también problemas sociales. En nuestra cultura técnica hemos especialmente reducido el trabajo al nivel del trabajo productivo funcional, el cual dada la tecnificación en desarrollo, puede automatizarse y hacer que los trabajadores – especialmente los no calificados – resulten redundantes. En el momento del auge económico puede haber un aumento temporal de empleo, pero después de eso – al menos esa es la tendencia – el desempleo es mayor que antes. Este desempleo es subsecuentemente incrementado ya que las áreas "subdesarrolladas" en una cultura técnica que pueden encontrarse en el Segundo y Tercer Mundo pueden, con la ayuda de las últimas tecnologías de telecomunicación e información, apoderarse del trabajo funcional barato de aquellos que aún tienen trabajo entre nosotros. Además, oculto en el aumento de productividad basado en nuevas tecnologías emergentes, se encuentra el problema humano de que muchos son incapaces, física o mentalmente, de satisfacer las condiciones requeridas, y por lo tanto simplemente tienen que ser declarados enfermos. Una sociedad de alta tecnología requiere cualitativamente empleados altamente calificados, quienes entonces, a causa de las continuas innovaciones tecnológicas y las organizaciones que cambian radicalmente, tienen que volver a capacitarse y adaptarse. La flexibilización y dinamización son requeridas, pero el envejecimiento frecuentemente hace imposible satisfacer estos requerimientos.

Otro problema social en una cultura tecnológica es que la prosperidad material que la gente gana ha hecho a muchos de ellos económicamente independientes de los demás. Este desarrollo conduce a la ruptura de los vínculos sociales, resultando en fenómenos bien conocidos como la desintegración social y toda clase de alienación. Y, ya que el progreso técnico y el crecimiento económico, en su mutua conexión, carecen de cualquier clase de distribución justa, la pobreza y el hambre en el Tercer Mundo se incrementan. E incluso si el Segundo y Tercer Mundo pudieran ser levantados al mismo nivel extenuante de prosperidad que en el Occidente – ¿y quién les negaría el derecho? – los problemas de una cultura tecnológica rápidamente asumirán formas dramáticas a una escala global. El futuro de la tierra está en juego. En este capítulo, tendremos por tanto que intentar ganar un mayor entendimiento de la manera en que estas amenazas surgen.

Nuestra cultura está sellada por el ideal científico-técnico del control, por la economía liberal unilateral y, consecuentemente, también por los valores técnicos y económicos dominantes. En vista de la gran influencia del ideal científico-técnico del control en diferentes sectores culturales, tales como la agricultura, la economía y la salud, no se puede descartar que las raíces de los problemas también se encuentren especialmente en estas áreas. Este ideal hace una casi absoluta afirmación sobre nuestra sociedad. Tanto la naturaleza como la sociedad están estructuradas en concordancia con el modelo científico-técnico. Por lo tanto, para comprender los problemas, tendremos que poner especial atención al impacto que el papel clave de la ciencia tiene sobre la tecnología.

El ideal del control científico-técnico prevalente no solamente trae consigo un pensamiento técnico presuntuoso; también conduce a una tecnología presuntuosa. Discutiremos manifestaciones de tal presunción en diferentes formas de tecnificación.

4.2 Abstracciones en la ciencia

Bajo la influencia del tecnicismo, la ciencia se ha convertido en un instrumento de control. El uso instrumental de la ciencia ha moldeado la realidad en concordancia con las propiedades de esa ciencia. En otras palabras, la realidad ha tenido cada vez más que ajustarse a las características de la ciencia o, puesto de otra manera, a la idea de la realidad que los científicos mismos crearon. Una de las principales características del conocimiento científico es su carácter abstracto. Cuando, bajo la influencia de la Ilustración, el conocimiento científico se convierte en un instrumento de control autosuficiente y la gente se ciega a las reducciones implícitas en las abstracciones de la ciencia, entonces, por medio del uso irresponsable de la ciencia, estas abstracciones se vuelven características culturales. Esto significa que, a causa de sus reducciones inherentes, estas abstracciones de la ciencia pueden conducir, cuando se usa instrumentalmente a gran escala e implacablemente, a la reducción y finalmente incluso a la pérdida de significado o a la destrucción de la realidad. Que estas reducciones hayan sido inicialmente pasadas por alto fue debido a las ventajas alcanzadas por el control de la realidad basado en la ciencia.

Para obtener una buena perspectiva de las consecuencias del control científico-técnico ilimitado y arrogante, se necesita examinar la estructura de la ciencia.

¿Cuáles son las abstracciones que caracterizan al conocimiento científico? La senda al conocimiento científico ha sido algunas veces llamada el camino del análisis, abstracción y síntesis. Lo que pasa en esa senda es más que análisis y abstracción; existe también la formación de hipótesis, experimentación y así sucesivamente. Pero el análisis y la abstracción son ciertamente lo más característico. El científico analiza la polifacética realidad en cuestión, dividiéndola en una variedad de funciones o aspectos. Para propósitos de la investigación científica, uno abstrae un sólo aspecto o función a partir de un modelo de aspectos (por ejemplo, la función física para la física, la función biótica para la biología, la función económica para la economía y así sucesivamente). La segunda abstracción es que, dentro del marco de la abstracción funcional inicial, el científico hace caso omiso a las características concretas, particulares o únicas de un fenómeno dado y pone atención solamente a lo que es general o universal. La tercera abstracción es que el científico se mantiene alejado de la realidad visible, observable y se vuelve a las leyes que se imponen a esta realidad (véase también 1.7). Los científicos llegan, por ejemplo, a la formulación de una ley de la naturaleza a la cual se ajustan los fenómenos que han examinado. Una cuarta abstracción, finalmente, es aquella en la que el científico debe ignorar las ventajas e intereses propios y ajenos; como Van Melsen lo establece, la ciencia debería ser "desinteresada". Pero, dada la influencia del tecnicismo, la gente tiende a olvidar que la ciencia se trata principalmente del conocimiento y discernimiento teórico y, por lo tanto, no del uso instrumental. Una visión atenuada de la ciencia resulta al considerarla como un instrumento para la adquisición del máximo beneficio material. La mala influencia de este uso instrumental es especialmente promovida cuando la gente falla en ver que la afirmación del conocimiento científico en términos de relaciones matemáticas es una clase de abstracción de segundo nivel. Porque, con la ayuda de la tecnología de la información, se puede entonces manipular el conocimiento científico que han obtenido y, posteriormente, incluso la realidad que han estudiado. La realidad es cientificada; es decir, las abstracciones de la ciencia se convierten en características de la realidad, y la riqueza y alcance de la realidad en su plenitud se reducen.

A partir de nuestra discusión hasta ahora, se deduce que la senda de la ciencia es el camino de estas cuatro abstracciones. Cada científico debe aprender a seguir este método para obtener buenos resultados científicos. Para establecer este hecho de una manera algo exagerada: los científicos usan, o deben usar, anteojeras. Esto es parte de ser un científico, pero el científico debe estar definitivamente consciente de ello. Los científicos excluyen de sus parámetros muchas cosas buenas a las cuales no ponen atención con el fin de estudiar con perseverancia y precisión eso que permanece dentro del alcance de su investigación.

El conocimiento científico obtenido por medio del método de análisis y abstracción es entonces reunido a través de la síntesis para producir un sistema de conocimiento científico. Este sistema se obtiene en conformidad con las reglas de la lógica. Por esa razón, podemos también decir que el conocimiento científico es lógicamente coherente; por consiguiente, conocimiento racional.

Desde las abstracciones a la realidad en su plenitud

Poniendo solamente atención a las abstracciones de arriba, alcanzamos una buena visión de las propiedades y características del conocimiento científico. El conocimiento científico es funcional y universal, y como conocimiento de las "leyes", tiene validez duradera. Estas propiedades, como Hendrik Van Riessen lo ha apuntado correctamente, son incongruentes con las propiedades fundamentales de la realidad completa que nosotros experimentamos. De hecho, después de todo, todo está conectado con todo lo demás, todo es único y todo está sujeto continuamente al cambio.

Cuando las personas no entienden que la ciencia por el uso de abstracciones se aleja de la realidad total que experimentamos, entonces el uso instrumental del conocimiento científico debe traducirse en la pérdida de gran parte de la plenitud de esa realidad. Un simple ejemplo podría ilustrar esto. En teoría, nosotros sabemos precisamente cómo, en una fiesta de cumpleaños, cuatro manzanas deben ser repartidas entre cuatro niños. Pero en realidad esto no es siempre un asunto sencillo. Una manzana difiere de otra al mismo tiempo que las preferencias de los niños también difieren y, es más, son continuamente cambiantes. En nuestros cálculos, tendemos a ignorar las diferencias en el tamaño y color de las manzanas, pero en realidad las preferencias de los niños son en gran parte controladas por estas características. Naturalmente, la simple aplicación de este cálculo no tiene efectos estratosféricos. Sin embargo, esto cambia cuando, debido a la "instrumentalización" de la ciencia en nuestra cultura, el mundo en su plenitud se pone en línea con los marcos abstractos y reducidos de la ciencia. Esto ocurre cuando los modelos científicos-técnicos empiezan a determinar el tamaño de las organizaciones, por ejemplo, la forma de la praxis económica. Entonces, una realidad multifacética se sujeta a la influencia unilateral del ideal científico-técnico del control.

Desde la Ilustración, bajo la influencia del tecnicismo, las personas han mantenido la osadía de que pueden obtener una comprensión completa de la realidad por medio de la ciencia. Con la ayuda de la ciencia, se han dirigido a resolver cualquier problema que se les ha presentado. De este modo, por medio de la ciencia, han querido doblar toda la realidad a su voluntad, esperando con ello incrementar el poder humano y producir prosperidad inaudita e ilimitada. La ciencia ya no es más sirviente de la praxis sino que comenzó a estamparla e incluso a controlarla. Esto sucede especialmente porque el método científico técnico del control se usa por medio de agentes económicos y políticos. En otras palabras, el método del control puede fácilmente convertirse en el juguete "inconsciente" de las fuerzas económicas y políticas. Estas fuerzas, utilizando el poder científico-técnico del control, se refuerzan a sí mismas y al materialismo presente en la cultura.

4.3 "El mundo de la experiencia" y "el mundo científico-técnico"

Antes de disponerme a explicar una serie de problemas y amenazas existentes en nuestra cultura técnica – amenazas que pueden ser resumidas bajo el encabezado de "tecnificación" (siguiente sección) – quiero primero hacer una comparación general entre el mundo de nuestra experiencia diaria y el supuesto mundo independiente de la ciencia y la tecnología, el mundo en el cual el modelo científico-técnico domina. El intento de hacer el mundo científico-técnico independiente y autosuficiente con respecto a la realidad de nuestra experiencia de todos los días proyecta una luz clara sobre las tensiones, problemas y peligros de nuestra cultura técnica.

¿Qué queremos decir con nuestro "mundo de la experiencia"? Es el mundo en el cual vivimos, esperamos, sufrimos y luchamos. Es el mundo en el cual vemos cosas, en el cual sentimos y amamos y nos encontramos con nuestro prójimo. Es la realidad que enfrentamos desde muy temprano por la mañana hasta llegada la noche. Es también el mundo de la fe y la confianza. Esa fe y confianza incluso constituyen el núcleo de nuestro mundo de la experiencia y aseguran que, en ese mundo de la experiencia, nosotros estamos directamente involucrados con las cosas.

El mundo de la experiencia es nuestro mundo original y de ese modo primario; está más allá de nuestra capacidad verlo completo, simple pero complejo al mismo tiempo, concreto y pleno, ricamente variado y en el fondo insondable. Cada actividad humana y su significado pertenecen a este mundo de la experiencia cotidiana. De este modo, la ciencia y la tecnología también son parte de él.

Este mundo de experiencia original y primario implica conocimiento: una clase intuitiva de conocimiento o confianza básica. Esta clase primaria de conocimiento significa que las personas están involucradas con y apegadas a cosas, a una realidad multicolor. Este conocimiento antecede y supera al conocimiento científico.

Este mundo del conocimiento cotidiano se puede enriquecer por medio del conocimiento científico, si integramos las abstracciones de la ciencia a nuestras experiencias y si seguimos viendo a la tecnología como una parte integral de nuestro mundo de la experiencia. Pero, debido a que somos parte de una larga tradición en la que las personas han puesto cada vez más su fe en la ciencia y en el control científico-técnico, vemos que la ciencia y la tecnología están dando forma a un mundo, un mundo secundario, que se basta a sí mismo. El pecado de tecnicismo es que aquellos quienes creen en él abandonan a Dios el Creador y a su creación. Si uno desprecia a Dios, entonces uno ve la realidad como cosas desprovistas de misterio (Van den Beukel). El resultado es que nosotros estamos también fuertemente influenciados por las abstracciones científicas, lo que a su vez resulta en el peligro de una reducción en nuestro entendimiento de, y nuestro contacto con, la realidad como un todo. El ojo frío e impersonal de la ciencia empieza a dominar.

Debido a que los científicos erróneamente se abstraen de Dios como el origen de todo y de la realidad como creación de Dios, no están conscientes de las abstracciones de la ciencia discutidas arriba y creen que en la ciencia y en el control científico-técnico están tratando con el mundo real. En realidad, esto significa que, aunque parados en el mundo de la experiencia cotidiana, ellos se entregan al mundo del control científico-técnico. Ahora "cientificación" y "tecnificación" significan que las personas convierten el mundo secundario de la ciencia y la tecnología en su mundo primario. Esto sucede realmente cuando los modelos científicos-técnicos son aceptados como si representaran el mundo real. En ese caso, la gente subordina el mundo de la experiencia cotidiana al mundo de la ciencia y la tecnología y sujeta cada parte del primero al poder del control científico-técnico, en lugar de enriquecer el mundo de la experiencia por medio de la integración de las abstracciones de la ciencia en él. La gente vive bajo la ilusión de que el mundo científico-técnico representa la realidad concreta en su plenitud. El resultado, sin embargo, es que el mundo de la experiencia se fuerza al lecho de Procusto de los modelos científicos-técnicos. Esto sucede, por ejemplo, cuando los modelos técnicos se vuelven normativos en la economía y la política. También sucede en el caso de la manipulación genética de plantas y animales cuando los modelos científicos-técnicos son identificados con aquellas plantas y animales (véase la siguiente sección).

Este proceso ha estado pasando desde el tiempo de la Ilustración. Las personas esperan cada vez mayor progreso material como resultado del uso instrumental continuo del conocimiento científico. Inicialmente, mucho se ha logrado en realidad gracias a éste; al mismo tiempo mucho también se ha perdido en el largo plazo. El mundo del control científico-técnico abstraído, y de ese modo reducido, pone cosas bajo presión y hasta las destruye. Su individualidad, su plenitud y unidad, su propio carácter e integridad son entregados a las abstracciones – y por tanto las reducciones – de la ciencia. Su interconexión es equiparada con – de ese modo reducida a – la coherencia lógica.

En ningún lado es más claramente evidente esta tendencia hacia la racionalización y tecnificación que en la desaparición del amor en una sociedad científico-técnica. El amor simplemente no puede florecer en las estructuras científicas, estandarizadas y universales de tal sociedad.

El egocentrismo del poder siempre triunfa sobre el amor, el cual busca el bienestar de los demás. El *amor*, después de todo, *se dirige a sí mismo hacia lo personal, particular o único*. ¿Será quizá por esto que en nuestra sociedad técnica haya mucho de qué hablar acerca de la alienación, la soledad, la atrofia del amor y el cuidado? En una cultura comunal tecnificada, los vínculos son inmediatamente cortados y reemplazados por relaciones técnicas u organizacionales. El amor muere; la empatía y simpatía y el contacto con los demás desaparecen. El distanciamiento y la soledad crecen. En toda clase de movimientos de protesta, la gente consecuentemente pide a gritos amor y compasión. Mucho se puede aprender en este respecto a partir de una variedad de corrientes filosóficas que se hacen oír como movimientos de protesta en contra de nuestra cultura científico-técnica (véase sección 6.5ss.).

Afortunadamente, hay mucha oposición a la tecnificación del mundo que experimentamos. Por eso siempre se están realizando correcciones. Sin embargo, llama la atención la tendencia hacia la tecnificación, que es un indicio de la cientificación, entre otras cosas, en el desarrollo moderno urbano, la organización de la industria, vivienda, cuidado de la salud, política, agroindustria, y así sucesivamente. Permítanme citar solamente un ejemplo para mostrar que no nos acostumbramos a la tecnificación. Desde el desarrollo de la fertilización *in vitro*, los embriones sobrantes pueden ser congelados para ser implantados más tarde. Cuando esto sucede después de siete años – como aprendimos recientemente – se vuelve pronto noticia mundial, mientras que desde el principio perteneció a las posibilidades de la inseminación artificial. Obviamente nosotros – ¡felizmente! – no nos acostumbramos rápidamente a este descarrilado orden. Pero también es cierto lo contrario: algunas veces la gente cree que están persiguiendo el progreso por medio de la tecnificación y se obsesionan con ello, de modo que no ven realmente lo que está sucediendo. En las siguientes secciones dedicaremos nuestra atención a ese asunto.

4.4 Bajo la tiranía del control científico-técnico

Inicialmente, la gente estaba ciega a las consecuencias desastrosas del tecnicismo. Su primera preocupación era resolver numerosos problemas materiales, y de hecho resolvieron muchos. Consecuentemente, el "éxito" fue hasta predominante. Eso proveyó el incentivo para esperar cada vez mayores cosas del control científico-técnico. La construcción de una clase de "contra-creación" en la que el hombre sería dueño y señor y tendría asegurada una prosperidad material inimaginable enceguecó a las personas de lo que en realidad estaban haciendo.

Conforme el proceso de cientificación y tecnificación crece en intensidad y efecto, las consecuencias negativas se hacen visibles y amenazan con convertirse en dominantes. La realidad se remodela en términos de una red reductora, lógicamente coherente. Los marcos abstractos se vuelven tan dominantes que la realidad en su plenitud se atomiza y funcionaliza y, por lo tanto, se rompe. Además del despilfarro y egoísmo de los consumidores, este es un factor de trasfondo importante en la dislocación de la naturaleza y contaminación ambiental. El resultado global del control científico técnico sin restricciones de la naturaleza animada e inanimada puede al final consistir en la destrucción de la naturaleza. La biosfera en la que vivimos constituye un todo altamente complejo y único. La reducción continua en el número de especies de plantas produce una situación inestable que es cada vez más difícil de controlar. La necesidad del control técnico crece a pasos acelerados. Surge un peligroso círculo vicioso.

Por ahora, como resultado de los problemas ambientales, muchas personas han comenzado a entender el peligro externo inherente en el control científico-técnico. Tal entendimiento es mucho menos evidente, sin embargo, cuando miramos los problemas al acecho en el desmedido control científico-técnico de plantas, animales, humanidad y sociedad. Cuando, en conexión con estos asuntos, el modelo técnico es equiparado con la realidad creada, una gran parte se descuida en nuestro pensamiento y se destruye en nuestra práctica. Hagamos una pausa por un momento para considerar estos aspectos de tecnificación. (En esta publicación no discutiré la tecnificación que ocurre en el desarrollo de las plantas de energía nuclear, puesto que traté con ello desde mi anterior libro *The Technical Paradise*[1] [disponible solamente en holandés]).

4.4.1 La tecnificación de las plantas

Primeramente dedicaré unas palabras a la influencia de un control científico técnico sobrevalorado en plantas agrícolas. El refinamiento sistemático y artificial de estas plantas para producir los mayores rendimientos tiene otra cara; es decir, el peligro de uniformizar el perfil genético. Este proceso de estandarización genética conlleva un decremento en la variedad disponible de plantas, es decir, da como resultado una erosión genética. La erosión genética constituye un estrechamiento de la base genética. Consecuentemente, dado un brote de nuevas enfermedades, pueden ocurrir desastres – como fue el caso con los cítricos en Florida en los ochenta – ya que, a causa del perfil genético uniforme y, por consiguiente, la diversidad genética limitada, la resistencia a enfermedades desconocidas ha disminuido.

Que las personas estén ahora intentando compensar la pérdida de muchas especies naturales de plantas por medio de los bancos genéticos artificiales orientados a la creación de cosechas futuras recientemente

---

1 *El Paraíso Técnico.*

necesarias, demuestra la seriedad de la situación que se ha desarrollado.

El proceso de la tecnificación de plantas se vuelve completamente serio cuando los ingenieros empiezan a manipularlas genéticamente y, en el proceso, proceden de la composición técnica de la estructura genética. Alguien dijo una vez que la estructura genética de cada organismo vivo puede ser comparada a una concatenación de genes como si fueran bloques de un Lego. Con nuestro conocimiento científico de esa estructura, debería ser posible en ese caso transponer genes de un sitio a otro o agregar genes de otras especies, como cuando cambiamos y expandimos una estructura de bloques de Lego. Aquí estamos hablando de manipulación transgénica.

De hecho, este proceso transgénico implica un modelo técnico, un modelo mecánico, en el cual la presencia de *vida* es ignorada desde el principio. En el futuro, es posible que tengamos que pagar un gran precio por ello, ya que el pensamiento técnico ignora la enorme complejidad de las estructuras genéticas y los misterios que se esconden tras de ellos así como los importantes factores relevantes del contexto natural.

El peligro de este desarrollo se reconoce más rápidamente en el caso de animales y microorganismos que en el caso de las plantas. En etapas muy tempranas, se reconoció, por ejemplo, que la preocupación sobre esta cuestión se justifica cuando se trata de animales transgénicos. En la actualidad, por lo tanto, los experimentos con animales manipulados genéticamente – animales transgénicos – son probados mediante (lo que es llamado) un marco ético. Generalmente, se usa el principio de "no, a menos que". Los experimentos no están permitidos excepto para la producción de medicinas y al menos que ninguna otra alternativa esté disponible para la producción de medicinas.

La gente familiarizada con publicaciones acerca de plantas transgénicas confirmará mi afirmación de que, en círculos profesionales, casi no se pone atención alguna a la ética, ya que la idea dominante es que la biotecnología de plantas puede ser solamente buena para el ambiente y para la solución de problemas ambientales. Algunas veces, las personas hablan de plantas transgénicas – por consiguiente genéticamente manipuladas – como la solución perfecta para una amplia gama de enfermedades. Esta valoración unilateral surge del hecho de que muchas personas aún se encuentran en las garras de la ideología no reconocida del tecnicismo.

Esta visión ingenua no pone freno al "imperativo tecnológico". Lo que se pueda hacer en el camino de la manipulación genética de plantas es permitido e incluso se debería hacer. Otros, por el otro lado, están extremadamente preocupados. Grupos activistas como los "*Seething Susans*", los "*Simmering Sunflowers*", y los "*Raging Uprooters*" destruyen, en el momento que se les presenta la oportunidad, los campos experimentales que contienen plantas o cosechas genéticamente manipuladas.

Rompiendo las barreras de especies naturales

Con el fin de saber con precisión lo que está involucrado en la transmutación transgénica de las plantas, es necesario en primer lugar tener en cuenta que la manipulación genética de las plantas implica romper las barreras naturales entre especies. Esto significa que la diferencia entre eso y la mejoría tradicional de plantas es más que gradual. Las personas usualmente no ven esa diferencia, la cual explica por qué *no hay un consenso claro* con respecto a las posibles consecuencias. Algunos dicen que las plantas genéticamente manipuladas serán menos capaces de mantenerse a sí mismas en el ambiente ya que no estamos tratando con "mejoría natural de plantas". Otros, por el otro lado, afirman que todavía sabemos demasiado poco acerca de la nueva tecnología "extrema". ¿Crecerán las plantas transgénicas de manera incontrolada? ¿Cambiarán probablemente las relaciones ecológicas como resultado de las diferentes propiedades de la planta transgénica? ¿No se hará daño a la salud de los seres humanos y los animales? ¿No habrá algo como "polución genética" debido a que la familia natural de las plantas genéticamente modificadas estarán "contaminadas"? Y qué debemos nosotros pensar de las consecuencias sociales: ¿los agricultores no dependen cada vez más de las empresas que, con su poder financiero, tienen a su disposición un número (limitado) de plantas modificadas genéticamente, además de suministrar los herbicidas adecuados? Especialmente en años recientes hemos visto, a una escala global, una concentración de empresas de biotecnología, empresas para el mejoramiento de las semillas y empresas químicas que producen pesticidas. Es revelador, por otra parte, que en general las nuevas cepas se hacen estériles para que los agricultores ya no puedan utilizar una parte de la cosecha como semilla para siembra. La dependencia de los agricultores se está acercando al 100%. Por eso, el economismo y el tecnicismo a menudo van de la mano.

Concentraciones de poder económico

La concentración creciente de empresas dedicadas al mejoramiento de especies de plantas es un factor adicional que contribuye – especialmente a través de las patentes de construcciones genéticas especiales rentables – a la pérdida sustancial de la diversidad en las especies de plantas. Esto también significa que tales plantas genéticamente manipuladas con su estructura homogénea no se ajustan a la estructura individual o variada de un determinado país, tipo de suelo, y clima. Una papa genéticamente manipulada que tiene que usarse en todo el mundo falla, en ese caso, en hacer justicia a los estándares especiales que puedan establecerse para una planta de papas en, digamos, Nueva Zelanda.

Mientras tanto, los problemas globales aparecen, tales como la pérdida alarmante de suelo fértil así como el crecimiento acelerado de la resistencia de organismos plaga y el surgimiento de nuevos patógenos.

Son en especial los agricultores orgánicos o ecológicos quienes están muy preocupados acerca de estas amenazas. La regla general, sin embargo, es que las personas tienden a mirar la biotecnología como un sólo fenómeno. Ellos actúan como si la biotecnología fuera simplemente una extensión de la tecnología como la formación de la naturaleza inorgánica, mientras que en realidad se trata de la naturaleza *orgánica* que está siendo moldeada en la biotecnología. Las personas ignoran la gran diferencia entre las dos formas de tecnología. Por ejemplo, al igual que en el caso de las nuevas invenciones, la tecnología Delft – la tecnología de la materia inanimada – deja espacio para patentar y, con razón, la gente cree que pueden también solicitar patentes de organismos genéticamente manipulados.

La tecnología de lo orgánico

La diferencia entre la tecnología de lo inorgánico y la tecnología de lo orgánico se hace clara cuando notamos las diferentes leyes que aplican a ambos dominios. En la naturaleza inorgánica, todo tiende en la dirección de nivelación. Las invenciones son dirigidas en contra de ese proceso y son, por lo tanto, altamente valoradas y recompensadas con patentes. En el mundo de los seres vivos, sin embargo, somos testigos de un proceso de creciente diferenciación. Ahora, si las personas empiezan a otorgar patentes a formas de vida manipuladas, estas formas de vida se ven favorecidas de tal manera que hay muchas razones para cultivar aquellas formas manipuladas a una gran escala. Adicional a la creciente dependencia de agricultores en la sociedad, somos testigos del surgimiento de monocultivos que amenazan otras formas de vida. Los derechos de patente pueden conducir a la nivelación en la naturaleza orgánica y, de ese modo, a una pérdida de la biodiversidad. Los derechos de los viejos cultivadores testifican una mayor sabiduría. Nuevas clases de plantas adquiridas por medio del mejoramiento de las plantas podrían ser, para otras clases, el punto de inicio para una mayor diversificación.

Algo más debe agregarse a esto. Debido a que las personas están obsesionadas con los resultados positivos, están ciegas a los riesgos potenciales que conlleva la introducción de plantas transgénicas en el ambiente. Publicaciones recientes muestran que la manipulación genética de plantas puede tener resultados no deseados. Por ejemplo, una investigación demostró que una cierta planta agrícola genéticamente modificada no dañaría la salud de los seres humanos. Los científicos involucrados habían establecido con claridad que los químicos producidos vía la manipulación genética no perjudicarían a los seres humanos a través de su estómago y sistema intestinal. Sin embargo, más tarde resultó que una peligrosa forma de envenenamiento era posible a través del contacto con el torrente sanguíneo. Mientras tanto, se ha encontrado también (*The New Scientist*, Marzo 1992) que plantas de rábano genéticamente manipuladas han producido "polución genética" en las especies naturales de la familia. Además, hemos también aprendido que el cruce de plantas manipuladas de semillas espoliadas con plantas silvestres ha producido una nueva clase de mala hierba, que es – curiosamente – insensible al herbicida *Basta* (*Agrarisch Dagblad*, Marzo 17, 1996). ¿Cuáles son las consecuencias a largo plazo para el ambiente de este cruce? ¡Nadie lo sabe exactamente! Pero la posibilidad de plagas inesperadas no puede descartarse en el largo plazo.

Con referencia a los nuevos desarrollos técnicos, aparentemente está en los huesos del hombre occidental ver de antemano solamente las ventajas y no poner atención a las desventajas. Mientras tanto, conocemos muchos ejemplos de lo contrario: del DDT, los asbestos, los CFKs. ¿Quién, en este sentido, alguna vez pensó en el daño que podría ocurrirle a la capa de ozono con el uso de pesticidas e incluso medicamentos como el triazolam, talidomida o la hormona DES? La lección de la historia tendría que ser que la gente debería abogar por una introducción cautelosa y moderada. Esa lección implica que *todas* las buenas tecnologías albergan consecuencias negativas imprevistas. Si eso es ya cierto para la tecnología de la naturaleza inorgánica, cuánto más para la biotecnología. Por lo tanto, la precaución y la moderación se cumplen con las plantas transgénicas.

Control imposible

Con la introducción de las plantas transgénicas en el ambiente, existe un problema adicional que no debe escapar a nuestra atención. Los microorganismos genéticamente manipulados pueden mantenerse bajo control científico-técnico en reactores. Cuando los animales transgénicos llegan a ser aquello que no se tuvo la intención de producir con nuestra nueva tecnología, podemos detectar este resultado rápidamente y pararlo. Pero la introducción de las plantas transgénicas en el campo no permite un control científico-técnico estricto. La unicidad, inconstancia y alcance del "campo" ofrece también mucha resistencia a tal control. Esto es tanto más debido a los cambios de gran alcance en las circunstancias climáticas y el descubrimiento tardío de la contaminación genética. Cuando estos riesgos – inicialmente apenas visibles o insospechados – ocurren, se hacen más graves con el tiempo. Tal calamidad sólo queda clara tras el paso de un (largo) tiempo. Y cuando lo descubrimos muy tarde, tenemos que resignarnos al hecho de que estamos tratando con un proceso irreversible. ¡Eso es un hecho en la vida que se automultiplica! Por lo tanto debe inquietarnos que, con respecto a la introducción de plantas transgénicas en el medio ambiente, los expertos hablan de los "riesgos aceptables". En ese caso, se vuelve nuevamente evidente que las personas no están haciendo la distinción entre la tecnología de lo inorgánico y la tecnología de lo orgánico. Las leyes que se aplican a la realidad viviente dejan claro que los procesos de vida no se detienen ante los techos de lo que nosotros definimos como "riesgos aceptables".

Por supuesto que se pueden tomar medida menos arriesgadas. Las restricciones biológicas – por ejemplo, medidas que evitan la propagación del polen – pueden reducir la posibilidad de que un determinado desarrollo se salga de las manos. Pero, ¿el uso de mutaciones de crecimiento limitado y la prevención de la automultiplicación de plantas no crea el problema que yo señalé anteriormente, a saber, la dependencia económica creciente de las empresas agrícolas de los poderes económicos que están dirigiendo el programa? Esto provoca una pérdida de la variedad y diferenciación en la gestión de las empresas comerciales.

El establecimiento de un marco ético

En el capítulo 8 indicaré que, con respecto a la admisibilidad o inadmisibilidad de la manipulación genética como se aplica a las plantas, animales, o humanos, estoy comprometido al principio del "no, a menos que". Esta condición "a menos que" se aplica cuando la manipulación genética es necesaria – por ejemplo, si la producción de medicinas lo pide – si protege la vida cerca y lejos y si la tecnología se puede controlar. Este principio restrictivo pone la responsabilidad por el acto completamente sobre los hombros de aquellos que planean promover la manipulación genética. Por consiguiente, ellos tienen que rendir cuentas de sus acciones en este ámbito. Y en todos los casos tiene que verse que por medio de un etiquetado adecuado se llame la atención de los clientes a la manipulación genética de los productos utilizados.

Finalmente, en años recientes, se oyen a menudo voces diciendo que la biotecnología y la agricultura orgánica deberían unir fuerzas. Después de todo lo que hemos oído en las secciones anteriores, eso suena poco convincente. La agricultura orgánica se limita a sí misma, después de todo, al mejoramiento de plantas naturales, mientras que la biotecnología se trata de la transmutación transgénica. Hablando en términos generales, esto es cierto. Pero si la manipulación genética no tiene permitido cruzar las fronteras de las especies de modo que no hay duda de la transmutación genética, entonces tal manipulación genética se mantiene dentro de las especies y, en ese caso, el mejoramiento natural de la planta podría ser técnicamente acelerado y reforzado. Tendremos que esperar y ver si esta línea de desarrollo demostrará ser tan esperanzadora como parece.

4.4.2 La tecnificación de los animales

Dado el pensamiento económico unilateral y el dominio de la racionalidad técnica, los problemas de la tecnificación también ocurren en la industria de la ganadería intensiva. En la bioindustria, el control científico-técnico de las funciones abstraídas de los animales se ha convertido tan dominante que los animales mismos ya no son reconocidos en su propia naturaleza, calidad, valor y significado. Los animales son cada vez más vistos solamente como medios de producción. Los procesos bioquímicos de los animales que obedecen a una meta de producción deseada son altamente desarrollados, mientras que los procesos vitales que no producen beneficios desde la perspectiva de la meta de producción son reducidos al mínimo. Ejemplos dolorosos bien conocidos son las granjas de cría de cerdos, jaulas de producción de huevos, la anemia de terneros artificialmente inducida por medio de oscuridad, casillas de establo demasiado estrechas y nutrición libre de hierro para obtener la preferida carne blanca para exportación o la sobrealimentación de gansos con la idea de obtener los hígados más grandes necesarios para la preparación del *pâté de foie gras*.

Las tan llamadas tecnologías reproductivas también son modelos de la tecnificación. La inseminación artificial hace posible la rápida propagación de las propiedades deseadas de los toros. Mediante el trasplante de embriones, los ganaderos han logrado el mismo objetivo con las vacas. Ese proceso puede todavía acelerarse por medio de la tecnología de la escisión y la clonación de embriones. La sexualidad de los animales y su reproducción son entregadas a la tecnificación. Todavía no parece molestar a mucha gente, que por medio de esta práctica, la naturaleza, el carácter único, el significado o el bienestar de los animales sea violado y que también aquí pueda resultar una estandarización genética (a causa de un alto número de animales relacionados genéticamente) y erosión genética.

Los cristianos también se han llegado a acostumbrar rápidamente a esta tecnificación. Algunas veces, la tecnología, por ejemplo la correspondiente a la inseminación artificial, tuvo que ser usada para evitar infección en el momento del apareamiento. Pero más tarde, esta tecnología fue bienvenida por razones puramente económicas. Es bueno recordar que Adán descubrió que estaba sólo cuando llegó a familiarizarse con el mundo animal. En el mundo animal, los machos y las hembras eran inseparables (Génesis 2:20). Con la práctica de la economía y la explotación de la tecnología, nosotros hemos provocado a menudo separaciones extremas a expensas de la naturaleza de los animales.

Es obvio que sin un cambio fundamental de perspectiva sobre la relación entre seres humanos y animales y sobre los animales como tales, las nuevas posibilidades de manipulación genética serán entregadas a la tecnificación. Ni el bienestar de los animales mismos, ni la amplia relación entre seres humanos y animales es el punto de vista operativo aquí, sino el reducido marco del control científico-técnico y la utilidad obtenible para los seres humanos. Podemos ver claramente esto en relación con la llamada tecnología de la clonación. En aras de las consideraciones económicas, las personas quieren criar rebaños de ganado con el número máximo de animales que posean el mismo material genético excepcional.

Afortunadamente, este proceso de la tecnificación de animales genéticamente manipulados se ha frenado en los Países Bajos a causa del principio ético "no, a menos que". Sin embargo, la vigilancia sigue siendo imprescindible, porque la economía global y las políticas del mercado libre no aceptan estos límites éticos.

En pocas palabras, tanto para plantas como para animales es el caso que una ciencia atrevidamente independiente, al mismo tiempo que produce un aumento de poder, produce alienación de aquello sobre lo cual ejercita poder. En el caso de la agricultura, como lo vimos arriba, la verdad es que la naturaleza, plantas y animales son solamente tomados en cuenta en la medida en que ellos pueden ser controlados y manipulados. En otras palabras, la Ilustración ve las plantas y animales como un dictador ve al pueblo: quiere conocerlos hasta el punto de su manipulabilidad. Tanto los seres humanos como la naturaleza son víctimas de la Ilustración. ¿Cuál es la situación de la nueva tecnología con respecto a los seres humanos? Ese es el tema del siguiente capítulo.

CAPÍTULO V

AL SER CONTROLADO POR EL IDEAL DEL CONTROL

5.1 Introducción

Por la historia de la tecnología sabemos de numerosos ejemplos en los cuales los seres humanos solamente recibieron atención en el proceso técnico, en la medida que llevaban a cabo una función en ese proceso. Esto sucedió a gran escala en las líneas de producción. A los empleados les fue asignada una función mientras que desaparecía la atención que se les brindaba como personas en su totalidad.

Como resultado de las nuevas invenciones técnicas, las líneas de producción han sido en su mayoría reemplazadas. Sin embargo, esto no quiere decir que la funcionalización es ahora una cosa del pasado. Muchos trabajadores no especializados han sido despedidos y mucha gente altamente entrenada ahora está cayendo víctima de la funcionalización. La tecnología y la economía ponen pesadas demandas sobre ciertas funciones humanas y, a causa de muchos cambios en la sociedad y su dinamismo, estas funciones ahora tienen que hacerse disponibles bajo petición vía agencias de empleo. Esta dinamización y funcionalización, que juntamente son llamadas "flexibilización", son actualmente tenidas en alta estima. En realidad, estamos tratando aquí con un nivel de tecnificación que está amenazando nuestra humanidad; los seres humanos amenazan ser reducidos a su funcionamiento técnico.

Con respecto a los peligros de una sobrevaloración de la tecnología quiero discutir tres temas especiales en este capítulo. El primero se ocupa de la posible tecnificación de la reproducción humana. El segundo se refiere a la tecnificación del pensamiento humano dada la pregunta de si las computadoras serán capaces de pensar. El tercer ejemplo tiene que ver con la amenazante tecnificación de la sociedad por nuevas tecnologías tales como el *ciberespacio* y la *realidad virtual*.

5.2 La tecnificación de la reproducción humana

A través de la *fertilización in vitro* (FIV), ha llegado a ser posible obtener embriones humanos en el laboratorio. Inicialmente, la intención fue o pareció ser implantar estos embriones en mujeres que fueran incapaces de concebir un niño por medio de la fertilización natural. Desde el principio era claro, sin embargo, que esta posibilidad dirigiría a la creciente tecnificación de la reproducción humana. Algunas veces fue dicho – revelando la mente del tecnicismo – que la reproducción humana está lejos de ser eficiente y efectiva y que, por lo tanto, merece un control científico-técnico que debería por consiguiente buscarse. La tecnología de la reproducción es así separada por el hombre de su contexto dado por Dios. Separada de esta manera, es autónoma y así conduce a la tecnificación de la reproducción humana. Los humanos como los portadores de la imagen de Dios son crecientemente reducidos a objetos del control científico-técnico. La gente que nace es cada vez más sustituida por gente que es fabricada.

Como se estableció anteriormente, FIV ha dejado por mucho tiempo de servir solamente a la mujer incapaz de concebir un hijo por fertilización natural. Los técnicos se encargan de que se obtengan muchos más embriones de los que son necesarios para este fin. La idea es experimentar con estos embriones, una práctica que termina con su destrucción. Algunos investigadores sugieren que la FIV abre la posibilidad de poder completar el control científico-técnico del proceso de la reproducción humana. Ese proceso inicia con la eliminación de embriones no aptos. Los embriones que devienen en niños discapacitados deben ser destruidos a una etapa temprana. Como resultado del gráfico completo del genoma humano, pronto será posible saber rápidamente, con la ayuda de la tecnología de la información, si el embrión alcanza las especificaciones requeridas.

El método del diagnóstico prenatal, donde los "peores" fetos pueden removerse por medio del aborto, será reemplazado gradualmente por el diagnóstico de la preimplantación, tras lo cual los "mejores" embriones son implantados. Con ese procedimiento, la tecnología de la reproducción se expandirá enormemente. Esta tecnología por completo se dirige hacia la meta de seleccionar, a partir de una colección de niños potenciales, al niño que tenga las más favorables características y permitirle alcanzar el nacimiento. La fertilización natural será reemplazada cada vez por la fertilización artificial.

Este proceso será reforzado por otros desarrollos en la cultura también. La gente podría querer tener hijos solamente en una etapa más tardía en su vida, cuando existe un riesgo creciente de que los niños nazcan con incapacidades. Así, muchos verán como una gran ayuda el que recientemente haya sido posible almacenar células-huevo, congelándolas y fertilizarlas más tarde mediante la FIV. Para ese fin, la humedad natural de las células-huevo es reemplazada durante la fase de congelamiento por una clase de "anticongelante". El principio de que la reproducción será separada cada vez más de la sexualidad humana y que la vida humana será cada vez más sujetada al control científico-técnico mediante la aplicación de normas técnico-económicas de efectividad y eficiencia parece que está llegando a ser una realidad.

Preguntas difíciles involucradas en el diagnóstico prenatal y especialmente aquellas concernientes con la terapia de la línea germinal o embrionaria – es decir, la manipulación genética de un embrión en la primerísima fase – pueden evitarse moviéndose a la selección de embriones en el laboratorio. Hasta ahora no ha sido posible clasificar y cuantificar las diferencias en la herencia humana. Sin embargo, ahora nos hemos incorporado a una nueva era en la que es posible, presintomáticamente (es decir, antes de que la enfermedad sea manifiesta), introducir una gradación en términos de un riesgo estadístico. Se espera que el conocimiento completo de la estructura genética de cada ser humano individual que podría nacer se vuelva una herramienta para las fuerzas sociales tales como compañías de seguros para acelerar este proceso de tecnificación. Las cuestiones éticas alrededor de una posible discriminación en la selección de embriones serán entonces inevitables. En breve, el resultado será una división entre los niños que son procreados y que nacen naturalmente y aquellos que vienen al mundo por medio de estas nuevas tecnologías.

En este desarrollo, como lo establece el francés Dr. Testart, estaremos pronto tratando, ya no con la manipulación genética, sino con la purga de genes; es decir, con la *selección* en lugar de la *corrección*. Eventualmente, la introducción del diagnóstico de la preimplantación (un término que realmente enmascara el estado verdadero de estos asuntos) abrirá la puerta a la eugenesia de manera definitiva e irreversible. La tecnología, limpieza étnica y mejora racial, van mano a mano. Por un lado, parece que un embrión o feto humano no goza de estatus (podemos hacer con él lo que queramos: ¡hablando de funcionalización!) mientras que, por el otro lado, basado en sus capacidades técnicas, es sobrevalorado. Parece que los recién nacidos serán algún día expedidos con una garantía, en la misma forma en que se venden los aparatos electrodomésticos.

El súper bebé
Este proceso llegará a ser un asunto todavía mayor si en el futuro cercano los científicos pueden "construir", por medio de la tecnología de la manipulación genética, un súper bebé con la estructura genética más favorable actualmente concebible. Esto implica una gran cantidad de experimentos previos, resultando inevitablemente en la pérdida de embriones humanos. Además, nadie sabe con precisión cuáles serían – a largo plazo – las consecuencias para las futuras generaciones. Hasta donde puedo ver, el control técnico completo y el "mejoramiento" técnico del proceso reproductivo es posible solamente por vía de una combinación de la manipulación genética de una célula madre – es decir, una célula no

diferenciada del embrión – con la tecnología de la clonación. Primero, una célula madre es genéticamente manipulada y entonces el núcleo de esa célula es usado para la clonación. Ya hay comités designados para estudiar este asunto al tiempo que este libro está siendo escrito.

Más recientemente, ha sido aun sugerido que los embriones podrían estar siendo producidos especialmente con el objetivo de tales experimentos (de clonación). Tal embrión, que posee dentro de él todo lo necesario para madurar en un ser humano hecho y derecho, llega a ser entonces un instrumento del impulso humano para hacer investigación científico-técnica y es, de ese modo, robado de su destino. Esta indiferencia con respecto al principio de la vida humana y, por consiguiente, también a la Fuente de esa vida tendrá consecuencias desastrosas en nuestra sociedad.

Clonación

En el mundo animal, la clonación empezó con una oveja llamada Dolly. Más tarde, como producto de manipulación genética de una célula de oveja, Polly nació. Esta clonación es enteramente un nuevo fenómeno, ya que implica reproducción asexual. El proceso conlleva numerosos riesgos y la tecnología involucrada atraerá muchos experimentos, los cuales serán literalmente destructores de la vida. Sin embargo, por altas que sean las esperanzas de los científicos y técnicos, yo llamaría esta tecnificación de la vida una (equivocada) revolución Copernicana. Las estructuras dadas por Dios y los hijos dados por Dios son alterados en concordancia con los deseos y anhelos. La construcción del hombre ha triunfado sobre la aceptación del nacimiento como un regalo de Dios. Para descartar un malentendido, permítanme decir que esta última declaración no significa que, como seres humanos, no podamos ejercitar nosotros mismos el combate de enfermedades y el alivio de cargas. Pero todo esto debería llevarse a cabo dentro de las fronteras del respeto por la identidad dada de un embrión o niño.

Nuevas tecnologías y dilemas éticos

El proceso de tecnificación descrito anteriormente no se detendrá por sí mismo. Es obvio que, donde no hay más una resistencia principal a este proceso, este continuará. Se espera que, por medio de las posibilidades de las células embrionarias manipuladas genéticamente en combinación con el proceso de clonación, reservas de órganos llegarán a estar disponibles para la gente enferma. Esta tecnificación de trasplantes de órganos hará que los problemas actuales asociados con el trasplante de órganos, tales como el de rechazo, por ejemplo, sea una cosa del pasado.

Inherente en la aplicación de esta tecnología desde el comienzo es que la vida humana de uno inmediatamente llega a ser un medio para la vida de otro. Esta revolución Copernicana en el área de la reproducción debe conducir en ese caso a una igualmente revolución radical en el campo de la ética, donde hasta ahora la apuesta de la vida de un individuo nunca fue aceptada como un medio para la vida de otro individuo.

La verdad es esta: un embrión humano que puede desarrollarse en un humano completo es usado instrumentalmente. Sin pretender acusar a todos aquellos quienes recomiendan esta tecnología con el fin de alcanzar un cada vez mayor conocimiento acerca de la reproducción y fertilidad, pienso que es importante recordarnos que este uso instrumental de las vidas humanas ha sido intentado por lo menos una vez anteriormente: en los campos de concentración de Hitler. ¡Ese ejemplo espantoso no debe olvidarse!

Aquellos que observan este desarrollo como cristianos y saben los muchos problemas éticamente insolubles que esto engendra se esforzarán, desde su posición provida, por hacer avanzar todos los argumentos contundentes que puedan reunir para alertar a la gente de abandonar este camino totalmente desastroso y no dar un paso más. Creo que, desde la perspectiva de la ética cristiana, la tecnificación de la reproducción humana no es un camino que nosotros podamos transitar. Un mundo científico-técnico absolutizado toma el lugar del mundo dado a nosotros por Dios (véase sección 4.3). El alcance con el que esta tecnificación distorsiona la vida llega a hacer evidente el momento en que uno intenta responder la pregunta de cuál es el estatus preciso de un niño clonado en el contexto de la ley asociada a la familia. El niño realmente no tiene padres; en el mejor de los casos él o ella tiene hermanas o hermanos gemelos más grandes. Desde el mero principio, la identidad de tales clones está en duda y, por esa sola razón, la clonación debería ser rechazada (véase sección 8.6).

Tecnología responsable

Para evitar cualquier malentendido, permítanme agregar lo siguiente: en el contexto de una ética cristiana de responsabilidad, la manipulación genética de ciertos órganos puede hacer una contribución a la práctica médica responsable, ya que la totalidad o integridad del individuo no está en juego sino que es servida. Si un paciente de leucemia puede ser sanado vía la manipulación genética de células de la médula ósea que son subsecuentemente trasplantadas, entonces eso es una tecnología responsable.

Hay espacio para las tecnologías responsables solamente cuando el principio ético de "no, a menos que" sea aceptado. Entonces, ese "a menos que" indudablemente sirve y protege la vida humana. La destrucción de la misma no puede ser permitida.

No hace falta decir que este principio ético detiene el proceso de tecnificación. Al mismo tiempo, deja espacio para la aplicación responsable y, por consiguiente, claramente limitado, de aún las más recientes tecnologías. Quizás haya una manera responsable de programar células maduras del cuerpo en células madre especializadas que, a través del cultivo celular, ofrezcan las posibilidades para la curación de células del cuerpo u órganos enfermos. Desde una perspectiva cristiana, tales alternativas merecen atención, ya que sirven no para dañar sino para curar a la persona completa. En ese caso, el amor al prójimo es el punto de vista controlador en el uso de estas tecnologías.

La humanidad es el problema
En la situación descrita arriba, la fe en el control científico-técnico está justamente en oposición a la fe cristiana. En el primero, un ser humano es visto como un complejo de substancias fisicoquímicas o como un sistema de información de complejas moléculas del DNA. Resulta aquí muy apropiado el pronunciamiento del biólogo molecular y ganador del Premio Nobel, Gilbert: "Muéstrame tu código genético y te diré quien eres".

El punto de vista cristiano rechaza este cuadro reduccionista del hombre y enfatiza que cada ser humano es creado a la imagen de Dios. Tal reconocimiento repudia la idea materialista del hombre que degrada a la gente al nivel de cosas técnicas. El reconocimiento de la idea cristiana del hombre establece las fronteras a la tecnología del control y de ese modo rescata la humanidad del hombre.

5.3 ¿Pueden las computadoras pensar?

Desde la aparición de la computadora, la pregunta que ha surgido es si podemos construir computadoras que puedan pensar. En 1950 esa pregunta fue contestada afirmativamente por el gran matemático inglés Alan Turing. Como experimento, él desarrolló el llamado "juego de la imitación". Si por las repuestas a las preguntas dirigidas tanto a los seres humanos como a la computadora – no estando ninguno de ellos a la vista – uno no pudiera decir si es el ser humano o la computadora quien responde, se nos concedería concluir que las computadoras podrían pensar y, por lo tanto, ser inteligentes.

Ignorando la pregunta de si Turing mismo tomó la prueba con una completa seriedad, podemos decir que después de 1950 él controló la discusión acerca de las máquinas pensantes con esta prueba.

Hay algo extraño en esta discusión. Porque la prueba de Turing está lejos de ser convincente. En un sentido, Turing obtuvo de la prueba lo que él había puesto en ella en primer lugar. Él comparó a los humanos y las computadoras como dos sistemas de procesamiento de información. En su prueba, el ser humano es totalmente condicionado por las posibilidades limitantes de un sistema de procesamiento de información. Aquí, pensar parece estar exhaustivamente reducido a un modelo técnico. El pensar es tecnificado por esa estrategia. Eso es porque, en la prueba, el ser humano y la computadora son también ambos invisibles al interrogador y porque solamente preguntas respondidas por "si" y "no" son permitidas. Por la manera en que las preguntas son planteadas, ciertamente parece que desde el principio, se crea la sugerencia de que aunque la computadora es probablemente todavía incapaz de pensar, un desarrollo ulterior lo hará posible en algún momento en el futuro. Esto también es evidente en la historia subsecuente. La pregunta fue consistentemente respondida con un "sí" más rotundo.

¿Por qué la gente quería o quiere que la pregunta de si las computadoras pueden pensar se contestara de manera afirmativa? La respuesta es que ambas, la pregunta y la respuesta afirmativa, encajan perfectamente en el clima intelectual generado por el desarrollo de la tecnología moderna en la cultura occidental. Aunque, por un lado, la gente sostiene siempre una idea sobria del desarrollo de la tecnología moderna y la ve como un instrumento o herramienta al servicio de la humanidad, aun desde el principio de la Era Moderna hubo también la expectativa de que la tecnología moderna nos liberaría del defecto y limitaciones humanas. En la ciencia ficción, por tanto, también leemos acerca de computadoras que son conscientes, computadoras capaces de crecimiento intelectual y así sucesivamente.

El padre de la filosofía moderna, René Descartes, veía al hombre como una máquina, a pesar de que todavía dejaba espacio para una mente en esa máquina. Filósofos posteriores criticaron cada vez más la presencia de tal mente como especulación. Para La Mettrie los humanos con todas sus facultades eran puramente "máquinas humanas". Con el surgimiento de la informática y la tecnología computacional, muchos se adhirieron a la posición de La Mettrie y afirmaron que el hombre es un sistema de procesamiento de información. No es sorprendente que si los humanos piensan como un sistema de procesamiento de información y este "pensar" puede copiarse a un sistema de procesamiento de información (la computadora), la conclusión que se produce es que la computadora será capaz de pensar. En otras palabras, la respuesta positiva a la pregunta concerniente con la posibilidad de computadoras pensantes se implica en las presuposiciones o visión de la realidad inherente en el tecnicismo. O, puesto de otra manera: ya que pensar es cada vez más visto como un pensamiento *técnico* (véase sección 2.3), es natural para la gente pensar que pueden reproducir técnicamente este tipo de pensamiento en una computadora.

El hombre contra la máquina

Existen claras objeciones que se pueden plantear en contra de la afirmación de que las computadoras piensan. Primero que todo está la objeción de que la pregunta se responde desde dentro de las fronteras de un dominio científico-técnico *abstracto* (véase sección 4.3). Dentro de ese dominio abstracto, la gente supone que sabe lo que es "pensar". Ya vimos que con Turing esto fue verdad. Él dice que el pensamiento humano es completamente formalizable, es decir, que el pensamiento puede ser definido mediante reglas. Justo como cuando nosotros despojamos una cebolla de sus capas no queda más su núcleo, así en el análisis científico del pensamiento humano, encontramos al final que no hay ningún "secreto" en el fondo. El proceso del pensamiento humano es formalizable y puede, por lo tanto, ser copiado y, durante el proceso de ser copiado, puede ser superado.

Sin ninguna reserva, la gente habla *antropomórficamente* acerca de las computadoras: los humanos pueden pensar, entonces también las computadoras. Lo que pasa en realidad, sin embargo, es que una vez que esta posición ha sido adoptada, la gente procede a mirar a los humanos *computamórficamente*. Los seres humanos son vistos a través de los lentes de las posibilidades de la computadora. Es decir: el pensamiento humano está *tecnificado*. Durante el proceso, el pensamiento humano es reducido y así también los humanos pensantes. Nuevamente, la conclusión de que tanto los humanos como las computadoras pueden pensar en ese caso no es sorprendente. En este proceso global, desde el principio se hace caso omiso de las propiedades únicas de la gente que la distingue de las computadoras como máquinas (por supuesto que tengo que regresar a este tópico). Si el pensamiento humano es reducido a lo que nosotros vemos de él en su forma tecnificada, no queda mucho lugar para la responsabilidad humana. Es una responsabilidad que se vuelve más grande especialmente en la era de las computadoras, como bien ejemplifica el así llamado problema del milenio (el cambio de calendario que paso del 99 al 00). Ese problema en realidad podría surgir solamente como un resultado de la gran confianza en las computadoras y de un sentido reducido de la responsabilidad perdurable del hombre.

Es evidente en todavía otro aspecto que la gente responde la pregunta de si las computadoras pueden pensar al proceder de un mundo completamente científico-técnico abstracto que integra la filosofía del tecnicismo y el panorama mundial técnico. Desde Turing, la gente consistentemente presupone la comparación entre humanos y computadoras – como si las dos fueran comparables y fueran dos unidades integrales estrictamente independientes. En esa comparación, también, vemos la evidencia de que la gente no está generalmente consciente de la naturaleza abstracta del mundo científico-técnico. Hablar de la "computadora" como una máquina independiente es negar que la computadora "como tal" o "por sí misma" no existe. Eso es una ilusión, aunque si uno no ve más allá de ella, la ilusión es tan fuerte que rebasa la realidad.

Cada computadora ha sido hecha y programada por una persona o por personas. La comparación real, consecuentemente, es entre la persona que está y la persona que no está equipada con una computadora.

Ya que una computadora funciona de una manera técnicamente independiente, somos fácilmente tentados a olvidar que las computadoras son hechas y programadas por personas. Aun si ha sido incorporado en la programación que la computadora ya no funcione de acuerdo con reglas formalizables, por tanto reglas heurísticas, esa computadora aún no puede funcionar en absoluta independencia de los agentes humanos.

Robots

En este punto, el lector está obligado a formular preguntas importantes. Después de todo – la gente podría preguntar – ¿qué tan válidas podrían ser las objeciones planteadas en contra de la computadora de Turing, cuando ciertamente las computadoras recientes y futuras funcionarán aun más independientemente y por medio de sus resultados nos confrontarán con enormes sorpresas? Esto es verdad: el asunto no puede ser completamente descartado por referencia al tecnicismo como una idea pre o supracientífica de la realidad como un todo. Aún aparte de esta idea, ¿no está el mundo de la computación sufriendo un desarrollo gigantesco?

Nosotros describimos ese desarrollo en términos de generaciones. Las computadoras con tubos de vacío fueron reemplazados por las computadoras con transistores y chips, y nosotros ahora tenemos que ocuparnos de las computadoras con circuitos integrados, redes neuronales y así sucesivamente. Subsiguientes computadoras son hechas todavía más pequeñas en tamaño, trabajan más rápidamente, tienen creciente capacidad, aún consistentemente dan sorpresas, son infatigables, trabajan impecablemente y así sucesivamente. Corriendo en paralelo al desarrollo del hardware se encuentra el desarrollo del software. Los programas de computadora están siendo construidos con capacidad y sofisticación en expansión. Consecuentemente, las computadoras son cada vez más capaces de adjudicarse más tareas humanas. En un cierto sentido, muchas actividades humanas más sus resultados pueden ser objetivados y subsecuentemente, bajo análisis, programados en las computadoras vía software y controladas, y aún mejoradas, por las computadoras.

Cuando tales computadoras empiezan a funcionar como el núcleo de los robots, la gente de hoy habla no solo de "inteligencia artificial" sino también de "vida artificial". La información no solamente proviene del programa sino, por vía de sentidos artificiales (perceptores y sensores), también viene del exterior. El efecto de ello sobre el mundo exterior es ejercitado por medio de extremidades artificiales. Adicionalmente, el robot será capaz de aprender a partir de su propia "experiencia" y mejorarse a sí mismo.

El punto final actual de este largo desarrollo hace claro el desarrollo inmensamente dinámico que caracteriza la tecnología moderna. Además, ostenta muchas más promesas, ya que los robots son capaces de mucho más que la fantasía humana imagina posible.

Por esa misma razón es que numerosas especulaciones, tanto de naturaleza optimista como pesimista, se encuentran alrededor de este desarrollo. Por un lado, el uso de robots produce grandes esperanzas con respecto al futuro; sus logros se incrementarán rápidamente y serán insólitos; promesas hermosas, así parecen, llegarán a ser una realidad. Por el otro lado, resultados inesperados provocarán miedo y ansiedad. ¿Continuará la gente manejando y controlando éste nuevo desarrollo o tarde que temprano caerán siendo víctimas de él? ¿Esto eventualmente aventajará a su hacedor? Existe una razón del por qué en varias publicaciones el peligro amenazante del *monstruo Frankenstein* afloró repetidamente: la máquina hecha por la gente se vuelve contra ellos.

Ajedrez por computadora

Sospecho por tanto que la tecnología de la computación se encuentra aún en un estado temprano de un enorme desarrollo. Pero no me gustaría hablar de computadoras que puedan "pensar" o "vivir". No obstante altamente desarrollada, la computadora siempre quedará como una herramienta del hombre, ya sea como una herramienta técnica, de dirección o de pensamiento. Este carácter de "herramienta" de la computadora nos previene de hacerla un agente independiente y ultimadamente contraparte del hombre, de modo que el hombre pudiera llegar a ser su víctima.

Pero, ¿qué pensamos acerca del ajedrez por computadora que vence a los grandes maestros? En cualquier caso todos estamos de acuerdo que una computadora, equipada con un programa de ajedrez, rápidamente eliminará un jugador de ajedrez pobre. Un programa de computadora evidentemente tiene más posibilidades que un jugador de ajedrez relativamente inexperto. Pero cuando todas las jugadas de un gran maestro – de ahí todo su pasado – son analizadas y él tiene una larga historia como jugador de ajedrez, entonces la computadora, que puede explotar ese análisis del pasado, especialmente cuando es combinado con el análisis del pasado de otros grandes maestros, puede superar la creatividad de ese gran maestro y vencerlo. Eso es lo que sucedió con Kasparov en el verano de 1997. Al final, fue superado por la supercomputadora de ajedrez *Deep Blue*. Lo que está sucediendo aquí es realmente lo mismo que pasó con el pobre jugador quien anteriormente perdió la partida con un programa de ajedrez por computadora, un perdedor que en otros respectos – también en la habilidad de pensar – permanece superior a la computadora. Por lo demás, debe quedar claro que no fue el ajedrez por computadora sino los programadores de la IBM quienes se regocijaron de la derrota de Kasparov. El funcionamiento independiente de la computadora fácilmente puede llevar a la gente a olvidar ese hecho y subsecuentemente sacar conclusiones erróneas de tal evento. En lugar de decir que la computadora jugó una mejor partida que la del mejor jugador de ajedrez del mundo, uno debería realmente decir que los programadores de la *Deep Blue* se las arreglaron para armar un programa de ajedrez de modo que Kasparov fuera vencido. En ese caso, no es el ajedrez por computadora sino la IBM quien se debería llevar el crédito.

La singularidad del hombre

De lo que he escrito hasta ahora se sigue que las computadoras y robots equipados con computadoras representan un adelantado puesto de avanzada de la tecnología. Esta posición guarda muchas posibilidades sorprendentes. Pero las computadoras nunca serán capaces de "pensar" o "vivir". ¡Las discusiones de actualidad sobre ese tópico sugieren muchas cosas!

Quiero subrayar esa opinión desde dos ángulos una vez más. Varios autores han introducido a la discusión el Teorema de la Incompletitud de Gödel. Sostiene que dentro de un consistente sistema de lógica, se pueden construir declaraciones que ni pueden ser refutadas ni confirmadas dentro de ese sistema, pero que pueden ser sujetas a evaluación desde afuera del sistema. Esto quiere decir que un determinado sistema está limitado por una condición trascendental. En otras palabras, un sistema de cómputo será capaz de trabajar solamente si una condición trascendental le precede. Eso, a su vez, es una forma aprendida de decir que no existe una sola computadora sin intervención humana. En última instancia, el hombre es (para continuar el uso del lenguaje computacional) el "sistema" que precede a todos los sistemas diseñados. El hombre mismo no es precedido por ningún "sistema". Su condición trascendental existe en el "Yo". Ese "Yo" escapa todo análisis científico, pero es siempre la condición para tal análisis. Ese "Yo" nunca puede, por medio de la autorreflexión, convertirse completamente en un objeto. El pensar acerca de ese "Yo" siempre presupone un nivel más alto desde el cual ese "Yo" o ese "pensando en el Yo" puede ser considerado. Para la ciencia, ese "Yo" es un misterio incomprensible que nunca puede precisarse definitivamente. Y la autorreflexión es el origen del pensamiento humano. Fundamentalmente, una computadora no puede alcanzar ese nivel. Una computadora que dijera "Yo pienso" invita con toda la razón al ridículo.

Existe otro ángulo desde el cual la naturaleza limitada de una computadora es considerada como un logro de la tecnología moderna en contraste con el ser humano. En todas las funciones, aspectos, o modalidades de existencia, un ser humano funciona subjetivamente. Un ser humano ocupa espacio, continuamente cambia en un sentido fisicoquímico, vive, siente, analiza, escoge, realiza actos históricos, usa lenguaje y es un ser social, realiza acciones económicas, jurídicas, estéticas, éticas y acciones basadas en la fe. Hablar de esa manera acerca de la computadora sería ridículo. Una computadora tiene una cantidad de funciones sujeto, como la espacial y la física-química, pero en las demás esferas de las funciones sujeto humanas, la computadora funciona como un objeto, particularmente como un objeto técnico. La transmisión de señales en una computadora es técnicamente modelada – y por consiguiente hecha por los seres humanos – de tal manera que la calificación típica de una computadora consiste en esa función técnica. Cuando esa función técnica es vista como una función objeto, la computadora permanece técnicamente subordinada al hombre como sujeto.

Eso aun será cierto si, como algunos afirman, las biocomputadoras en algún momento en el futuro harán su debut. Aparte de la cuestión de si tales computadoras con células vivas se convertirán en una realidad, si realmente son posibilidades, entonces la función sujeto final de tal computadora será la función biótica, ya que partes de la computadora entonces consistirán de células vivas. En un sentido técnico, también tal biocomputadora permanecerá subordinada al hombre. No será capaz por sí misma de desarrollar una conciencia, un "Yo". Si la gente, no obstante, habla de una computadora con "conciencia", entonces eso se entiende en un sentido figurativo y por tanto ilusorio. Pero aun como ilusión es peligrosa si al hablar de esa manera nosotros atribuimos autosuficiencia a la estructura de la computadora y de este modo la separamos de la responsabilidad humana.

El mito de la computadora pensante
En general, las abstracciones científico-técnicas, cuando se proyectan, no son vistas como *abstracciones* y, cuando la computadora se reconoce como un agente independiente como si funcionara subjetivamente en un sentido técnico, entonces nos entregamos nosotros mismos a las *especulaciones*. Es a tales especulaciones que le debemos el mito de la máquina pensante. Ese mito es reforzado cuando la gente cree que pueden atribuirle conciencia a las biocomputadoras.

Pero, ¿por qué se mantiene ese mito? La respuesta tiene que ver con otra consecuencia del tecnicismo y del panorama técnico mundial. No solamente estamos tratando aquí con una interpretación técnica de la realidad como un todo, sino también con la pretensión de que nosotros podemos resolver todos los problemas – tanto los viejos como los nuevos – con la tecnología y garantizar prosperidad material. En esta pretensión se encuentra implícita una actitud ética básica, un carácter distintivo. En el mero corazón de esto encontramos el orgullo humano: ¡el hombre todavía será capaz de construir una máquina que pueda pensar! ¡Una máquina que en esa capacidad pueda inclusive volverse superior al hombre! El hombre construye una máquina a su imagen y semejanza, como ya lo estableció Norbert Wiener, el padre del desarrollo de las computadoras.

En varias publicaciones, en exposiciones y en la ciencia ficción, la gente todavía hoy continúa manteniendo vivo el mito del progreso inimaginable de la inteligencia artificial (máquinas pensantes) y la vida artificial (robots). Algunas veces, tomando todavía un paso más adelante en el camino de la especulación irresponsable o fantasía, la gente piensa que mediante la tecnología computacional, pueden disolver la corporalidad humana y, por lo tanto, superar la miseria y la enfermedad física. De este modo, se sugiere que ya que la mente humana constituye la esencia del hombre, ahora esta ha tomado su morada en las computadoras y se ha liberado de las debilidades de la carne mortal. Ya que este mito de la "vida eterna" es completamente abstracto y alejado de la realidad en su plenitud, representa una visión equivocada.

Autonomía como "fantasía"

Estas ideas, las cuales lamento, ocurren frecuentemente. Ellas confirman la tesis a menudo escuchada de que la tecnología moderna estampada por la ciencia es autónoma. De hecho, sin embargo, la gente que mantiene esta tesis está sólo expresando una convicción, una fe o una ideología. *Sobre la base de la pretendida autonomía del hombre, ellos evocan una tecnología autónoma.*

Aunque muchos consideran esto un desarrollo positivo, en realidad la gente amenaza con convertirse en víctima de esta tecnología supuestamente autónoma. Cuando la gente falla en reconocer que la autonomía de la tecnología es solamente aparente, no real, es engañada por esta fantasía. El hombre se convierte en una parte integral del sistema que él mismo ha construido. En este sistema técnico, los seres humanos deben satisfacer las funciones requeridas de ellos por el sistema.

Es notable que tanto desde la posición de la filosofía reformacional (H. van Riessen) como desde la perspectiva neomarxista (J. Habermas), las personas han señalado el peligro de esta fantasía.

En la especulación concerniente a la imagen técnica y por lo tanto determinada del hombre, *los seres humanos pierden su libertad y su responsabilidad* – dicha especulación está vinculada a la tecnificación del pensamiento humano y a la absolutización de la computadora.

Con el fin de evitar la amenaza de la tecnología presente en la tecnificación del pensamiento, se necesita un análisis sobrio de la computadora. Ahora y siempre seguirá siendo una herramienta o sistema artificial, aunque con posibilidades de gran alcance y ámbito de aplicación. Pero siendo ese el caso, se convierte aún más importante estar consciente de los motivos que impulsan a la tecnología. Para dar sustancia a nuestra capacidad para controlar la tecnología de la computadora y de ahí nuestra responsabilidad por ello, debemos aplicar las normas o estándares correctos para su uso. Especialmente en la necesidad de mayor énfasis está la responsabilidad común de programadores y usuarios.

La tecnología no debe dominar la vida sino servirla. Buscar por medio de la tecnología la expansión de las posibilidades de vida humana y por tanto imponer restricciones normativas sobre ello, tendrá un efecto de desmitificación. Lo decisivo entonces no es lo que puede hacerse sino lo que es útil a la responsabilidad de la humanidad.

Nuestra cultura de alta tecnología pide el fortalecimiento de nuestras responsabilidades tanto individuales como comunales, que a su vez tienen que ser traducidas en responsabilidades institucionales y políticas. En otras palabras, en nuestra cultura nosotros debemos ser liberados de la religión de la tecnología, de la imagen del mundo técnico y de sus consecuencias en la tendencia hacia la tecnificación (véase capítulo 8).

5.4 En esclavitud a nuestro propio poder

Si el mismo método del tecnicismo, concretamente el de la brutal destrucción de la realidad dada y de la terca reconstrucción, se extiende por medio de las ciencias sociales (orientadas a las ciencias naturales) a la sociedad como un todo, entonces la sociedad con toda seguridad experimentará las consecuencias desastrosas de ese método. La ruptura se manifiesta a sí misma en la fragmentación de la sociedad y en el creciente aislamiento de los individuos, de tal modo que se apartan de su posición original. ¿No es eso en gran medida la causa de la deshumanización del trabajo en fábricas modernas?

Este grave proceso de tecnificación, como lo vimos anteriormente, tiene sus bases en las posibilidades científico-técnicas absolutizadas. Bajo la influencia del materialismo egocéntrico de productores y consumidores, los poderes económicos y políticos cuyo dominio se basa en el poder tecnológico han reforzado este proceso de tecnificación.

La tecnificación de la sociedad es reforzada especialmente por la influencia de una economía que a su vez responde al modelo técnico. Originalmente la economía estaba orientada no solamente a producir y cosechar, sino también a atender, cuidar y conservar los recursos naturales. Las fuentes de producción económica y el ambiente alrededor de estas fuentes no pueden ser sometidos a explotación depredadora o destruidos. Pero nuestra economía occidental se ha convertido cada vez más en una economía técnica, puramente orientada a la producción. Los medios y la forma de producción recibieron poca atención. Mientras tanto, hemos visto el enorme daño que resultó. En nuestra cultura, la tecnificación y la economización van de la mano.

Con el fin de estar siempre en primer lugar en la marcha del progreso, la renovación del control científico-técnico ha caído en una espiral ascendente que es global y que puede ser catastrófica, debido a las consecuencias de la tecnificación. Los contrastes globales se han vuelto aún más agudos. Mientras que 40% de la población mundial está desnutrida y vive en pobreza, la gente de los Estados Unidos, por ejemplo, gasta anualmente 15 mil millones de dólares en dietas para adelgazar y – aquí también aparece el deslumbrante contraste – 22 mil millones en cosméticos.

Mientras tanto, los poderes técnico-económicos pueden crecer en escala e intensidad a través de la más reciente tecnología de la información y la biotecnología y, al hacerlo así, se vuelven cada vez menos manejables. Junto con los problemas tangibles de la tecnificación y la economización, estos poderes condicionan la crisis y por tanto determinan la falta de dirección en el desarrollo cultural. El control científico-técnico sin límites tiene un efecto contrario. La Ilustración, en sus consecuencias, se ha convertido en un peligro.

Ese peligro sobresale especialmente en la tecnificación que podría presentarse como resultado de la tecnología de la información y comunicación. Trataremos ese tema en las secciones siguientes.

5.4.1 Realidad Virtual

Considerando la historia de las ideas que forma el trasfondo de nuestra cultura técnica, es obvio que las posibilidades técnicas más recientes de la tecnología de la información y comunicación refuerzan el proceso de tecnificación. Dado ese trasfondo cultural-histórico, las posibilidades técnicas más recientes, lejos de ser relativizadas son fácilmente sobreestimadas.

Un ejemplo más elocuente de la tecnificación aparece en el uso (futuro) de las posibilidades técnicas de la realidad virtual. Por medio de esa tecnología, la gente intenta imitar y entonces experimentar el mundo real. Desde hace tiempo, esta tecnología se utiliza, por ejemplo, para el entrenamiento de pilotos. Un futuro piloto aprende a volar en un "simulador de vuelo". El piloto alumno funciona en un simulador *como si realmente* estuviera volando. Conforme simulan, ellos aprenden a volar con el fin de ser capaces de hacerlo en realidad posteriormente. Un diseñador técnico también trabaja con la realidad virtual. El arquitecto puede diseñar edificios en los cuales puede meterse como si ya hubiera ejecutado su diseño. En otras palabras, por el momento puede entrar a sus propias futuras construcciones *virtualmente* – de hecho, aunque no en la realidad – y así sacar sus conclusiones. Esta tecnología ofrece grandes posibilidades para el diseño técnico. Ha sido dicho – y pienso que es técnicamente posible – que con esta tecnología podríamos conducir operaciones mineras en la luna con la ayuda de robots, los cuales podrían ser dirigidos desde la tierra como si los mismos seres humanos estuvieran controlando todo el proceso en escena.

Con la ayuda de guantes de datos, sensores de movimiento y un casco de realidad virtual (un casco con visión como pantalla de proyección), la realidad virtual puede ser extendida. De esa manera nuestros sentidos – gusto, oído, tacto – pueden ser conducidos hacia la "realidad virtual" y tener la impresión de la cosa real. El participante experimenta el espacio de la RV (realidad virtual) no sólo con la mente sino también con los sentidos. En una ocasión pude experimentar su impacto yo mismo. En el museo del espacio en Washington, D.C., una persona puede experimentar un vuelo espacial con esta tecnología como si fuera real. Es *como si* tú mismo estuvieras haciendo un viaje espacial. ¡Muy impresionante! Pero cuando el "juego" termina, tú te encuentras todavía simplemente sentado en tu propia silla.

El peligro de la tecnificación está al acecho en la RV. En lugar de controlar la tecnología, los seres humanos son fácilmente atraídos a ser controlados por la tecnología. En un sentido profundo, un ser humano se convierte en parte de una máquina o del espacio de RV: un *cyborg* – seres humanos en un entrelazamiento enkáptico con y tragados por la moderna tecnología. Como un usuario de la tecnología, una persona puede experimentar en su propio cuerpo cómo se siente estar en un mundo ilusorio. Es de hecho un mundo ilusorio, pero la persona que se aventura en él fácilmente lo experimenta como real. Ese peligro es tanto mayor porque, por un lado, una persona participa corporalmente en el espacio de la RV a través de sus sentidos; por el otro lado, por motivo de la "despersonificación" del ciberespacio, una persona es completamente separada de su mundo real de experiencia, teniendo como resultado que sus relaciones son experimentadas como "bellas", "puras" y "perfectas". La "persona" con quien uno está en contacto por medio de la tecnología de la RV es, según la naturaleza del caso, idealizada. El mundo ilusorio parece mejor que el real.

Tecnificación como perversión

Estas nuevas posibilidades técnicas, como cualquier otra posibilidad técnica (incluyendo los números telefónicos holandeses 06 de sexo, por ejemplo) se pervierten en "entretenimiento". Por medio de mundos creados a través de la computadora – ¡realidad virtual! – se ha hecho posible tener sexo interactivo. Parece como si la industria del entretenimiento estuviera aprovechando nuevas oportunidades a través de la tecnología de la RV. Un espacio se creará para toda clase de violencia y juegos sexuales perversos. La posibilidad de juegos sexuales, en consecuencia, significa dinero en el banco para los comerciantes de pornografía. Los guantes y un traje de cuerpo entero con sensores realmente hacen posible sentir las caricias de un objeto sexual virtual. Esta tecnología puede obviamente significar un escape de la realidad. El amor se reduce a un erotismo subjetivo. No hay control social; ya no hay diferenciación entre lo bueno y lo malo. Los explotadores esperan ganar con ello enormes cantidades de dinero.

La conquista de las fronteras del tiempo y el espacio

Se dice que con la tecnología de la realidad virtual, uno puede crear su propio mundo en el cual uno es completamente su propio jefe. Por medio de ello, el consumidor puede satisfacer sus necesidades de felicidad y placer a un grado casi infinito. Ya no parece haber límites determinados por el tiempo y el espacio. La gente empezará por tanto a ver y experimentar la realidad de una manera muy diferente. En los noventas, Timothy Leary dijo que la revolución de la información resultará también por tanto en una "evolución espiritual". La realidad virtual es similar a la telepatía y la alucinación. Nuevas posibilidades humanas serán desarrolladas.

Religión virtual

De acuerdo con el filósofo de Rotterdam Jos de Mul en un artículo publicado en *Trouw*, fechado el 18 de Febrero de 1995 bajo el título "Religiones Virtuales", es evidente que con la creación de las nuevas tecnologías estamos también entrando a una nueva era en la religión. De acuerdo con lo que yo llamé "tecnicismo" (capítulo 3), él escribe: "Donde un Dios omnipotente suele actuar como el director providencial, el hombre de los tiempos modernos ha tomado el mando de esta tarea con la ayuda de la ciencia y la tecnología. Visto desde esa perspectiva, no es sorprendente que en la cultura moderna la ciencia y la tecnología siempre hayan tenido un aura religiosa". Para De Mul, la RV en ese caso también implica las correspondientes religiones virtuales. No solamente una religión sino muchas. Para cada persona una religión que se adapte a su propio gusto. Para mucha gente, hay una clase de santidad en la realidad virtual, dice él, pero siempre una hecha a la medida para esa persona: una variante digital del politeísmo más temprano. Como tal, de acuerdo con De Mul, este desarrollo se vincula a la perfección con el pluralismo cultural y posmodernismo de nuestro tiempo (véase sección 6.8). Y esto, como él dice, es de agradecer. Lo viejo definitivamente será finiquitado. Lo absolutamente nuevo está naciendo. El paraíso técnico está perfeccionándose a sí mismo.

Pero tal cultura virtual es engañosa. Es una cultura sin sociedad. Nunca se sabe realmente con quién se encuentra uno en el ciberespacio. Es una cultura técnica sin experiencia, sin historia, sin espíritu y sin Dios, por consiguiente una cultura desarraigada. Precisamente en RV no puede haber mención del amor real, ya que no existe la comunicación real – solamente pseudocomunicación. Cuando tal cultura sea ofrecida como genuina, habremos realmente perdido nuestro sentido de dirección.

Por lo demás, es bueno enfatizar que no es necesario reconocer la RV como verdadera o genuina. Si no permitimos que los seres humanos se hagan componentes del sistema de la RV y si siguen trabajando responsablemente en ello y por tanto dan cuenta de la administración de la misma, se puede hacer uso positivo de ella y, como toda la tecnología, enriquecerá nuestra cultura. Sin embargo, debido a su carácter dominante, el peligro de la tecnificación y el mal uso será más grande de lo que suele ser el caso con la tecnología moderna.

5.4.2 Paradojas en el proceso de tecnificación

A la luz del trasfondo esbozado en este libro, es evidente que nuestra sociedad tecnificada está marcada por serias paradojas. Que nuestra sociedad se haya convertido rápidamente en una sociedad de la información indudablemente amplía nuestro campo de visión y mejora la comunicación, pero al mismo tiempo crea un ámbito de nuevos problemas. Puede surgir en las mentes de los usuarios mucha confusión (la gente habla de una "sobrecarga de información"). La información ha asumido formas agobiantes. A través de los diarios, radio, TV y la tecnología de la información, incluyendo, en los años recientes, la autopista digital (Internet) y RV, la gente está siendo sepultada bajo un torrente de información. Este flujo creciente de información, sin embargo, está siendo absorbido cada vez menos. De hecho, la sobrecarga de información en nuestra sociedad amenaza con terminar en desinformación y desorientación en el mundo. La verdad paradójica es que por medio de la acción humana, el "mundo técnico" se ha convertido en cada vez menos inteligible y transparente conforme la explosión de la información ha continuado. Esto es aun más grave porque el ciberespacio como tal no tiene sentido de historia y carece de experiencia.

Para mucha gente, esto no necesita ser inmediatamente peligroso. Muchos niños tienen también demasiados juguetes. Con increíble destreza, no obstante, eligen de esa gran cantidad las cosas que realmente encuentran interesantes. Eso es también lo que una gran cantidad de consumidores de la tecnología de la información hará. Este "juego" se vuelve peligroso cuando, sobre la base de una superabundancia de información, la gente que tiene el poder, los que toman las decisiones, se dejan guiar por lo que les parece interesante. En ese caso, la información obtenida se convierte en una amenaza, no sólo a los demás, sino también a sí mismos. La enorme velocidad con la que pueden obtener información nueva socava la posibilidad de obtener y mantener el control sobre dicha información. La posibilidad de reflexión y discernimiento se ve sometida a una presión aún mayor de lo que ya es el caso, al margen de esta tecnología. El resultado de este proceso será que la realidad se volverá cada vez más distorsionada o mutilada a medida que la gente se abstenga de hacer juicios conforme a principios, por no hablar de asegurarse de que la dirección del uso de la información será determinada por normas preestablecidas.

La misma situación paradójica se obtiene también con respecto a la comunicación. Por medio de los desarrollos técnicos tales como el videoteléfono, la TV interactiva, Internet, tecnologías de simulación y RV, la comunicación ha asumido nuevas formas. La revolución digital de la era de la computadora aparentemente ha abierto posibilidades ilimitadas de comunicación. Como lo establecí anteriormente, las fronteras de espacio y tiempo parecen haber sido abolidas. La gente glorifica las alegrías de la libertad en el ciberespacio. Sin embargo, como resultado de la forma técnica de la comunicación, su carácter ha cambiado. La comunicación ya no es directamente de persona a persona. Se ha convertido principalmente en *telecomunicación*. En gran medida, tal comunicación es en un sólo sentido, no interactiva. Considere la TV como un medio masivo. Este medio es dirigido a las masas y, como tal, ejerce una influencia reduccionista y allanadora sobre los consumidores. Y cuando la comunicación técnica se hace interactiva, da lugar a una fuerte reducción y fragmentación. Por un lado, la comunicación moderna es superficial y uniforme (comunicación de masas); cuando toma lugar a través de la autopista digital y la RV, es altamente diferenciada e incoherente. Sus usuarios consecuentemente viven como personas anónimas en mundos muy diferentes con marcos de referencia muy diferentes. La paradoja de la mayor comunicación técnica es que la comunicación directa se vuelve tecnificada. Cuando estas posibilidades técnicas se usan irreflexivamente y aparte de cualquier regla, digamos en la educación, pueden conducir a una soledad todavía mayor. De ahí que, como resultado, los problemas educacionales probablemente van a incrementarse en lugar de decrecer.

Pseudorealidad

Las paradojas mencionadas tienen su trasfondo en la veneración religiosa de las tecnologías modernas. A causa de la naturaleza mitológica de la Internet y la RV, la gente rápidamente es absorbida por ellas y pone a un lado su actitud crítica. El mito asegura que la realidad abstracta de estas tecnologías sea aprehendida como completamente real y, por lo tanto, sobrevalorada. La gente olvida que están tratando con una pseudo-realidad. Cuando eso se olvida, la irrealidad del medio se vuelve aun más poderosa. Entonces, la plenitud de una determinada experiencia humana se incorpora en, y es consecuentemente reducida por y aún distorsionada en, una realidad abstracta-técnica (véase sección 4.3).

En toda clase de discusiones acerca de las posibilidades técnicas más recientes, la gente pone muy poca atención a esta reducción. Son incapaces de estimar el verdadero valor de estas tecnologías. Cuando la gente se rinde a ellas, estas tecnologías dibujan una realidad que parece atractiva pero que realmente carece de significado. Las técnicas de información y comunicación irresponsables no dejan espacio para la reflexión y la discriminación. Investigaciones recientes muestran que los nuevos medios influyen en la gente joven en particular. Estos jóvenes tienen un lapso de atención corto, apenas pueden leer, quieren resultados inmediatos y se aíslan y se vuelven solitarios. Este proceso es reforzado por la simulación de violencia y sexo, y así sucesivamente. En tales simulaciones, mientras ellos adquieren la sensación de la comunicación personal en vivo, están de hecho siendo hechizados por una realidad tecnificada. En un sentido, los usuarios de la realidad virtual (RV) se convierten en sus víctimas, ¡no virtualmente sino realmente! Aquellos quienes transitan por la pseudo realidad como genuina son engañados por ella. La gente olvida que estas tecnologías en sí mismas no contienen directrices o normas para su aplicación. Estas tienen que venir de otro lado.

Capturado en la Web

Especialmente en tiempos recientes, una cantidad de publicaciones han hecho claro el lado siniestro del *ciberespacio*. Mientras que la gente podría afirmar y suponer que están usando las posibilidades brindadas en absoluta libertad, otras fuerzas – especialmente fuerzas comerciales – están activamente participando al seguir y registrar a los usuarios de estas tecnologías en su historial de navegación y en actividades de su correo electrónico. La tecnología de la información tiene la capacidad para rastrear a los usuarios de la red electrónica por medio de los "motores de búsqueda" y echar un vistazo o espiar el contenido de su correo electrónico. Nadie escapa al "ojo electrónico". Los hechos relacionados con los usuarios de la Internet alrededor del mundo son seguidos por expertos en mercadotecnia mediante robots o "agentes de clasificación". Ellos colectan información de los consumidores para subsecuentemente influir en su comportamiento. La gente literalmente se convierte en prisioneros de la Internet como una red tejida por las fuerzas culturales. Y la mayoría de los usuarios no están del todo conscientes de esta "cautividad" o matriculación. Una vigilancia totalmente controlada de los usuarios de la Internet es técnicamente posible y actualmente está siendo intentada. Claramente, la revolución de la información es al mismo tiempo una revolución de control. Supercontrol o hipercontrol de todo y todos es ahora una posibilidad.

5.4.3 Desmitificación

Como siempre en el pasado, así ahora mucha gente está intentando por medio de las tecnologías modernas de información y comunicación sujetar todo a su voluntad con la idea de resolver tanto los problemas viejos como los nuevos. Bajo la influencia de este tecnicismo, la dimensión técnica de la vida, por consiguiente la artificial, viene a dominar a los seres humanos, la naturaleza y la sociedad a través de la tecnificación. En esta supremacía de la tecnología, sin embargo, nuestra cultura tiende a ser más empobrecida que enriquecida. Sin embargo, esta es la corriente intelectual de nuestra cultura y a ella, en gran medida, le debemos la secularización a gran escala. Abandonarla no es un asunto simple. El desarrollo tecnológico como un todo es como un sistema con una gran cantidad de entrelazamientos.

Mientras continuamos participando en él, podemos liberarnos

desmitificándolo. Esto lo podemos hacer reconociendo que los problemas reales de la humanidad – como la cuestión concerniente al significado de la vida – no son resueltos por la revolución de la información electrónica. Nosotros debemos, por lo tanto, mantenernos a cierta distancia, y desde esta distancia reconocer que los aparatos nuevos, vistos como si fueran prótesis, pueden ser hechos útiles. Estos pueden ayudarnos a hacer nuestro trabajo, ahorrar tiempo y así proporcionarnos comodidades. Esta es la sabiduría que necesitamos para tratar con cada clase de aparatos modernos.

En consecuencia, la Internet y la RV, como realidades abstractas, pueden reconectarse con la plenitud de la realidad. Esa plenitud no podría estar incorporada en o ser traída a la fuerza con el "mundo" técnico abstracto, pero ese "mundo" debe ser integrado en la plenitud de la realidad. En una cultura de alta tecnología, la relevancia de tal integración demostrará ser aún más grande. Sus implicaciones son que la tecnología es de ese modo relativizada y al mismo tiempo ubicada en un marco ético más amplio que el usual (véase sección 8.7). El tecnicismo y la tecnificación entonces tienen que dar paso a la utilidad de la tecnología. Para que eso suceda, la gente debe entender que toda la realidad está sujeta a la profundidad y la amplitud de la ley de Dios, cuyo centro es el amor por él. Una orientación a esa ley es más que nunca una necesidad. Esa ley ofrece una perspectiva sobre la apertura y enriquecimiento de la cultura. Da una dirección diferente a aquella del control obstinado, de materialismo y consumismo. Una gran cantidad de trabajo habrá que hacerse para desarrollar marcos éticos para las nuevas tecnologías, marcos que estén en consonancia con la Palabra y la ley de Dios. Y debido a que estamos tratando con la poderosa influencia ejercida por aquellas tecnologías sobre la vida pública, los políticos tendrán que trabajar para la adopción de legislación que abrigue justicia pública y combata la injusticia pública.

Esta perspectiva, en la cual la creencia cristiana debería tener una presencia regulatoria, es el tema de los dos capítulos finales de este libro. Lo que hicimos en el primer capítulo en conexión con la ciencia tendremos que discutirlo en estos capítulos con referencia a la cultura en general y la tecnología en lo particular. Pero, primero deseo llamar la atención a una cantidad de corrientes filosóficas que celebran o combaten nuestra cultura técnica.

CAPÍTULO VI

Reflexión Filosófica

6.1 Introducción

Las ventajas así como las desventajas de la tecnología moderna, en combinación especialmente con el desarrollo de las ciencias naturales, llaman a la reflexión filosófica. La tensión producida en nuestra cultura por los desarrollos científico-técnicos se refleja con precisión por la lucha que existe entre las diversas corrientes filosóficas. En cierto sentido, cada una de estas corrientes filosóficas se esfuerza por lograr una reorientación en nuestra cultura. Tendremos que explorar lo que estas corrientes tienen que ofrecer en cuanto a contenido.

Lo que estas diferentes corrientes filosóficas tienen en común es que todas ellas defienden una filosofía autónoma. En otras palabras, rechazan la luz de la revelación de Dios para su filosofía. Sin embargo, ellos persiguen diferentes caminos. Por un lado, la autonomía del hombre consiste en el poder humano para afirmar el control científico-técnico; por el otro, consiste en su libertad o espiritualidad, que se ve específicamente amenazada o descartada por el poder científico. Algunas de estas corrientes filosóficas ven el avance del poder técnico como progreso cultural; otras a menudo lo consideran como un poder autónomo amenazador. Ahí, por un lado, encontramos representantes de filosofías que evalúan la tecnología moderna como predominantemente positiva; por el otro lado, están aquellos que la rechazan. Estos últimos anticipan un creciente conflicto entre la tecnología moderna con la humanidad y la naturaleza. Naturalmente, estos contramovimientos enfatizan enérgicamente la amenaza a la libertad humana y al medio ambiente natural.

En resumen, algunos filósofos consideran la tecnología moderna en combinación con la ciencia como un camino significativo para el futuro y, en ese camino, como un remedio para toda clase de males; otros, precisamente para evitar la ciencia y la tecnología, toman una visión extremadamente sombría del futuro. La cultura técnica, por un lado, es un sueño, por el otro, una pesadilla.

Mientras tanto, ciertamente hay suficientes matices mutuos o variaciones entre las dos categorías y también hay suficiente acuerdo entre los dos modos de filosofar para justificar una explicación adicional. A partir de la siguiente encuesta breve de puntos de vista filosóficos, será evidente cómo en estos puntos de vista el papel del hombre es central y qué tan fundamentalmente importante es también el punto de vista de la ciencia y su relación con la tecnología.

En este punto debo advertir contra un malentendido. Pareciera que cuando miramos a estas corrientes filosóficas cambiantes, estamos tratando con modas. Eso sólo es cierto en parte. Pero los problemas reflejados por estas corrientes sucesivas frecuentemente trascienden las fronteras de su propia perspectiva filosófica. Y ahí, en consecuencia, reside su importancia.

Pasaremos sucesivamente a la revisión de las siguientes corrientes filosóficas: el positivismo-pragmático, el marxismo, la filosofía de sistemas, el existencialismo, el neomarxismo, el punto de vista contracultural, el posmodernismo, el pensamiento de la Nueva Era y el naturalismo.

Dentro de los límites de un breve capítulo es, por supuesto, imposible hacer justicia a estos movimientos. Por lo tanto, me limitaré a esbozar las líneas principales de cada posición. Este estudio de las diferentes corrientes terminará con una discusión de la tensión entre tecnicistas y naturalistas como dos extremos. Esta tensión filosófica es una imagen en espejo, por así decirlo, de la tensión existente en la cultura técnica en sí.

6.2 El punto de vista positivista-pragmático

La visión positivista-pragmática de la tecnología moderna está muy extendida. Con frecuencia, esta posición filosófica comunica el pensamiento de los científicos naturales (positivistas) y la conducta de los ingenieros (pragmatistas). Como representantes de estas corrientes, podríamos mencionar, respectivamente, a Bertrand Russell, C. W. Rietdijk y Karl Steinbuch. Todos ellos tienen una visión muy positiva de las ciencias naturales y la tecnología moderna. Para ellos la tecnología es el motor del progreso cultural, mientras que la expansión del conocimiento científico es su combustible. Entre los científicos naturales sigue siendo en gran medida tácitamente asumido que su ciencia representa un valor objetivo que en su aplicación ofrece poder técnico sin precedentes. Los ingenieros comparten en gran medida – y de nuevo tácitamente – la suposición pragmática de que la tecnología como ciencia técnica ofrece posibilidades prácticas para la solución de numerosos problemas y que es la clave del progreso. Muchos científicos naturales así como muchos ingenieros son representantes de lo que en el capítulo 3 llamé tecnicismo. Ellos están en las garras del ideal científico-técnico del control. A fin de alcanzar ese ideal, ellos han colocado su esperanza, especialmente en los últimos años, en el desarrollo de la computadora.

En el pasado, el llamado método de diseño científico de la tecnología resultó muy significativo y exitoso en establecer el control humano sobre la materia inanimada. Por lo tanto, si la gente quiere continuar, ampliar y mejorar este avance exitoso, entonces – se piensa – debería utilizar ese método de control en áreas que no son específicamente de carácter técnico. Incluso los propios seres humanos, junto con su sociedad y su futuro, deben ser analizados y moldeados por este método. Cuando se producen trastornos en estas áreas se hace una apelación acrítica a una nueva ciencia o una ciencia existente para encontrar la solución. Estos visionarios aspiran al control científico-técnico completo de la sociedad. Este ideal debe alcanzarse con la cooperación de los poderes económicos y políticos. De ahí que lo que ellos defienden y promueven sea la tecnocracia. Todo lo que se opone a esto, lo consideran como la causa del fracaso y como algo que debe ser combatido. Esto incluye una variedad de filosofías que no están tan seguras de que la ciencia sea capaz de alcanzar el objetivo previsto – por ejemplo, el existencialismo y el posmodernismo. Pero ellos no están menos opuestos a la religión, especialmente a la religión cristiana. La religión, después de todo, en repetidas ocasiones ha relativizado o incluso se ha opuesto a la ciencia y la tecnología. Para los positivistas y pragmatistas por igual, una imagen del mundo científico-técnico cerrado es una *conditio sine qua non* para el control científico-técnico y el progreso sin precedentes (véase también la sección 3.5).

6.3 El punto de vista marxista ortodoxo

También en el marxismo ortodoxo, por ejemplo, en la obra de Georg Klaus, el desarrollo de la tecnología moderna es central. Para el marxista, el hombre es sobre todo *homo technicus*, que alcanza su verdadero destino y libertad a través del desarrollo de la tecnología y con ello también el destino de una sociedad libre.

A diferencia de los positivistas y pragmatistas, los marxistas entienden que el desarrollo de la tecnología se acompaña de muchos problemas, amenazas y peligros. Ya que el desarrollo de la tecnología está en manos de los capitalistas, los trabajadores experimentan un creciente distanciamiento y sometimiento. Al mismo tiempo, la tecnología moderna va a terminar la lucha de clases. Los marxistas creen que, dado el avance del desarrollo socioeconómico y técnico, la sombra cada vez más profunda del distanciamiento y la "falta de libertad" se borrará y, con el amanecer de un nuevo día, un reino de la libertad se abrirá paso. Entonces, ninguna persona individual o clase especial tendrá el poder de controlar las cosas; en cambio, la humanidad como una colectividad será amo y señor de las obras de sus manos.

Por lo tanto, ellos están de acuerdo con la categoría anterior en la asignación de un alto valor a la ciencia como un instrumento de control. Sobre la base de puntos de vista subyacentes de la sociedad, sin embargo, el resultado es muy diferente. Los marxistas no proceden del principio de la libertad del hombre y de un sistema de producción de libre empresa como la matriz en la que se desarrolla la tecnología, sino del principio de que la tecnología sólo puede funcionar de una manera revolucionaria y liberadora si se controla de forma centralizada y si, además, el valor práctico de los bienes producidos en lugar de su valor de cambio es central. Así, ellos proceden a partir de la idea de una tecnocracia centralizada.

Después del colapso del imperio soviético, parecía que la visión marxista de las cosas también estaba siendo dada de baja. Esto se refiere especialmente a la idea de una economía guiada centralmente como la que llegó a existir bajo la influencia de Lenin. Pero para muchas personas, los primeros análisis de Marx de la revolución industrial aún no han perdido un ápice de relevancia. Mientras que la ciencia y la tecnología son poderes alienantes, están al mismo tiempo preñados de una posible liberación. Así, de acuerdo con el marxismo ortodoxo, el ideal de control dará lugar a través de un levantamiento revolucionario al ideal de la libertad. El cómo será resuelto el problema ambiental en el proceso, sigue siendo una pregunta sin respuesta (véase también la sección 3.5).

6.4 El punto de vista del pensamiento sistémico

El tercer grupo de pensadores son los representantes del pensamiento sistémico, Ervin Laszlo entre ellos. Esta filosofía tiene aproximadamente cuarenta años. Especialmente como consecuencia de las publicaciones del Club de Roma que data de principios de los setenta, este tipo de pensamiento ha atraído una mayor parte del interés público. El Club de Roma dejó en claro que el desarrollo cultural de hoy en día, en el que la ciencia y la tecnología desempeñan un papel predominante, se enfrentará a grandes problemas y peligros. Laszlo, por ejemplo, considera que el pensamiento sistémico ofrece el único enfoque viable para el análisis (a través de modelos) de los peligros y problemas de una creciente cultura global, así como para evitar los peligros y solucionar los problemas.

El pensamiento sistémico identifica la causa de los problemas culturales del día de hoy con un enfoque científico excesivamente unilateral y superespecializado. El pensamiento sistémico aboga por una ciencia que tienda un puente sobre todas las ciencias individuales. En la actualidad, una disciplina individual generalmente ejerce una influencia reduccionista en la práctica debido a su aplicación o uso instrumental. Sin embargo, el pensamiento sistémico se orienta no a una parte de la realidad como las disciplinas individuales lo hacen, sino a la totalidad de la misma. Para estos filósofos el todo es más que la suma de sus partes; y, por ese todo, quieren decir el sistema.

Un enfoque científico integral a través del sistema también conduce a un control integral, que se hace posible por el desarrollo técnico más reciente: la tecnología de la información o tecnología informática (o de la computadora). De esto es evidente que el sistema que tienen en mente no puede equipararse con el todo *dado*, sino que debe ser visto como una construcción artificial.

La filosofía de sistemas intenta aportar una respuesta a la actual crisis cultural. Le preocupan los peligros del desarrollo técnico actual, la amenaza a la naturaleza y los muchos problemas sociales, económicos y políticos. Cree que estos problemas se producen por el dominio de una ciencia reduccionista. La filosofía de sistemas busca resolver los problemas de esta ciencia, que podríamos llamar ciencia de primer orden, con una ciencia de segundo orden, una ciencia más holística y, correlativa con ella, una tecnología de segundo orden: sistemas o tecnología informática.

El objetivo de alcanzar el control integral de la realidad – incluso a escala global – trae consigo un cambio de propósito general. Lo central de este sistema ya no es el progreso favorecido por los positivistas y pragmatistas, sino la supervivencia de nuestra cultura global. En el pensamiento sistémico, la fe en el progreso se ha convertido en la fe en la supervivencia. Debido a esa fe, el ideal científico-técnico del control se completará con las posibilidades del control de sistemas. Aunque se trata de un cambio sustancial en perspectiva, no impide a los partidarios de este punto de vista considerar a la ciencia y la tecnología recientes como su guía para un futuro significativo. En lo que a eso se refiere, podríamos decir con respecto al pensamiento sistémico que a pesar de un cambio en la orientación, todavía estamos tratando con un refuerzo de la influencia de la (más reciente) ciencia y la tecnología.

6.5 El punto de vista existencialista

El existencialismo, en mayor medida que las corrientes filosóficas que hemos discutido hasta ahora, es realmente consciente de los problemas del desarrollo técnico. Un representante importante del existencialismo es Heidegger. Él cree que el hombre se rinde a la tecnología y, al hacerlo, se aleja a sí mismo del origen de la tecnología (el Ser) y su propio ser (la libertad). La "cultura técnica" es para Heidegger la cultura del "olvido del ser" (*Seinsvergessenheit*) o "abandono por el ser" (*Seinsverlassenheit*). A medida que el hombre se rinde a la tecnología y la hace avanzar, está en realidad camino a la locura. Otros existencialistas, Jaspers y Meyer por ejemplo, experimentan e interpretan el desarrollo de la cultura técnica como una amenaza para el sujeto humano, especialmente como una amenaza a la singularidad total de la personalidad humana: la libertad y la individualidad del hombre. Ellos se vuelven contra la ciencia y la tecnología, que ven como poderes autónomos anónimos. En este sentido, es bueno recordar que no están (solamente) en contra de los excesos de la sociedad tecnocrática, sino en contra de la ciencia y la tecnología como tales, ya que para ellos el método científico operativo en la tecnología es un método opresivo de control.

Su protesta es a menudo impresionante, pero uno tiene que preguntarse si, dada su presuposición, a saber, que están tratando con un poder de origen autónomo, son capaces de abrir una perspectiva significativa en el futuro. Por necesidad, aceptan el desarrollo actual, sienten nostalgia por el pasado o buscan escapar de la cultura existente a una libertad trascendente que se eleva por encima de la ciencia y la tecnología y que, sin embargo, está bajo amenaza constante. Por medio de su filosofía tratan de elevarse por encima de las nociones científico-técnicas de control a la amplia libertad de interiorización. Esta interiorización, sin embargo, debe ser continuamente reapropiada frente a una exteriorización científico-técnica omnipresente, vigorosamente creciente y dominante.

6.6 El punto de vista neomarxista

En la obra de los revolucionarios neomarxistas, entre ellos Herbert Marcuse, nos encontramos con un amplio acuerdo con los existencialistas en su evaluación de la posición del hombre en la sociedad de hoy en día. Sin embargo, los neomarxistas no consideran el poder de la ciencia y la tecnología como autónomas. Aún así, en su pensamiento la ciencia y su relación con la tecnología no son los principales factores considerados críticamente, ya que su crítica se dirige principalmente contra la élite económica y políticamente poderosa que emplea la ciencia y la tecnología.

Inspirados por una visión alternativa del futuro – una utopía – en la que cada uno es libre y feliz, intentan de una manera revolucionaria transformar la sociedad actual en el modelo de una utopía. En una conversión permanente de la sociedad, que debe llegar a su expresión en la democratización de todas las relaciones, los seres humanos serán liberados cada vez más de las formas existentes de opresión.

El cumplimiento de sus ideas revolucionarias tiene consecuencias de gran alcance para el desarrollo de la ciencia y la tecnología y para la importancia de la ciencia y la tecnología en la economía y la política. El cumplimiento de los fines prácticos, los cuales deben tener lugar de una manera libre de dominación, (*herschaftsfrei* – Habermas) debe tener prioridad sobre la resolución de problemas prácticos. En otras palabras, la pregunta "¿para qué fin?" o la pregunta de significado debe ocupar más atención que el refuerzo de las tendencias culturales existentes. En una forma revolucionaria práctica se resisten a la ideología de la tecnocracia con el fin de dar a la autenticidad humana una posibilidad en la práctica diaria. En esa práctica habrá menos de "hombre en el trabajo" y más de "hombre en el juego." De esa manera se da lugar a la satisfacción de la vida humana, para el disfrute de la vida y la expresión de los instintos de la vida, que ahora están demasiado reprimidos (Marcuse).

6.7 El punto de vista contracultural

Los pensadores de la contracultura, por ejemplo Roszak y Reich, como los existencialistas, abogan por un retorno al y una renovación del pensamiento original. No sólo eso, sino que también quieren dar a ese pensamiento una *forma cultural*. No es, sin duda, la forma en que abogan los revolucionarios neomarxistas. Estos últimos apuntan a una revolución de la sociedad según la cual el papel de la ciencia y la tecnología también tendrá que cambiar. Los representantes de la contracultura, por el contrario, defienden una *revolución intelectual y espiritual*, una revolución interna de la conciencia humana. Sus consecuencias deben socavar la situación social y provocar el surgimiento de una nueva cultura, una contracultura. Esta cultura se caracteriza por una ciencia y una tecnología diferentes. Al igual que los pensadores sistémicos, se resisten a la ciencia reduccionista y sus ambiciosas aplicaciones. Sólo que su alternativa no es un refuerzo o expansión de la imagen del mundo científico-técnico, sino precisamente una modificación fundamental de la misma. Quieren volver a lo sacro, la conciencia visionaria que está enraizada no en la razón, sino en el *sentimiento*. Con esto comienza, para ellos, la liberación y el éxodo de la alienación total de la cultura científica técnica. Estos pensadores llaman la atención sobre las capacidades no intelectuales de la personalidad humana, capacidades que sacian su sed bebiendo de los pozos visionarios de la luz. A su regreso de la pericia y competencia científica a la sabiduría, buscan lo bueno, lo verdadero y lo bello.

Será evidente que los valores y las normas de la contracultura difieren de aquellas sobre las que la cultura occidental ha estado basada desde la revolución científica del siglo XVII. Los exponentes de la contracultura se oponen al progreso cultural. La ciencia y la tecnología deben ser "adaptadas" para hacer posible la supervivencia de nuevo. La contracultura tendrá que caracterizarse por una pequeña escala humana. Tendrá que ser diversa – también en lo que se refiere a diferentes tipos de comunidad – en lugar de ser estandarizada; más orgánica que mecánica; la sencillez y la frugalidad deben sustituir a la abundancia; el trabajo sensible y alegre tendrá que tomar el lugar del trabajo productivo y alienante.

Estas sugerencias hechas por los pensadores de la contracultura verdaderamente tienen una influencia considerable en todo tipo de movimientos de protesta en contra de la tecnología moderna a gran escala. Su concretización consistente, sin embargo, sigue siendo difícil de alcanzar. Los estilos de vida alternativos viven como parásitos de la cultura existente al mismo tiempo que son expresiones de protesta contra ella. En los estudios de Ernst Schumacher nos encontramos con la elaboración más concreta de las ideas de la contracultura. Tal vez podamos aprender de ella, más que de otros contramovimientos, cuán gravemente enferma se encuentra la cultura tecnológica.

6.8 Un punto de vista postmoderno

A veces se dice que, con el surgimiento de nuevas tecnologías, la era industrial pasa a la era postindustrial. Es interesante que también estamos observando un cambio en la filosofía: el modernismo, desde Descartes y la Ilustración, está dando paso al posmodernismo. El posmodernismo es, en cierto sentido, un ajuste de cuentas con el modernismo. Frente a las grandes nociones de progreso y la imagen o predicción del futuro de nuestra cultura con un fuerte enfoque en el desarrollo de la ciencia y la tecnología, el posmodernismo llama la atención a la humanidad en toda su diversidad, subjetividad e individualidad. De esta manera, el posmodernismo parece dar la espalda al modernismo. Sin embargo, si echamos un vistazo más de cerca al fenómeno del posmodernismo, llegamos a una conclusión sorprendente. A medida que la cultura industrial experimentó la gran influencia de la ciencia a través de la tecnología, se convirtió en una cultura estandarizada y fragmentada. Las conexiones originales de la naturaleza y la sociedad fueron desgarradas. Ese es el trasfondo de la crisis del medio ambiente y de la fragmentación de la sociedad.

Desde el punto de vista del modernismo, esto fue un desastre. El posmodernismo, sin embargo, hace una virtud de esta exigencia social y, por esa razón, se ajusta muy bien con las últimas posibilidades técnicas de la tecnología de la información y la comunicación. Ahora, todo el mundo puede utilizar la información proporcionada por los nuevos medios de comunicación para componer o construir su propio mundo. Hablemos de tecnicismo – ¡pero ahora tomado en una dirección completamente individualista! Así, los papeles fundamentalmente se han invertido. A través de grandes visiones y narrativas épicas, los modernistas promueven la tecnología moderna. Los postmodernos utilizan la tecnología, pero están (muertos) cansados de los ideales de la Ilustración. De esto se deduce que se niegan a asumir cualquier responsabilidad por el desarrollo de la nueva tecnología. Son incluso "tecnológicamente pesimistas." Sin embargo, esto no les impide hacer un uso despreocupado y, en cierto sentido, reverenciar las tecnologías al usarlas. Con ellos, la creencia en el control se ha convertido, en cierto sentido, en una creencia de "hágalo usted mismo". El hedonismo postmoderno se alimenta de las últimas posibilidades técnicas. Los postmodernos, se ha dicho, se pueden comparar mejor a los consumidores en un supermercado. A ellos no les gusta en lo más mínimo la producción de un gran número de bienes. Mientras tanto, llenan sus carritos de compras con ellos. Podría decirse que el posmodernismo da forma a la mente y a la filosofía de la sociedad postindustrial como una sociedad consumista.

En la sociedad industrial, dado que el poder estaba concentrado y localizado en un centro, se le podía combatir. Un filósofo postmoderno señala, sin embargo, que en una sociedad postindustrial que utiliza la Internet y la realidad virtual, el poder ya no ocupa un lugar simple, central, específico y controlable. Por primera vez en la historia, las concentraciones de poder y las jerarquías sociales parecen desaparecer. La cantidad abrumadora de información que se ofrece carece de coherencia, es fragmentaria y conduce a la desorientación. Mientras que anteriormente se hablaba de una tecnocracia central, ahora hay razón para hablar de una tecnocracia anarquista. Mientras que el poder técnico está presente en todas partes, ya no tiene un centro localizado. El desarrollo técnico parece estructuralmente excluir a las personas responsables. En la estructura de las últimas tecnologías, el posmodernismo encuentra así la ocasión para escapar de la responsabilidad de la tecnología, pero al mismo tiempo explota sus posibilidades sin tener en cuenta las normas o estándares. Esta nueva tecnología es inestable, adaptándose a sí misma a cada cambio. Toda la responsabilidad parece haber desaparecido, porque parece que no hay nadie que llame a la gente a la responsabilidad. En consecuencia, su significado está sujeto a cambios constantes; amenaza vaciarse a sí misma de todo significado. Todo es tecnológicamente posible y tecnológicamente permisible. Este es el llamado "optimismo" de los anarquistas tecnocráticos.

Podríamos resumir esta discusión diciendo que el hipermodernismo y el posmodernismo luchan por la prioridad. Mientras que el primero llama la atención especialmente al nexo científico-técnico en la cultura global, el último demanda atención especialmente para lo individual, lo local y lo temporal. La tecnología es honrada en la medida en que es útil en este nivel. Los modernos y postmodernos, en consecuencia, se encuentran en una relación muy tensa entre sí cuando se trata de la tecnología moderna. Esta tensión ha impregnado nuestra cultura desde hace bastante tiempo, pero ahora claramente ha alcanzado una crisis. Mientras tanto, la gravedad de la situación también se ha puesto de manifiesto. Mientras que entre los modernos todavía hay un ideal inspirador que – dados los muchos problemas de la ciencia y la tecnología – ha terminado de hecho en el fracaso, entre los postmodernos todo significado supraindividual está ausente, dejando la puerta abierta para una actitud nihilista hacia la vida. Los postmodernos amenazan con tomar un camino que es definitivamente problemático.

Hoy en día, muchas personas están más controlados por el modo de pensar del posmodernismo que por otras corrientes. Ese es también el caso cuando, al reflexionar sobre la tecnología, prefieren ocupar sus mentes con problemas a pequeña escala e ignorar los grandes problemas y tendencias en el desarrollo de la tecnología en su conjunto. Yo argumentaría a favor de no aislar los problemas de microescala de los problemas a nivel macro, ya que si las personas continúan yendo en esa dirección, van a perder la visión del desarrollo de la cultura y sus fuerzas motrices y no sabrán qué hacer con respecto a la responsabilidad de llevar a cabo ese desarrollo. Sólo cuando vemos el desarrollo cultural en su conjunto, los desarrollos y las cosas por separado adquieren para nosotros un lugar específico propio (véase sección 8.6).

6.9 El punto de vista del pensamiento de la Nueva Era

Claramente similar a los pensadores de la contracultura es la perspectiva de los pensadores de la Nueva Era. De acuerdo con estos últimos, como Marilyn Ferguson, los occidentales han perdido su experiencia de Dios – su espiritualidad – como resultado de la ciencia y la tecnología y, en consecuencia, llegan a empobrecerse espiritualmente. Por tanto, los de la Nueva Era se oponen a la ciencia y la tecnología y a una visión materialista de la vida. Llegaron a este punto de vista como resultado de la crisis ambiental. Resisten la racionalidad dominante, el "desencanto" del mundo por una ciencia "fría" y, por lo tanto, defienden la causa de la naturaleza. Se orientan hacia las religiones orientales místicas en las que se venera la naturaleza de una manera u otra. Dado que espera la salvación de una naturaleza divinizada, la Nueva Era también dedica mucha atención a la astrología.

Otra característica notable de la Nueva Era es que hace mucho de "lo femenino". A los ojos de los de la Nueva Era, una cultura científico-técnica, racional o incluso racionalista es la cultura opresora de los hombres. Ellos exigen atención para lo típicamente femenino: para el sentimiento y la intuición. Es allí que encuentran la armonía que buscan entre el sentimiento y el intelecto.

En contraste con las corrientes anteriores de pensamiento, el movimiento de la Nueva Era se centra en el mundo de fondo (*Hinterwelt*). La ciencia pone atención sólo en lo que se puede ver. El pensamiento de la Nueva Era exige atención para aquello que está escondido, oculto y mágico, por la naturaleza misteriosa de las "totalidades" y de la realidad como un enorme conjunto divino. En este holismo, todo está conectado con todo lo demás; todo es uno en "dios". Y "dios" abarca la naturaleza, las plantas, los animales, los seres humanos, el cosmos. Este "dios" no es el Dios Creador del cristianismo, sino la fuerza vinculante que une todo y al mismo tiempo la base de todo. Dios y la realidad son uno.

El movimiento de la Nueva Era, entonces, se distancia claramente de la ciencia y la tecnología y se centra en la naturaleza. Se orienta no hacia el progreso de la cultura, sino al ritmo cíclico de la naturaleza: la repetición. Por lo tanto, también creen en la reencarnación; la vida humana está atrapada en el ciclo de la naturaleza: nacer, brillar, y menguar. Este ritmo se repite tanto a un nivel superior como inferior.

Aunque se podría esperar que los de la Nueva Era también rechacen el uso práctico de la ciencia y la tecnología, esto suele demostrarse no ser así. A menudo combinan sus puntos de vista discrepantes con el desarrollo técnico-económico existente. Por lo tanto, por un lado, espiritual e intelectualmente rechazan la cultura actual; por el otro, la avalan materialmente. De ahí también el fenómeno de la comercialización de este movimiento. En cierto sentido, abogan en la práctica por una síntesis entre el materialismo y el espiritualismo. ¿Es esa quizás también la razón por la que las religiones orientales no se reconocen en la expresión occidental del pensamiento de la Nueva Era?

6.10 Un punto de vista naturalista

No encontramos una síntesis como en la Nueva Era entre los naturalistas. Ellos buscan centrarse consistentemente en la naturaleza en su existencia cotidiana. En su veneración de la naturaleza, ellos van más lejos que todos los demás movimientos. Mientras que los teóricos de la contracultura todavía tienen una visión cultural (la contracultura), los naturalistas rechazan cualquier cultura científico-técnica en favor de (lo que uno podría llamar) la naturaleza como cultura. Un representante de esta *ecología profunda* es el filósofo noruego Arne Naess. Para él, todo gira en torno a la naturaleza. En el caso de los naturalistas, uno encuentra, en un sentido, un renacimiento del animismo precristiano. La naturaleza es vista como controlada por los dioses a quienes no debemos provocar o antagonizar. Si lo hiciéramos, bueno, pues nos veríamos azotados por plagas. Es lógico que, en este sentido, señalen a la dislocación de la naturaleza de una manera que amenaza a la humanidad y a la contaminación ambiental.

James Lovelock y Lynn Margulis son representantes de una determinada ala en el movimiento naturalista. Ellos ven y aceptan la tierra como un todo orgánico viviente. La tierra pertenece a la diosa *Gaia*. Gaia está involucrada en la tierra o encarnada en ella como un mesías. Ella curará todos los trastornos y dislocaciones en la tierra, siempre y cuando la humanidad se considere enteramente a sí misma como parte de la naturaleza. Nadie debe perseguir la cultura. Frente a la búsqueda de un paraíso tecnológico, estos pensadores naturalistas demandan un retorno del *paraíso original*. Para lograr esto, están a veces dispuestos a recurrir incluso a la violencia. Un grupo militante entre los naturalistas es el movimiento de la *Earth-First* (Primero la Tierra). Nos llama a destruir la tecnología moderna e involucrarnos en acciones para recalcar esta demanda. Se quiere, en realidad, volver a la Madre Naturaleza. Mientras tanto, olvida lo amenazante que es la naturaleza misma y que, para protegernos de ella, necesitamos desesperadamente defensas tecnológicas.

6.11 Tensión Cultural entre el tecnicismo y el naturalismo

Si ahora elaboramos un balance general de las tendencias favorecidas por estas corrientes filosóficas modernas, encontramos que se pueden dividir en dos campos. Está claro que los existencialistas y las corrientes discutidas después de ellos se oponen a los movimientos en los que el ideal científico-técnico del control es central. En el espectro de variaciones de pensamiento acerca de nuestra cultura tecnológica, podemos discernir claramente dos extremos, así como las opciones entre estos extremos. En un extremo tenemos a los tecnicistas que sistemáticamente buscan y ponen en práctica en todas partes el ideal científico-técnico de control; en el otro extremo del espectro, nos encontramos con los naturalistas que condenan e incluso destruyen toda ciencia y tecnología. Un sueño y una pesadilla se oponen entre sí.

Mientras tanto, el lector habrá comprendido que tengo serias objeciones al ideal científico-técnico de control, es decir, al tecnicismo. Debería ser igualmente claro que si uno considera la tecnología como un regalo y un mandato, uno no puede respaldar de ninguna manera cualquier tipo de naturalismo. No se puede negar, entretanto, que las diversas contracorrientes han planteado cuestiones que merecen atención. Los existencialistas nos han demostrado con razón que la libertad del hombre se ve amenazada en una sociedad tecnológica, donde los seres humanos mismos son degradados a objetos manipulables. Los neomarxistas tienen la misma razón cuando llaman la atención sobre la influencia reforzadora de las fuerzas económicas y políticas en nuestra cultura en el desarrollo de la ciencia y la tecnología. Los pensadores de la contracultura acertadamente llaman la atención sobre la necesidad de tecnologías menos destructivos de la naturaleza y menos propensas a contaminar el medio ambiente. Los de la Nueva Era, que se oponen al materialismo, aspiran a una visión más espiritual de la vida y los naturalistas, finalmente, enfatizan especialmente la importancia de la naturaleza.

Sin embargo, por mucho que estas contracorrientes sean apreciadas por lo que objetan, ninguna de ellas ofrece una perspectiva responsable para nuestra cultura. La absolutización de la ciencia y la tecnología se encuentra en oposición a la absolutización de la libertad, la espiritualidad y la naturaleza. Nuestra cultura está dominada y desgarrada por esa tensión polarizante.

6.12 Atrapado en la autonomía

Herman Dooyeweerd ha afirmado que la tensión en la cultura occidental es entre el ideal de la libertad y el ideal de la ciencia. Basándose en la pretensión de autonomía o libertad absoluta – el ideal de libertad

— el hombre occidental se ha apoderado de la ciencia para establecer esa libertad – el ideal de la ciencia. Este ideal de ciencia se alió con las ciencias naturales determinantes y posteriormente amenazó el ideal de libertad que luego se volvió contra la ciencia. Así, estos dos ideales resultan inseparablemente interconectados. Los dos ideales se fundan en la misma posición: la de la autonomía del hombre, el hombre sin Dios. Lo cierto es que ambos, además, aceptan un mundo cerrado y consideran la historia como un asunto puramente humano.

Mientras que Dooyeweerd habla de la tensión o conflicto en la cultura occidental como un conflicto entre los dos polos del ideal de la libertad y el ideal de la ciencia, yo preferiría nombrar esta tensión para referirme a algo más amplio en su alcance. La tensión no es sólo entre la ciencia y el hombre, sino entre el ideal científico-técnico de control y el todo de la realidad. No es sólo el hombre en su libertad sino también la naturaleza misma la que está amenazada. El ideal de libertad evoca el ideal científico-técnico de control, que en sus efectos amenaza tanto al ideal de libertad como a la naturaleza. ¿No sería mejor, entonces, llamar a la defensa de la libertad y la naturaleza el ideal de la naturaleza? Después de todo, la tensión, el conflicto y – para decirlo más filosóficamente – la dialéctica entre el ideal científico-técnico de control y el ideal de la naturaleza, entre el tecnicismo y el naturalismo, moldea las líneas del frente en nuestra cultura.

La razón por la que el tecnicismo en la forma del ideal científico-técnico de control gana consistentemente la batalla con el ideal de la naturaleza es que el primero aprovecha los poderes objetivos de la cultura a medida que se manifiestan en nuevas posibilidades científicas y técnicas, tales como la teoría de sistemas, la ciencia de la información, la tecnología informática y las tecnologías de manipulación genética. Además, los consumidores masivos aplauden consistentemente esta corriente principal porque creen en, y esperan, aún más bendiciones de la ciencia y la tecnología.

Es necesario subrayar una vez más que el conflicto entre el tecnicismo y el naturalismo se está volviendo cada vez más desastroso. La tecnología moderna y la explotación de sus posibilidades están experimentando un extraordinario crecimiento y asumiendo un carácter despótico. Como resultado del control científico-técnico de todo el mundo, no sólo se reduce la libertad humana, sino que las fuentes de materias primas amenazan con agotarse, la naturaleza amenaza con ser devastada, el medio ambiente contaminado y la sociedad humana dividida entre "los que tienen" y "los que no tienen". En otras palabras, el "paraíso tecnológico" es una casa que se divide contra sí misma y que no podrá mantenerse a largo plazo.

Debido a que los naturalistas responsabilizan a la ciencia y la tecnología, es importante enfatizar que esta es una mala interpretación de la crisis en nuestra cultura. Debemos buscar la raíz de ella en el hombre. El hombre occidental ha aceptado cada vez más este mundo y la humanidad misma como el alfa y el omega dados. Aparte de esta realidad – el mundo y la humanidad – no hay nada. El significado de la historia y de la humanidad se hace inmanente, sólo se encuentra en el mundo de la ciencia, la tecnología, la libertad o la naturaleza. Ya que en nuestra cultura la apertura hacia Dios ha sido cerrada, los seres humanos – en todas sus variaciones – están consignados a una realidad "mundana" (*diesseitige*). Mientras tanto, la mente de Occidente padece del hecho de que a través de la revelación divina ha adquirido conocimiento de la perfección y la consumación. Donde ya no acepta estas cosas como dones del amor divino, debe conducirse arrogantemente y producir perfección y consumación por sí misma. El hombre occidental, que cada vez más se separa y aleja de Dios, seculariza las promesas de Dios y trata de realizarlas él mismo. El hombre occidental piensa que puede hacer esto con la ciencia y la tecnología. Él cree en ellas; pone su confianza religiosa en el progreso de la ciencia y la tecnología o cree en ellos como su única posibilidad de supervivencia. De este modo, se entrega a un desarrollo científico-técnico irresponsable e injustificado (véase sección 3.5). ¿Es tal vez el caso que los problemas y amenazas modernas a gran escala, que se derivan de la tecnología moderna a gran escala, deben su origen a las pretensiones a gran escala del hombre? ¿Es por esa razón que el hombre occidental, quien ha querido ser cada vez más su propia medida, se ve confrontado con problemas que exceden la medida del hombre?

Si ahora elaboramos un balance, debemos observar que no se puede esperar ninguna renovación cultural de los movimientos que hemos discutido anteriormente. No solamente no hay unanimidad, sino que estas posiciones representan una división desesperada entre ellas mismas. Mientras tanto, la pregunta se hace cada vez más urgente: ¿puede la fe cristiana, la vida y cosmovisión cristiana, señalar una dirección cultural alternativa responsable? El punto de vista cristiano rechaza la supuesta *autonomía* del hombre y confiesa la *teonomía*, ¿no es así? Y, ¿no ofrece esto una perspectiva liberadora? Esa pregunta se vuelve especialmente urgente, ya que casi todas las corrientes filosóficas discutidas anteriormente consideran al cristianismo en particular como responsable de los problemas de nuestra cultura tecnológica. Por lo tanto, con esa importante acusación en mente, pasaremos al siguiente capítulo.

CAPÍTULO VII

REORIENTACIÓN EN NUESTRA CULTURA

7.1 Introducción

Ahora que estamos justo en medio del desarrollo de la tecnología moderna, conocemos no solamente las ventajas que ha producido para la humanidad y sociedad sino también las desventajas que lo acompañan. La tecnología moderna es claramente ambivalente en su carácter.

Durante mucho tiempo, las ventajas de la tecnología moderna llevaron a una actitud carente de sentido crítico hacia ella. La gente hablaba del "triunfo de la tecnología", de la "era de la tecnología" o incluso de los "milagros de la tecnología". Muchos esperaban la solución de los problemas de la humanidad a partir de la combinación de la ciencia y la tecnología. Tenían en mente una esperanza de vida mucho más larga, la conquista de la mayoría de las enfermedades y defectos hereditarios, la mejora de la memoria e inteligencia mediante una simbiosis con la computadora, la automatización de la mayoría de las actividades, crecimiento en el nivel de vida, la producción artificial de las plantas deseadas, de organismos vivos y animales y así sucesivamente.

En los capítulos previos, apuntamos que mucho de esto ha sido ahora ya desarrollado. La tecnología apuntala el nivel actual del bienestar material, sin precedente en la historia de la humanidad. Por otra parte, el tiempo libre se incrementa como resultado de que muchas personas están ahora en condiciones de emanciparse y desarrollarse de muchas maneras más que en el pasado.

La tecnología moderna ha puesto su sello sobre la cultura y funciona al mismo tiempo como el fundamento de una tremenda integración de la humanidad. Ahora somos testigos del surgimiento de una cultura integral del mundo tecnológico.

Sin embargo, el otro lado de la moneda de este desarrollo se está haciendo cada vez más evidente en los problemas, tensiones y amenazas que dicho desarrollo ha engendrado. La historia de la humanidad es ahora extraordinariamente dinámica y los seres humanos son más poderosos que nunca. Como resultado de este poder científico-técnico creciente, que afecta la historia de la humanidad en los niveles más profundos y le da un carácter inestable, uno tiene que preguntarse si con el presente desarrollo nosotros estamos en el camino correcto. Las personas algunas veces hablan incluso de una crisis en relación con estos problemas. Como vimos especialmente en el último capítulo, no hay consenso con respecto a la solución a los problemas, que mientras tanto se están haciendo cada vez más graves.

Antes de proceder a discutir la cuestión de una reorientación en la cultura desde la perspectiva de un punto de vista filosófico cristiano, debemos considerar si el cristianismo es al menos parcialmente culpable de los problemas culturales actuales. Tal acusación se escucha muy a menudo. Después de echar una mirada seria a tal crítica, preguntaremos, nuevamente a la luz de una perspectiva filosófica cristiana, por qué motivos y sobre la base de qué idea es posible una nueva perspectiva cultural y a qué se parecería.

En los capítulos 3 y 4 vimos qué tan intensamente religiosas en su naturaleza son las raíces de nuestra cultura tecnológica y sus problemas – aunque no son siempre descritos explícitamente así. Por tanto, de la misma manera, la cura tendrá que ser religiosa. En lugar de que todo esté orientado al hombre, nuestra cultura tendrá que estar orientada a Dios. Al decir eso, no pretendo proporcionar un plan para el futuro, sino más bien una profundización de nuestro conocimiento con miras al fortalecimiento de nuestra responsabilidad para futuros desarrollos.

7.2 ¿Es culpable el cristianismo?

Al hablar de un modelo para la historia, nosotros decimos que la concepción precristiana de la historia se puede representar por medio de un círculo. La gente estaba orientada al ritmo de la naturaleza, al ciclo de la noche y el día, al paso de las estaciones. El punto de vista cíclico de la historia es el de crecer, brillar y declinar. No hay un enfoque hacia el futuro.

Desde el surgimiento del cristianismo, se habla de una concepción lineal de la historia. La historia tiene un inicio (la Creación) y un fin: la consumación o cumplimiento de todo en el reino de Dios. Sin embargo, la idea cristiana de la historia no se puede simplemente explicar de acuerdo al modelo de una línea recta. La verdad es que el inicio y el final y todo lo que caiga en medio son dependientes de Dios y deben ser dirigidos hacia Dios. En un sentido, entonces, Dios se relaciona con la historia verticalmente; tal vez mejor: la historia, aunque lineal, tiene una orientación y referencia hacia Dios, quien trasciende la historia.

Conforme la concepción cristiana de la historia se abre paso, la cuestión del desarrollo de la cultura también atrae la atención en el Occidente. En la dimensión horizontal de la historia, las actividades humanas en la cultura deberían responder a la dirección que Dios les ha indicado y así al significado de todas las cosas. Esta direccionalidad trascendental del desarrollo cultural en el servicio de Dios y en la búsqueda de un llamamiento divino traduce la actividad cultural a la religión en un sentido profundo. Hablamos de un concepción secularizada o inmanente de la historia donde esta direccionalidad y significado ya no están presentes. Eso significa que las promesas del evangelio se traducen en cambio en las perspectivas del progreso. La fe en el progreso se convierte en el motor del desarrollo cultural. Y desde el Renacimiento y especialmente desde la Ilustración, esa fe ha venido a sellar el desarrollo de la ciencia y la tecnología. Como seres humanos autónomos y maduros, la gente es llamada a usar su intelecto, su ciencia y su tecnología para resolver todos los problemas culturales y lograr el progreso material de la cultura. El componente unificador en el progreso es el patrón de todos los avances científicos y mejoras técnicas.

Sin embargo, el progreso como un concepto general es ajeno a la religión cristiana. En la fe cristiana, la gente sabe del pecado y el mal que plagan la historia. La salvación en Cristo es salvación del pecado y el mal. Esa salvación resultará ser final y definitiva en la revelación del reino de Dios. Esto quiere decir que la perspectiva de ese reino, aunque es muy significativa para la historia, al mismo tiempo la trasciende porque los poderes del mal todavía demuestran consistentemente su influencia y en ocasiones pueden incluso asumir formas demoníacas (véase sección 7.4).

Pero, ¿qué vamos a decir entonces acerca de las viejas acusaciones de que el cristianismo es la causa de los muchos descarrilamientos en la tecnología y especialmente de la crisis ambiental? De acuerdo con el historiador Lynn White, los problemas de la tecnología moderna se esconden en lo que él llama el concepto judeocristiano del hombre como superior a la naturaleza. Esta noción de la superioridad del hombre ha fomentado una situación en la que todo ha sido subordinado a los deseos y anhelos humanos. En este punto de vista, sostenido especialmente por los calvinistas, ya no hay más lugar para la santidad de la naturaleza. No, la naturaleza es desacralizada y profanada. La naturaleza ya no es vista como divina. Alguna vez, en los mundos medieval y griego, la naturaleza fue aceptada como divina y especialmente como un todo orgánico inviolable. Sin embargo, como resultado de la Reforma, de acuerdo con White, el punto de vista judío de la naturaleza fue generalmente aceptado y la naturaleza desacralizada. Y allí radica el origen de nuestros problemas. Cuando la naturaleza se convierte en un mero objeto de control para el hombre, los límites son destruidos, los obstáculos a la explotación de la naturaleza son removidos y un desarrollo tecnológico descomunal comienza. Ya no hay ninguna modestia y prudencia en el trato con la naturaleza y el moldeo de la misma a través de la tecnología. Cualquier cosa en la naturaleza que no sea técnicamente controlable es excluida.

Obviamente, Lynn White se ha unido a los naturalistas en su idea de la naturaleza. El ideal de la naturaleza es el punto de partida de su crítica de la idea del control técnico. En los capítulos precedentes, me he referido repetidamente al Renacimiento, Descartes, el padre de la filosofía moderna y a la Ilustración como las fuentes de ese ideal; además, ese ideal es también la causa de los muchos problemas. Es el espíritu de un poder superior, del deseo de conquista, del deseo por la perfección tecnológica, el eros técnico lo que anima el ideal del control técnico. Acusaciones y contra acusaciones se oponen unas a otras aquí.

Desarrollo histórico

Sin embargo, el mismo desarrollo histórico ha sido aún más complicado. R. Hooykaas ha señalado acertadamente que la Reforma fue de gran importancia para el desarrollo de las ciencias naturales. Un efecto de la creencia en la creación fue permitir a las personas emprender la investigación científica de la creación. Sin embargo, la creencia en la creación implica el reconocimiento de que un orden divino trasciende la creación. Sin duda, la Reforma legitimó a la ciencia, pero la ciencia no debía ser sobrestimada y ciertamente no debía ser vista como la solución de todos los problemas. Precisamente en virtud de su reconocimiento de que la realidad es una creación divina y que la humanidad se ha alejado de su Creador, la Reforma entendió que no todos los problemas pueden reducirse a enigmas científicos. En un sentido *histórico*, Hooykaas está en lo correcto: la Reforma significó mucho para el desarrollo de las ciencias naturales. Pero – por lo menos así es como me gustaría construir mi defensa contra la acusación de que el cristianismo tiene la culpa – dada la dinámica espiritual del tecnicismo, yo diría que Hooykaas está equivocado en un sentido *filosófico*. Porque fueron el espíritu del Renacimiento y del humanismo más tarde los que con el tiempo llegaron a dominar el desarrollo de la filosofía, la ciencia y la tecnología.

Desde el tiempo de la Ilustración, el espíritu del ideal de control científico-técnico se ha abierto paso en la práctica diaria. Con el auge de la Revolución Industrial, nosotros incluso testificamos el comienzo de la completa secularización de la cultura occidental. La escatología cristiana, a saber, la enseñanza de que al final del tiempo Dios establecerá su reino, fue completamente secularizada en la esperanza de salvación a través de la tecnología. Cada vez más, la línea principal del desarrollo de la cultura mundial muestra que la gente está convencida de que, con la ciencia y la tecnología, se puede crear un mundo nuevo. A la vista de sus resultados asombrosos, muchos consumidores dan la bienvenida a este desarrollo de manera acrítica y al hacerlo secularizan también su propio patrón cultural.

Los cristianos son parcialmente culpables

En la medida en que los cristianos han apoyado, fortalecido, e incluso fomentado este espíritu, tenemos que hablar de un cristianismo *secularizado*. Esto es evidente cuando la gente dice que la secularización es una consecuencia *necesaria* del cristianismo. Pero lo mismo se aplica a formas menos pronunciadas. Algunos dicen, por ejemplo, que el chiliasmo[1] (la expectativa de un reino milenario de paz dentro de la historia) redujo considerablemente la resistencia en la Iglesia Ortodoxa Rusa a las doctrinas de redención secularizadas de Marx y Lenin. Sin embargo, existen también tendencias claramente discernibles de adaptación al espíritu del tecnicismo en la tradición del cristianismo occidental. Incluso los cristianos han defendido el tan llamado ateísmo metodológico (que actúa como si Dios no existiera) en la práctica de la ciencia. No es casual que las universidades originalmente cristianas en los Países Bajos se han convertido en bastiones del humanismo.

En la práctica diaria, por otra parte, con una apelación al mandato cultural de Génesis 1:28 y Génesis 2:15 ("Llenad la tierra y sometedla"), los cristianos han acomodado todo muy fácilmente a la tendencia dominante. Las personas se han conducido a sí mismas como "amos y señores" de la naturaleza y, en el proceso, perdieron cada vez más de vista el valor adecuado y significado del lado de la naturaleza de la creación. Más de un erudito, consecuentemente, ha señalado acertadamente lo extraño que resulta que en la teología cristiana no se pueda encontrar prácticamente ninguna reflexión sobre el significado dado por Dios a la naturaleza, a las plantas y al reino animal. Este déficit en todo caso, explica que la naturaleza como creación no ha recibido la atención que merece.

Durante mucho tiempo, este desarrollo tecnológico en general fue recibido casi sin crítica en la tradición reformada holandesa también. Esto fue cierto incluso para Abraham Kuyper, fundador de la Universidad Libre en Amsterdam (1880) y campeón de la política cristiana al final del siglo XIX y comienzos del siglo XX. Aunque en su crítica arquitectónica de la sociedad en su conjunto era evidente que procedía desde la perspectiva de la eternidad en la cultura y por lo tanto del reino de Dios, apenas se advirtió en contra de la sobrevaloración o la exorbitante expectativa de la tecnología. Por supuesto, esto es algo entendible. La tecnología moderna estaba aún en su infancia. Y, ¿quién negaría que era una gran promesa para la abolición de la pobreza, el hambre y las enfermedades y además, que ofrecía la posibilidad de una cultura intelectualmente más rica? Y, ¿no son todos estos signos del reino de Dios? Kuyper reconoció acertadamente que sí necesitamos estas tecnologías y, como hijo de su tiempo, vio muchas posibilidades de progreso a través de la tecnología. Afirma que en "un tratamiento deliberado [científicamente informado,

---

1 Milenarismo.

técnicamente metódico] de la naturaleza se encuentra un avance general que otorga a la humanidad un poder mucho mayor sobre la naturaleza" (Kuyper 2016, 158). Él habla acerca de establecer "dominio sobre" la naturaleza (159) y de nuestras habilidades "relacionadas con la sujeción de la naturaleza" (164), pero no considera las (posibles) consecuencias adversas de esos esfuerzos.

Kuyper olvidó la advertencia bíblica de que, con su tecnología, el hombre puede buscar rivalizar con Dios, hacerse un nombre para sí mismo sobre la tierra y buscar así construir una cultura sin Dios, una cultura "a la torre de Babel". Es precisamente la evaluación de la tecnología exclusivamente elogiosa de Kuyper lo que ha cegado a algunos de sus descendientes espirituales. Llama la atención, por ejemplo, que en las conmemoraciones de Kuyper tanto en América del Norte como en los Países Bajos (1998), no se prestó atención a sus altas expectativas con respecto a la tecnología. La gente lo criticó sobre una variedad de puntos – sus tendencias racistas, por ejemplo, y con razón – pero en cuanto a la ideología de la tecnología – la misma ideología que está en el centro del pragmatismo – se quedaron a salvo fuera del campo de visión. Por tanto uno teme que pasará mucho tiempo antes de que la ideología moderna se someta a un análisis crítico real en los círculos cristianos Reformados. Aunque los elogios de la tecnología ya no son incondicionales hoy en día, la crítica del desarrollo tecnológico prevalente no es generalmente muy profunda. Articular esa crítica desde la perspectiva de la eternidad del reino es una necesidad amarga. Es necesario entender que los avances tecnológicos contemporáneos en alianza con la economía fomentan el materialismo, ponen en peligro la espiritualidad cristiana y convierten la vida, incluyendo la vida cultural, en miope y superficial. Consecuentemente, hay poca sensibilidad acerca de las amenazas reales.

7.3 El mandato de la creación

Debería quedar claro que, en la medida en que los cristianos, con una apelación al mandato cultural, han caído bajo la influencia del ideal científico-técnico del control, se vuelven cómplices de este. Para llevar a cabo su tarea cultural, después de todo, su meta debería ser servir a Dios, porque toda la realidad es suya y señala su sabiduría y omnipotencia. Por otra parte, la conciencia del pecado y sus efectos corrosivos en la cultura deben recordar a los cristianos "no amar el mundo..." (1 Juan 2:15–17). El desarrollo de la cultura en la comprensión de que somos "ciudadanos de un reino en los cielos" (Filipenses 3:20) indica que hay otra orientación cultural diferente al ideal científico-técnico del control.

La Biblia en numerosos lugares establece con perfecta claridad que es precisamente el desarrollo tecnológico lo que puede alejar a la gente de Dios. Eso es lo que la Biblia enseña acerca de Caín, los descendientes de

Lamec, la construcción de la torre de Babel, Nabucodonosor – y, en el último libro de la Biblia, la profecía concerniente al surgimiento de Babilonia es un ejemplo patente de ello. Esta luz de la Escritura es también la *prueba* de la evaluación adecuada de lo que he escrito hasta ahora acerca del tecnicismo y el ideal científico-técnico del control.

Para evitar la unilateralidad existente en la comprensión del mandato cultural, sería bueno para nosotros ver ese mandato más a la luz de algunos otros pasajes bíblicos. Considere, por ejemplo, la oración del rey Salomón pidiendo sabiduría (1 Reyes 3) y cómo él vivió a la luz de esa sabiduría: "También disertó sobre los árboles, desde el cedro del Líbano hasta el hisopo que nace en la pared. Asimismo disertó sobre los animales, sobre las aves, sobre los reptiles y sobre los peces" (1 Reyes 4:33). El Salmo 148 también canta de la creación en un tono diferente al de nuestra conversación acerca del mandato cultural, exclusivamente conectada con el pensamiento en cuanto a cuestiones técnicas: "Alabad al Señor, cielos y tierra." Y de Abraham, el padre de todos los creyentes – y, ¿no deberían los creyentes de nuestros días seguirlo? – se dice que él "esperaba la ciudad que tiene fundamentos, cuyo arquitecto y constructor es Dios" (Hebreos 11:10). Ese espíritu no es el que usualmente viene a la mente en conexión con el actual discurso acerca del mandato cultural como lo conocemos. También el rechazo de Jesús, en su papel como el segundo Adán (Mateo 4:8-10), en la tentación para subordinar todos los reinos de la tierra al servicio de Satanás arroja una diferente luz sobre el mandato cultural, que aquella en la cual usualmente lo vemos: "explotarlo por todo lo que vale." Y, ¿no es acaso este Jesús "el autor y consumador de la fe" (Hebreos 12:2) quien cargó con la cruz y de este modo consumó el significado de la cultura (véase sección 7.4)? ¿Y qué significa para los cristianos "tomar la cruz" en el mundo de la cultura como seguidores de este autor y consumador de la fe? ¿Significa esto buscar la justicia del reino de Dios? Y, ¿no debería ser eso la caracterización propia del mandato cultural?

Cuestiones históricas

Dada la prevalente interpretación del mandato cultural, deberíamos dedicar más atención a las cuestiones históricas. Por ejemplo, ¿por qué el pueblo judío no ha traducido lo que es tan frecuentemente interpretado el día de hoy como el mandato cultural del Génesis principalmente en términos de desarrollo tecnológico? ¿Qué la Biblia no nos enseña que el pueblo judío fue de hecho dependiente de la tecnología de las naciones circundantes incluso en la construcción del templo? ¿Y no debería decirnos mucho el hecho de que – como varios historiados lo han señalado – la tecnología occidental estampada por la ciencia no es fundamentalmente de origen cristiano, sino que se deriva de la cultura egipcia y babilónica y como tal ha estado sujeta desde tiempos antiguos a la influencia de la arrogancia humana más que al ideal del servicio? ¿Puede realmente decirse de los cristianos occidentales, en su comprensión del mandato cultural, que han permanecido sin afectación alguna de parte de los ideales (ultimadamente "no cristianizables") de la Ilustración, los cuales fundamentados como lo fueron en la autonomía del hombre, tuvieron su efecto sobre todo en el poder científico-técnico del control?

Ninguna de estas preguntas se presta a una respuesta simple. Sin embargo, sugieren algo que me gustaría afirmar de todo corazón como mi propio punto de vista y que yo creo está también confirmado en el Nuevo Testamento cuando habla de la posición de los seguidores de Cristo en el mundo. Esto no puede sino golpearnos allí donde el Nuevo Testamento, que de ninguna manera menosprecia esta tierra y nuestras obras en ella – incluyendo aquellas de la tecnología (Apocalipsis 21:24; 1 Timoteo 4:4,5) – dirige nuestra atención espiritual primariamente hacia la justicia del reino de Dios que ha venido y viene en Cristo. Tenemos que llevar nuestra cruz en la cultura, renunciando a las "obras de la carne": "Buscad las cosas de arriba" (Colosenses 3:1); "Porque donde está vuestro tesoro, allí estará también vuestro corazón" (Lucas 12:34); "Porque ¿qué aprovechará al hombre si ganare todo el mundo [que es precisamente el contenido del ideal del control al cual me opongo], y perdiere su alma?" (Marcos 8:36); "No os hagáis tesoros en la tierra…" (Mateo 6:19); "No os conforméis a este siglo" (Romanos 12:2); "porque no tenemos aquí ciudad permanente, sino que buscamos la por venir" (Hebreos 13:14).

Para concluir esta sección, no debemos descartar completamente el peligro de que en nuestra crítica de la interpretación incorrecta del mandato cultural nos columpiemos al extremo opuesto, al ideal natural, y entonces hablar de un "mandato de la naturaleza". Sería mejor, en mi opinión, tener continuamente en mente en nuestro cumplimiento del mandato, la relación con el Creador y el vínculo entre el hombre y la naturaleza, y por tanto hablar de un *mandato de la creación*.

La relación con nuestro Creador es central en el mandato de la creación. En las Escrituras, este mandato está claramente ligado con el *sabbat*[2] como el séptimo día de la creación. En la enseñanza de las Escrituras, el sabbat es tanto el punto de inicio como la meta. En otras palabras, nosotros vivimos dentro de la perspectiva del día de reposo: el primer día de la vida del hombre sobre la tierra es el sabbat. El hombre comienza con reposo, no sobre la base de su propio trabajo sino en la obra creadora de Dios. Ese comienzo también indica el camino que los seres humanos continuamente han de seguir: No hay necesidad de que se involucren en una competitividad feroz y se conviertan en explotadores. Esto es lo que nuestro sabbat semanal tiene la intención de prevenir. Cuando a pesar de esto, como resultado de nuestros deseos pecaminosos

---

2 Día de reposo.

y el impulso de dominar, ocurre un descarrilamiento, Levítico 25 nos recuerda – en la institución del año sabbat y del año del jubileo – del auténtico significado de la cultura. El año sabbat – un año cada siete – destaca el hecho de que no solamente el hombre sino la creación entera necesita tiempo para recuperarse. El año de jubileo, después de siete veces siete años, está destinado a corregir las distorsiones en las relaciones de propiedad que se han producido en la sociedad. Debemos conocer del reposo de Dios como el fundamento de la cultura y de las relaciones interhumanas justas previstas por Dios para enfocar nuestra actividad cultural en Dios, nuestro prójimo y la naturaleza. Nuestra actividad cultural debe ser en el fondo religión: al "labrar la tierra y guardarla", Dios debe ser honrado y su creación revelada.

7.4 Liberados de los poderes esclavizantes

Antes de discutir el significado del mandato de la creación para el desarrollo cultural, me gustaría llamar especialmente la atención, a la luz que la Biblia arroja, sobre los poderes que pueden dominar a la gente. Uno de tales poderes, como lo hemos visto repetidamente en este libro, es el poder del tecnicismo científico. En muchos estudios acerca de nuestra cultura existe mención incluso de *la autonomía de la tecnología* (véanse secciones 5.3 y 3.4). Aunque ese poder es una fantasía, lo conocemos como *una fantasía activa*.

¿La Biblia arroja alguna luz sobre este asunto? La Palabra de Dios habla en varios lugares (por ejemplo, Colosenses 1:13–20 y Efesios 6:10–18, pero también en otros lugares) acerca de poderes impersonales que prometen salvación pero que en realidad mantienen a la gente cautiva e incluso la tiranizan. Por otro lado, la gente se orienta a sí misma a estos poderes y se permite ser seducida por ellos. Incluso se convierten en esclavos de ellos y así los refuerzan.

"Los poderes ya no unen al hombre y a Dios; sino que los separan. Se erigen como un obstáculo entre el Creador y Su creación," afirma H. Berkhof en su casi olvidado libro *Cristo y los Poderes* (Scottdale, Pennsylvania: Herald Press, 1962, 23). Como pseudo-mesías, los poderes sugieren que el hombre ha encontrado el significado de la existencia en ellos, mientras que en realidad tales poderes alienan al hombre del verdadero significado que es la orientación hacia Dios. Los poderes forman por así decirlo el cemento del marco de nuestra vida y cultura. Aglutinan la vida y le dan dirección. Evocan visiones de bendición, pero de hecho están cargados de maldición.

Los poderes son consecuencia de las realidades terrenales o realidades culturales que tienden a conformar el desarrollo cultural aparte de Dios. Están reforzados no solo por la veneración humana, sino especialmente por los poderes superiores invisibles. En la Escritura, estos poderes superiores son algunas veces también llamados "los príncipes de este siglo" (1 Corintios 2:6). En Gálatas 4:8 Pablo les llama incluso "dioses". Y, como tales, ellos cautivan las mentes de la gente. Ganan control sobre la gente, ofreciéndoles un futuro más prometedor y creando así una escisión entre el hombre y el Dios vivo. Los poderes prometen una cultura significativa o salvadora, pero, en última instancia, ponen en peligro la cultura.

Poderes culturales

Los poderes tanto natural como cultural siempre han existido. Nosotros somos confrontados especialmente con el último: cada ideología o *ismo* es un ejemplo de ello.

Los poderes en nuestro tiempo se han desarrollado dentro de un largo proceso intelectual-histórico. Las posibilidades culturales dentro de la creación de Dios, por tanto, han sido gradualmente desvinculadas de Dios y hechas independientes por el hombre. Se han degenerado en poderes como la ciencia, tecnología, organización, economía y así sucesivamente. Estos poderes, dada la base de la tecnología moderna, han puesto en marcha en la cultura una tendencia globalizadora. Muchas de las promesas de la tecnología han sido ya cumplidas. Sin embargo, sus amenazas no son de ninguna manera menos potentes. Estos poderes han de hecho seducido a la gente para que piense que el hombre encontrará en ellos el significado de la existencia; sin embargo, nunca ha sido el alejamiento humano tan profundo como precisamente en nuestro tiempo: nuestro tiempo secularizado y sin Dios.

El triunfo a través de la Cruz

La Biblia nos enseña la singularidad absoluta de Cristo: que él ha triunfado sobre los poderes; que él ha hecho de ellos un ejemplo público en la cruz, y hay que decirlo, desde una condición de impotencia; que él los ha desarmado (Colosenses 2:15). Por lo tanto, la historia es ultimadamente controlada, no por los poderes y por el desarrollo cultural, sino por Cristo como el centro que controla todo en la historia. Todo el poder es suyo y tiene derecho a todo poder. En Cristo, todos los poderes ya no hacen daño alguno. Eso que los poderes han aprovechado y corrompido en la creación es restaurado en Cristo de acuerdo con el propósito de Dios para su creación. Los poderes son destronados y restaurados a su papel de servicio en la interactividad entre Dios y el hombre. La totalidad del universo creado se coloca en la perspectiva liberadora del amor a Dios y amor al prójimo: ese es el destino y el significado de todo, el reino de Dios (1 Corintios 15).

A los seguidores de Cristo – la gente que se permite a sí misma ser llamada cristiana – se les ha encomendado discernir los espíritus, ver a través de la intención de los poderes, reconocer lo que realmente importa. Ellos saben del "ya" de la redención en Cristo y, viviendo como lo hacen entre los tiempos, también saben de un "todavía no". La victoria es ya una realidad, pero su manifestación todavía no es completa.

Con el fin de vivir en el poder y a la luz de esa perspectiva liberadora, y sobre esa base jugar nuestro papel responsable en la cultura, debemos conocer la historia de nuestra cultura y tener una idea de las fuerzas espirituales trabajando en ella. También necesitamos tener alguna idea acerca del desarrollo de los poderes y su interconexión. Una vez más, los poderes se derivan de la creación, pero la pervierten por su enfoque equivocado. La gente busca su salvación en estos poderes. Los motivos equivocados necesitan ser rastreados y el camino de la dislocación necesita ser analizado.

Para ser totalmente claro: Los análisis filosóficos y éticos serán únicamente significativos en la lucha contra los poderes si las armas no han sido derivadas de esa misma filosofía y ética. Lo crítico desde el principio de la lucha son las armas de la "verdad", la "rectitud", la "disponibilidad de proclamar el evangelio de la paz", la "fe", la "salvación", la "Palabra de Dios" y, especialmente, la "oración por el Espíritu de Dios" (véase Efesios 5:10-17). Partiendo desde la lucha de la fe, nuestra reflexión filosófica y ética será contemporánea y relevante y nos ayudará a recorrer un camino cultural que es transitable. Entonces se llamará la atención al significado integral y central del Evangelio para el desarrollo de nuestra cultura (véase sección 8.7).

7.5 Las bases de una perspectiva liberadora

Muy al principio, nos dimos cuenta de que la corriente principal de nuestra cultura está determinada por el antropocentrismo. El hombre como señor y maestro está en el centro de la misma. En el naturalismo como un movimiento reaccionario a ello, la naturaleza es central. El hombre es un socio de, e incluso un participante en la naturaleza. Una perspectiva cultural cristiana, sin embargo, debe ser etiquetada "teocéntrica"; es decir, no la autonomía sino la *teonomía* determina la dirección de la cultura. La gente como portadora de la imagen de Dios es llamada por Dios para hacer su trabajo cultural por amor a él y por amor a su prójimo y a dar cuenta a Dios de ese trabajo. También decimos que las personas deben desempeñar su trabajo cultural como mayordomos y representantes de Dios. Todo lo que se le ha dado a la gente para administrarlo, podrá utilizarlo, deberá atenderlo y cuidarlo y, si es posible, incrementarlo; es decir, debe ser descartada toda indiferencia y falta de cuidado.

Paralelamente a estas posiciones básicas, se encuentran las grandes diferencias que existen en la imagen que la gente tiene de la realidad y especialmente del futuro. Para la principal línea del desarrollo antropocéntrico de la cultura, ésta es una *imagen científico-técnica*. Todo se interpreta mediante una analogía con la máquina, en este caso con la computadora, y todo está conformado de acuerdo con los modelos científico-técnicos. Lo mismo es cierto para la economía dominante. Y "cocinándose" en ese modelo de control hay, desde el primer momento, una especie de crecimiento o dinámica, la cual, una vez que el modelo se ha convertido en dominante, ya no se puede detener. La sostenibilidad es inalcanzable desde este punto de vista. A causa de los problemas amenazantes que ha generado, existe mucha discusión acerca de la sostenibilidad, pero nada puede proceder de ello en la ausencia de una modificación radical en la orientación prevalente de la cultura.

Me gustaría ilustrar un poco más concretamente las consecuencias de tal imagen del futuro, refiriéndome a la política ambiental. A ese tópico se le está dando con razón una gran cantidad de atención. La idea general es que las nuevas tecnologías pueden ayudarnos en esa área. Eso, sin embargo, es solamente parcialmente verdadero. La razón es que, cuando la innovación tecnológica reduce los problemas del medio ambiente hasta cierto punto, entonces la intensidad, la dinámica y el aumento de la escala de la cultura técnico-económica pronto neutraliza nuevamente las ganancias ambientales saludables obtenidas. Por supuesto, en la lucha contra los problemas del medio ambiente con medios técnicos, necesitamos de hecho dar un paso adelante, pero debido a que el paso ocurre dentro del desarrollo continuo de la economía materialista, se deshace casi inmediatamente como resultado del aumento del crecimiento económico. Eso ocurre, por ejemplo, en el caso de horticultura "limpia". El hortelano cree que, con su "producción limpia", está haciendo una contribución a la solución de los problemas del medio ambiente. Sin embargo, la productividad aumentada de tal "empresa de negocios limpios", junto con la ampliación de muchas de esas empresas, no obstante, generará de nuevo más contaminación. El problema, sin embargo, ha sido desplazado a la fuente de la energía usada.

Otro ejemplo: los coches eléctricamente propulsados son libres de emisiones, pero eso está lejos de ser verdad para las estaciones generadoras de electricidad que suministran energía a los autos. En la mayoría de los casos, las estaciones generadoras usan combustibles fósiles ordinarios, tales como gas natural o carbón y algunas veces incluso petróleo. En el caso de plantas de energía nuclear, otros peligros ambientales están presentes.

La imagen del mundo técnico

En capítulos precedentes, vimos que, en el proceso cultural actual, estamos tratando con una convicción ética y profundamente religiosa. La gente cree en la imagen técnica mundial y la usa como la pauta para conducirse. A causa de la absolutización inherente en ello, pensar en términos de control técnico resulta en la pérdida de gran parte de la realidad. Cualquier cosa que no encaja en el modelo técnico se ignora o se olvida.

A lo que llegamos con esto es a que la imagen del mundo científico-técnico es reduccionista en su naturaleza. La cultura tecnológica es también, por tanto, muy unilateral o unidimensional.

Dadas las características de la ciencia, esto es fácil de entender. Anteriormente señalamos que el conocimiento científico es funcional y universal. La realidad interpretada como *realidad científico-técnica*, o como realidad controlada tecnológicamente, se somete a la reducción de muchas funciones a la función técnica; además, las características únicas y particulares de la realidad se pierden. La homogeneización, la estandarización y la universalización y, por lo tanto, el empobrecimiento de la realidad, son el resultado (véase sección 4.3).

"¿Volver a la naturaleza?"

La corriente filosófica que más radicalmente resiste nuestra cultura tecnificada, como hemos visto, es el naturalismo (véase sección 6.10). Para los naturalistas, la naturaleza es el ejemplo brillante. Ellos adoptan la naturaleza y lo que observan en ella como la guía de su conducta. Al hacerlo, se adaptan a la naturaleza o quieren ser totalmente absorbidos por ella. No solamente es la religión de la naturaleza el fundamento de este naturalismo; los naturalistas están también éticamente estampados por ella. En medio del desarrollo científico-técnico, cuyas normas principales son la eficacia y la eficiencia, ellos adoptan como su principal norma "el volver a la naturaleza". En total consistencia, ellos abandonan la ciencia y la tecnología. La naturaleza, de acuerdo con ellos, ofrece un refugio seguro. Junto con la imagen técnica de la realidad, ellos también renuncian a la ciencia y la tecnología moderna.

Cualquiera que esté familiarizado con tormentas, huracanes, terremotos, inundaciones, erupciones volcánicas, tormentas de granizo, cambios climáticos, maremotos y muchos otros desastres naturales desestimará al naturalismo como *romántico y poco realista*. Una imagen del mundo técnico, por otro lado, en virtud de la influencia dominante de sus abstracciones, conduce a una realidad igualmente inhóspita, escalofriante, objetivada, pero también amenazada.

La pregunta ahora es si el reconocimiento del hombre como el portador de la imagen de Dios, del mandato de la creación y del reino de Dios como el significado de todo nos ofrece un ideal diferente.

7.6 La Creación: un jardín para ser cultivado y guardado

Tendremos que volver a ideas bíblicas auténticas acerca del desarrollo cultural. En contra de la adoración de los dioses de la naturaleza y la cultura y en oposición al materialismo dominante de nuestros días, los cristianos en su trabajo cultural tendrán que ser obedientes a Dios. Entonces la tecnología y la economía serán emancipadas de la creencia en el progreso y el crecimiento.

La fe cristiana proviene del reconocimiento de que todas las cosas son creadas. A causa del pecado humano, la creación ha sido perturbada y distorsionada. En su labor cultural de desarrollo y conservación, los seres humanos son confrontados con "espinos y cardos" (Génesis 3:18). El trabajo cultural conlleva dificultades – dificultades *con perspectiva*. En Cristo, todo ha sido reorientado hacia Dios; existe la promesa de la recreación, el destierro de todo mal y pecado y el cumplimiento de todas las cosas: el reino de Dios. Esa es la perspectiva de la eternidad de la fe cristiana. La reorientación es posible si la gente vive sobre la base de la perspectiva de la eternidad del reino de Dios. Esta orientación da a la gente el poder y el valor de dejar que la tecnología – y, por tanto, su significado – ocupe su lugar relativo en el contexto de la realidad como un todo. En esa perspectiva, el significado o esencia de las cosas se reconoce nuevamente. La cultura vuelve a ser multifacética.

Existe una imagen específica para el trabajo cultural en la perspectiva bíblica. Para el desarrollo de la creación, el Mundo de Dios nos da la antigua metáfora de un *jardín*. "Porque así dijo Jehová, que creó los cielos; él es Dios, el que formó la tierra, el que la hizo y la compuso; no la creó en vano, para que fuese habitada la creó: Yo soy Jehová, y no hay otro." (Isaías. 45:18). Aunque el jardín original, el Jardín del Edén, ha sido perdido a causa del pecado, esto no altera el hecho de que Dios llama a la gente – a pesar de los espinos y cardos – a mantener o hacer la tierra habitable y procurar una buena relación entre la naturaleza y la cultura. La metáfora del jardín transmite nuestra conexión humana con la totalidad de la creación y nuestra dependencia de ella. Las relaciones mutuas en la imagen del jardín garantizan protección y preservación en nuestra labranza y cosecha. Esa imagen de la realidad como un jardín implica una orientación diferente hacia la vida y la cultura. Cuando nosotros como seres humanos representamos la imagen de Dios, somos responsables de todo lo que vive. Esa es la sustancia de Génesis 1:28: "Y los bendijo Dios, y les dijo: Fructificad y multiplicaos; llenad la tierra, y sojuzgadla, y señoread en los peces del mar, en las aves de los cielos, y en todas las bestias que se mueven sobre la tierra." El mandato del Génesis no significa la explotación arbitraria e ilimitada de la naturaleza, sino un acercamiento cuidadoso a un bien que se le ha confiado al hombre. Preocupado por todo lo que vive, la gente dirigirá su atención hacia la provisión para las necesidades de la vida, la prevención y alivio del sufrimiento y la preservación de la diversidad de las formas de vida presentes en el mundo de las plantas y los animales. Esta preocupación por la vida implica una perspectiva esperanzadora para un desarrollo cultural balanceado: se hace más justicia al valor propio y significado de la vida humana, la naturaleza, la tecnología y la economía. Esto significa, por tanto, una reorientación fundamental del orden técnico-económico.

Para clarificar esto, quiero referirme en primer lugar al filósofo Hans Jonas. En una de sus publicaciones, él ha propuesto estudiar el inmensurable cosmos desde una posición en la luna. Lo que inmediatamente nos golpearía desde esta posición es la extraordinaria singularidad del planeta tierra. Es el único planeta verde en nuestro sistema solar. La vida está allí presente en magnífica multiformidad. Si vamos a sobrevivir como viajeros lunares, nosotros tendremos que retornar a esa tierra. Desde nuestra posición en la luna, dice Jonas, observamos con horror que nuestro planeta tierra está en peligro. La vida es amenazada por el desarrollo técnico-económico actual.

La moraleja que se desprende del ejemplo de Jonas para otra ética y cultura sobre la tierra es que la tecnología y la economía no deben amenazar la vida, sino servirla. Y eso encaja muy bien con la imagen de la creación como un jardín vasto que invita al desarrollo.

Aunque la imagen del jardín no es común – ni siquiera entre los cristianos – podemos encontrar buenos ejemplos. El profesor americano R. Gottfried, por ejemplo, parece haber tomado a pecho la lección de Jonas en su libro *Economía y Ecología – Perspectivas desde el Jardín*. Con esa perspectiva del jardín para la cultura, Gottfried revierte a una figura bíblica antigua, ilustrando una cultura saludable y desarrollo cultural.

La reflexión fresca sobre un nuevo orden económico en ausencia de una crítica a fondo del modelo científico-técnico de la economía de hoy está condenada al fracaso. Es necesario, en el plano económico, un nuevo sistema macroeconómico en el que el valor de un bien esté en función de su "relevancia ecológica"; esto es, un sistema que tome en cuenta el impacto que la producción y consumo de un bien tenga sobre el suministro de energía, las materias primas, la contaminación y el daño a los ecosistemas. Tal sistema implicaría una corrección o incluso una modificación básica de la economía materialista presente. En contraste con una "economía de túnel", lo que significa una economía materialista, por tanto una economía sellada por el control tecnológico, nosotros preferiríamos usar la imagen de una "economía de árbol", una que se ajuste a la figura de un jardín. Esa es la imagen que Bob Goudzwaard una vez introdujo como una metáfora para un orden económico nuevo. Esa imagen satisface las condiciones ecológicas y deja espacio para el crecimiento, pero los resultados o – mejor – los frutos son más proporcionales.

La imagen de un jardín al mismo tiempo implica una perspectiva particular para el futuro. El desarrollo del jardín se encuentra en la dirección de un jardín-ciudad. La visión bíblica habla de la nueva ciudad de Jerusalén que "Sin muros será habitada [...], a causa de la multitud de hombres y de ganado en medio de ella." (Zacarías 2:4), un jardín-ciudad, una ciudad con amplio espacio de vida, un lugar en el que hay armonía entre la tecnología y la naturaleza, entre la ciudad y el paisaje. En esa cultura, no existe tal cosa como la contaminación ambiental. Un río de agua de vida, resplandeciente como el cristal, fluye a través de ella. En ambos lados del río crecen árboles que producen nuevo fruto cada mes y cuyas hojas son para la sanidad de las naciones (Apocalipsis 22). ¡Y el desierto florecerá como una rosa! En esa cultura existe un desarrollo cultural balanceado. No hay división entre los que tienen y los que no tienen, sino que cada uno demuestra su propia valía. Esa es la perspectiva de una cultura a la luz de la venida del reino de Dios.

Una perspectiva diferente

Ese reino no se hará realidad aquí y ahora a causa de los efectos de la Caída y de nuestros propios pecados. Pero es la perspectiva que nos llama y que nos proporciona las normas para mantener los problemas culturales dentro de los límites. Hay lecciones claras en esta visión bíblica para el desarrollo cultural en nuestros días. Tenemos que hacer espacio para un motivo cultural diferente. Aparte de procesar y producir, debemos estar igualmente atentos a mantener, "guardar" y cuidar. La tecnología ya no debe ser predominante, ni debe ser vista como la solución a todos los problemas. La economía podría no ser la clase de economía materialista o tecnológica en la que solamente los resultados importan y el daño al medio ambiente, a la naturaleza y a los seres humanos no se calcula en los costos de producción, ni consecuentemente, en el precio del producto. Debería ser una economía en la perspectiva de la tierra como un gran jardín-ciudad que se desarrollará a escala global. La tecnología y la economía no son excluidas de esto, sino que deben ser incorporadas éticamente de una manera muy diferente a la práctica actual. Ese es el tópico del capítulo final.

CAPÍTULO VIII

Esperanza en el contexto de la Ciencia y la Tecnología

8.1 Introducción

El desarrollo de la ciencia, la tecnología, y la economía dentro de la perspectiva de la tierra como un jardín habitable no implica una tecnología derrochadora, amenazante ni una economía despilfarradora, sino una tecnología que sirva a la vida y una economía de usufructo. Tal cultura está marcada por un esfuerzo por lograr la armonía con la naturaleza; naturaleza y tecnología, jardín y ciudad no compiten entre sí. Tal cultura va mano a mano con la sostenibilidad genuina, algo que no es posible, como lo establecimos anteriormente, en el modelo técnico-económico existente. Ese modelo, debido a los motivos que lo impulsan, se rige después de todo por una dinámica interna hacia lo ilimitado. El modelo del jardín, por el contrario, hace justicia a la sostenibilidad y estabilidad. Al mismo tiempo, hay espacio para el crecimiento económico en el sentido de un tipo de desarrollo de "estado estacionario". La ecología y economía están en equilibrio entre sí cuando los ciclos naturales no se ven interrumpidos y la fuente de uso de alguna cosa no se seca. O, para usar una imagen económica: si queremos sobrevivir como cultura debemos vivir de los intereses y no del capital. Es una cultura de la moderación, de una conciencia de los límites que no se pueden cruzar. En tal cultura surge una situación sustentable en el sentido de que, para la vida personal de uno y para la sociedad como un todo, podemos también hacer uso en el futuro de los potenciales dados en la creación de Dios.

Si, entonces, abandonamos la idea de que nosotros, seres humanos, debemos crear una cultura que sea científica y técnica y que debemos desarrollarla económicamente sobre esa base; y si empezamos en cambio con la idea de que la realidad es un regalo para nosotros, hay espacio primeramente para la gratitud, para el cuidado y mantenimiento de la creación de Dios. El control por medio de la ciencia y tecnología juegan un papel subordinado. En ese caso, la economía y tecnología al trabajar juntas no son destructoras de la vida sino conducentes a la vida en toda su diversidad. La tecnología, economía y ecología representan entonces un conjunto equilibrado sostenible de relaciones. Esa es la implicación más importante de la metáfora del jardín. Y eso a su vez tiene consecuencias para los motivos en la ciencia y tecnología, para una correcta visualización de la ciencia técnica, para la ética de la ciencia y tecnología y, por lo tanto, para su contextualización normativa. Dentro de esa perspectiva hay esperanza en la cultura.

8.2 Una dirección alternativa

A partir de lo que hemos discutido hasta ahora, se ha hecho evidente que hay dos actitudes fundamentalmente diferentes sustentando nuestra cultura.

La cultura occidental se ha convertido principalmente en una cultura antropocéntrica. En el centro está el hombre con su poder científico-técnico, el poder del control científico-técnico que permea y sella todos los sectores de esta cultura. El poder científico-técnico es fácilmente visto como el poder de creación y salvación, especialmente en combinación con la economía. En nuestra cultura estamos tratando con un desarrollo técnico-económico exagerado que está en el proceso de convertirse en la fuerza líder en nuestra cultura no solo práctica sino también moralmente. Es un fenómeno que exhibe un enorme aumento del inconmensurable e ilimitado impulso del hombre hacia una posición como "señor y maestro" sobre todas las cosas. Lo que se está haciendo cada vez más claro, sin embargo – como vimos en capítulos anteriores – es que el hombre mismo está siendo subordinado a ese poder, que la naturaleza está siendo explotada y la cultura fragmentada.

¿Cómo es que la gente tan fácilmente pasa por alto la ambigüedad del presente desarrollo de la cultura? En su evaluación de la cultura, la gente – en círculos cristianos también – ignora fácilmente la influencia del sobrevalorado método de control científico-técnico. Sospecho que esto es consecuencia de una actitud acrítica hacia la tecnología. Posiblemente otra razón es que, en su evaluación de la cultura y su desarrollo, las personas no ven a la tecnología como un factor importante sino como meramente neutral, incluso como una cosa puramente positiva que halaga el hambre humana de control y estatus. Eso también fue evidente de nuevo en el discurso de la reina de Holanda desde el trono en 1997, que declaró: "La ciencia y la tecnología contribuyen significativamente a la calidad de vida". Leyendo este discurso, uno podría también decir lo contrario.

De ahí que la cultura se caracteriza principalmente por una actitud humana fundamentalmente errónea. Una actitud fundamentalmente cristiana se opone a esta búsqueda de un paraíso tecnológico. Reconoce que la realidad ha sido creada por Dios y es sostenida por él a pesar del pecado. Uno también podría decir que en este mundo las personas deberían afirmar que las cosas les han sido dadas y que la realidad, tal como existe, de Dios, por Dios y para Dios, es una realidad llena de significado. Esto trae reverencia, respeto, admiración, gratitud, apreciación (estimar una cosa conforme a su valor real) y precaución. Intrínseco a esa actitud existe un freno para el desarrollo técnico-económico: Tenemos temor de abusar de la creación de Dios. La construcción técnica y la ganancia económica deben ir de la mano con el cuidar, conservar, proteger, no dañar o, cuando algo se rompe, reparar la creación.

La pregunta más importante para la cultura como un todo es: ¿Cómo podemos nosotros recuperar un control responsable sobre nuestro agitado desarrollo técnico-económico? ¿Se puede tal vez redirigir el proceso de distorsión y perturbación de la cultura y naturaleza hacia la posibilidad de restauración, al menos en parte y provisionalmente?

En consecuencia, el desafío de un punto de vista cristiano no es confinarnos a la crítica sino, sobre la base de una actitud cultural bíblicamente responsable (como brevemente lo esbocé en las secciones 7.5 y 7.6), llegar a un desarrollo responsable de la ciencia y la tecnología. ¿Cuáles son los motivos y las normas que necesitan entonces ganar influencia? Ese es el tema de las secciones que siguen.

8.3 La renovación de motivos

Como hemos visto, las dinámicas espirituales e intelectuales del tecnicismo en el gran complejo interconectado de la ciencia, la tecnología, la agricultura, la economía, la política y demás, están marcados por el motivo del poder. Este motivo central se revela en la ciencia como "el conocimiento es poder," en la tecnología como el motivo de "la tecnología por la tecnología" o como el motivo de la perfección técnica: "lo que *puede* hacerse *debe* hacerse". En agricultura, la creación de una cosecha con la ayuda del poder científico-técnico irrestricto ultimadamente termina en una explotación depredadora, sobre explotación y agotamiento. A través de una economía materialista en la que todo lo que importa es el dinero y la ganancia material, y a través de una política materialista, los poderes de la cultura tienden cada vez más a mantenerse unidos y crean la ilusión de que son completamente autónomos. Esta convergencia de poderes demuestra tener un efecto dislocante en la naturaleza y la cultura, con el resultado de que eventualmente vamos a terminar en un callejón sin salida.

Conforme a la revelación de Dios, las personas deberían llevar a cabo su labor cultural *coram Deo* – ante el rostro de Dios – y así estar en sintonía con la normatividad de la creación. En el tecnicismo, las personas son el centro de la realidad. Pero, en la perspectiva bíblica, las personas deben apuntar hacia afuera de ellos mismos en sus actividades culturales, en amor a Dios y a su vecino. A la luz de esta perspectiva, los motivos para las diversas actividades culturales adquieren un contenido diferente. En lugar del poder como el motivo central en el cual las personas giran alrededor de sí mismas, el motivo central del amor produce una divergencia de diversas actividades culturales. Esto implica que, en la *ciencia*, la meta debería ser *crecer en sabiduría*; en la *tecnología, construcción y preservación*; en *agricultura, cosecha y cuidado y protección del cultivo*; en *economía, mayordomía*; y en *política*, la *administración y el avance de la justicia y rectitud pública*. Esto garantiza las responsabilidades de diversas maneras calificadas en los respectivos sectores de la cultura. Esta divergencia constituye el camino para arribar a una revelación significativa, en el sentido de una apertura o desarrollo de actividades culturales.

No discutiré todas las actividades culturales mencionadas, aunque cada una ofrece la posibilidad – dentro de la elaboración diferenciada del motivo central del amor para los variados sectores culturales – de contrarrestar la reducción materialista, la nivelación y reducción del desarrollo cultural y de modificar o incluso prevenir los problemas que atañen a este desarrollo. En vista del papel dominante de la ciencia y del control científico técnico en una variedad de sectores culturales, me limitaré principalmente a esbozar una visión de la ciencia y tecnología diferente de la que prevalece. A continuación, en concordancia con eso y utilizando la filosófica *teoría de las estructuras* en la filosofía Reformacional, voy a ir a discutir un marco normativo y coherente para el desarrollo de la tecnología en la cultura. Tal dirección normativa es directamente opuesta al proceso de tecnificación esbozado anteriormente en los capítulos 4 y 5.

8.3.1 Ciencia: creciendo en sabiduría

La pregunta que debe ocuparnos primeramente, por lo tanto, es aquella concerniente al valor que le sea asignado a la ciencia, en una visión de la vida en la que la fe sea dirigida hacia Dios y en la que la gente, incluyendo a los científicos, no nieguen sino confirmen el significado predeterminado de la realidad a ser investigada.

Por "significado", en este contexto, tengo en mente que todo lo que es, todas las cosas que son, son dependientes en su origen, existencia, y destino, de Dios y dirigidas a Dios, el Origen de todas las cosas. Si, en la práctica de una disciplina científica, uno reconoce ese significado, entonces uno abordará con toda seriedad la pregunta de Dios nuevamente y considerará su significado para la práctica de la ciencia. Al ignorar la orientación de todas las cosas hacia Dios, un científico ya no puede entender correctamente la naturaleza propia y el significado de las cosas, de las entidades. Todos los seres, la gente, las cosas, las plantas y los animales están luego entregados a una práctica científica autónoma y a abstracciones absolutizadas. Bajo la influencia del tecnicismo, estas abstracciones son desvaloradas, y esa desvalorización conduce, en el control de entidades, a su tecnificación.

Ahora, el camino de vuelta de todo esto debe incluir como primera consecuencia para la filosofía de la ciencia un repudio del llamado "ateísmo metodológico". Porque sobre la base de este ateísmo metodológico, la ciencia se practica "como si Dios no existiera". Esta actitud ha sido aceptada en la mayoría de los casos incluso en el círculo de los científicos cristianos. En los años 1930, Herman Dooyeweerd luchó enérgicamente contra esta tendencia. El ateísmo metodológico no es nada más que, según él, una variación de la "naturaleza" autosuficiente del viejo esquema "naturaleza y gracia". Bajo la influencia del positivismo, mucha gente que se dedica a la investigación científica se sometió a los llamados "hechos objetivos". Después de todo – era la pregunta – ¿qué podría ser más independiente de la religión cristiana que el estudio de hechos objetivos, de "hechos y nada más que los hechos"? Dooyeweerd llama la aceptación de este punto de vista como un "fait accompli"[1], un paso gigante hacia el desarme intelectual del cristianismo en el campo de la ciencia. Habiendo aceptado este punto de vista, uno es compelido a conceder que la ciencia como "verdad teórica" es validada por sí misma. Uno rechaza así el orden divino del mundo – la ley de Dios como válida para la realidad – en el marco del cual los "hechos" pueden comprenderse en su estructura.

Precisamente debido a que la investigación científica de hecho ocurre, como en realidad debe hacerlo, de acuerdo al orden predeterminado de la realidad, y ya que los científicos mismos están sujetos a ese orden, se tiene que reconocer que la ciencia es "trabajo a destajo". La ciencia como una actividad dentro de la creación de Dios nunca puede dominar esa realidad. La creación es en el fondo un misterio que tiene que ser respetado y un límite que la ciencia no puede cruzar. A fin de cuentas, esto significa (como ya lo vimos en el capítulo 1) que el conocimiento científico abstracto está condicionado y limitado, es relativo, provisional y abierto.

Implícito en el rechazo de la absolutización de la ciencia, por otra parte, está el reconocimiento de que hay espacio para el pluralismo metodológico y, por lo tanto, para alternativas en el desarrollo de la ciencia. Tal espacio pertenece intrínsecamente a un punto de vista filosófico cristiano de la ciencia. Practicar la ciencia a la luz de la revelación divina es un antídoto a la autosuficiencia de la razón que no excluye la razón. La razón es sierva de la renovación progresiva de la ciencia. Aún así, las alternativas en la ciencia siguen siendo abstractas. De este modo, por más valiosos que puedan ser los nuevos avances de la ciencia, desde un punto de vista estructural, no se puede esperar la solución de problemas a partir de este tipo de desarrollos.

Solamente cuando el reconocimiento del origen y el significado de la realidad preceden a la ciencia y colorean su práctica – en sintonía con la dirección normativa de creación – una ciencia instrumentalista se rechaza

---

1 "hecho consumado".

y se permite a la ciencia estar en la relación correcta con la experiencia completa de la realidad. La ciencia necesita ser integrada a la completa experiencia de la realidad de modo que profundice el conocimiento de la experiencia. En otras palabras, cuando se integra así, el conocimiento científico puede servir al crecimiento humano en sabiduría (véase sección 1.5) y fomentar una visión cada vez más comprensiva de la naturaleza y estructura de las cosas. Entonces la ciencia no se rinde al funcionalismo ni a cualquier otro significado asignado por el hombre mismo como, por ejemplo, la utilidad que una realidad puramente funcional tiene para una humanidad orientada a lo material.

El rechazo del uso instrumental de la ciencia pondrá fin a la cientificación de la realidad que culmina en su tecnificación. Porque entonces el control científico-técnico y la tecnología no son más el resultado inequívoco de la ciencia. La ciencia no puede funcionar como la carretera principal en nuestras actividades culturales. La ciencia es sólo una vía de servicio. La ciencia no tiene otra función – cuando es vista a la luz de una comprensión global de la naturaleza y estructura de la realidad que puede, sin embargo, ser enriquecida por la ciencia – que servir como una ruta útil de suministros para nuestras acciones prácticas en la cultura. Como resultado de ese punto de vista, la responsabilidad de una conducta creativamente prudente – por ejemplo, en la tecnología – aumenta.

Integrando las abstracciones

Para crecer en sabiduría y para la utilidad de la ciencia, la gente debe reconocer que las abstracciones científicas mencionadas anteriormente necesitan ser integradas al conocimiento de la experiencia precientífica. Al interpretar el conocimiento científico, por lo tanto, uno debe tomar en cuenta lo que la ciencia ha "puesto entre corchetes". Esto se refiere en primer lugar a la abstracción del aspecto funcional en relación con la coherencia global de la realidad. La totalidad de la realidad debe tomar posesión de lo que le pertenece; la realidad tiene más aspectos que sólo el que abstrae y examina cualquier disciplina específica. Un enfoque monodisciplinario para la solución de un problema en el mundo real es, por consiguiente insuficiente, sin duda ahora que los problemas actuales se han vuelto tan numerosos y complejos. Lo que se requiere es un enfoque *multidisciplinario* a los problemas. Sin embargo, incluso la cooperación multidisciplinaria, como la suma de muchas formas de conocimiento científico especial, no es garantía de que se hará justicia a la multilateralidad, coherencia y concreción de la realidad. Esto nos hace darnos cuenta solamente cuando, habiendo seguido un curso de generalización multidisciplinaria en contraposición a uno especializado, descubrimos que el conocimiento científico se caracteriza por más de una abstracción. Hay también por ejemplo la abstracción de lo general, lo universal. Usualmente esta abstracción se ignora; es decir, el conocimiento científico universal simplemente se equipará con el conocimiento de la realidad concreta individual. Pero la realidad consiste de entidades particulares únicas.

Cuando propiamente aprehendida e integrada, la abstracción de lo universal contribuye a un conocimiento enriquecido de la realidad en su singularidad. Este no es el caso, sin embargo, cuando la realidad se rinde a esa abstracción o cuando la ciencia pretende abrazar y controlar esa singularidad. El conocimiento científico, por tanto, no puede ser agotado por el uso instrumental de la realidad; el conocimiento abstracto debe ser en cambio complementario al conocimiento experimental y al uso de entidades particulares, únicas dadas. De esta manera, regresar a los ejemplos dados anteriormente, el reconocimiento de la singularidad de las plantas o los animales establecerá límites a su control científico-técnico (véanse secciones 4.4.1 y 4.4.2). De hecho, cada vez que hablamos de "la aplicación de la ciencia", debemos empezar reconociendo y preservando la singularidad de la realidad en cuestión.

En resumen, el conocimiento científico considerado como un "mapa" no puede equipararse con la realidad. En su función como un "mapa", la ciencia nos ayuda a ganar una mejor orientación; *puede* servir para clarificar nuestra situación y orientación. La plenitud del conocimiento, que se enriquece por medio de la ciencia, sirve entonces para mejorar la responsabilidad humana y llevarla a un nivel superior.

Un enfoque de sistemas

Es necesario dedicar una atención especial al punto de vista de que un enfoque científico diferente, por ejemplo el enfoque de sistemas integrado, ofrece una oportunidad de escapar de los peligros del tecnicismo o tecnificación. Este nuevo enfoque científico es en ocasiones tomado como un medio para resolver los fenómenos de crisis en la cultura occidental. En lugar del enfoque compartimental para resolver un problema que tomaría un especialista monodisciplinario, la gente se esfuerza por un enfoque de sistemas integrado para abordar los problemas. Se dice que este nuevo enfoque asegura que el desarrollo tecnológico y sus implicaciones sociales (cultural, económica, política) sean estudiadas en su relación mutua. Se dice que esta nueva ciencia nutre las habilidades humanas y conocimiento, así como la visión social práctica requerida.

La búsqueda de un enfoque científico alternativo, la súplica de cooperación multidisciplinaria e integración, merece nuestra simpatía. El problema que resta, sin embargo, es que (siguiendo el ejemplo de Habermas) la normatividad para regular al sistema se busca nuevamente en la racionalidad, ya sea una racionalidad más plena o una más amplia que sea multilateral y cubra más áreas – una racionalidad de reflexión social en lugar de la racionalidad de la dimensión científica-técnica predominante. Con eso, la pregunta concerniente al terreno de la racionalidad es –

desafortunadamente – respondida nuevamente por la racionalidad misma. Una realidad científica abstracta es intercambiada por otra. Sin embargo, por mucho que pudiéramos aplaudir una renovación del enfoque científico, tal renovación sólo se logrará realmente cuando cada enfoque científico sea enraizado en la plenitud del conocimiento empírico que sirve a la causa de la sabiduría. Para promover esta meta en nuestra cultura, tendremos que hablar de un proceso de rehabilitación necesario.

8.3.2 Tecnología al servicio de la vida

Lo que he dicho de la ciencia en general también se aplica a la ciencia técnica, esto es, a la "tecnología". También la tecnología podría no ser vista como un instrumento del control científico-técnico. Porque si lo es, la tecnología se convierte en una extensión evidente de una ciencia que todo lo determina. En ese caso, la tecnología es despojada de su propio carácter o significado. La tecnología no debe ser la consecuencia del uso instrumental o aplicación de la ciencia. Tales puntos de vista son más propensos a descarrilar la tecnología o cegar los ojos de uno ante su descarrilamiento que proporcionar espacio para un desarrollo tecnológico responsable.

Al mismo tiempo, tal punto de vista falla en hacer justicia al papel de la *invención* en el desarrollo técnico. Algunas veces se dice que la invención es incluso el corazón de la tecnología. Eso significa que la creatividad humana, mientras se niega a ser encadenada por la ciencia, es alimentada e incluso estimulada por conocimiento científico viejo y nuevo.

Las invenciones sirven como estímulos frescos para la tecnología. Podrían ser invenciones de partes tecnológicas – las llamadas "invenciones de desarrollo," que también son llamadas innovaciones – o invenciones básicas que marcan el comienzo de un desarrollo técnico enteramente nuevo, los llamados "inventos pioneros". Ejemplos claros de la primera se pueden encontrar en la ingeniería automotriz que está en mejora continua. Como ejemplos de la última, uno podría citar la tecnología de las computadoras o la ingeniería genética.

Las invenciones, grandes o pequeñas, pueden marcar el comienzo de nuevos desarrollos y reemplazar tecnologías anquilosadas o anticuadas. En ese caso, se abren nuevas perspectivas. Algunas invenciones, por ejemplo, conducen a la reducción del consumo de energía y a menos contaminación. Obviamente, sin embargo, las nuevas técnicas también pueden reforzar o poner en marcha desarrollos amenazantes. Las invenciones claramente pueden ser a la vez una bendición y una maldición. Algunas veces, el lado oscuro puede predominar debido a que las personas permiten que un desarrollo tecnológico completamente nuevo, como el de la energía nuclear o las manipulaciones genéticas, sea excesivamente "encapsulado" por la ciencia o por una economía materialista.

Ciertamente, el *corazón de la tecnología es la invención*. El uso de ideas científicamente desarrolladas hace posible un gran cantidad de inventos rotundos; y como resultado de la influencia de la ciencia, las consecuencias de la invención son también de más largo alcance. *Ese* es el carácter especial de nuestro tiempo. En comparación con el pasado, no solamente hacemos muchos inventos en un tiempo muy corto; sino que también no sabemos inmediatamente cómo utilizar un gran número de ellos. En el pasado – sin la influencia de la ciencia, de ahí en la fase preindustrial de la tecnología – las personas tenían ideas acerca de las invenciones técnicas, pero su realización era frecuentemente retrasada debido a restricciones económicas y técnicas. Eso ha cambiado. En nuestro tiempo, con la tecnología informática por ejemplo, hay muchas más posibilidades que las aplicaciones actuales. La imaginación humana no es inmediatamente capaz de absorber y explotar todas las posibilidades de la tecnología informática. De modo que podríamos decir que, mientras que en el pasado los inventos tardaban mucho en llegar, ahora se tienen antes de que se pueda comenzar a usarlos. Por otra parte, en ese desarrollo, el inventor individual como persona a menudo puede ya no ser identificado directamente. Algunas veces parece incluso como si la tecnología se renovara a sí misma. Esto nos da una razón más para decir – como hemos subrayado repetidamente en este estudio – que el dinámico desarrollo tecnológico contemporáneo es un desarrollo autónomo e independientemente desplegable. Los seres humanos no tienen mucho control sobre ello. Las personas son más propensas a convertirse en esclavos de la tecnología.

Para combatir esa autonomía, es importante enfatizar que una ley divina gobierna el mundo de la experiencia, del cual la tecnología es también un sector. Por lo tanto, ni la actividad científica ni el desarrollo tecnológico podrían verse de alguna manera como autorreguladores. Por mucho que puedan impactar entre sí, estas dos formas de actividad humana no pueden ser reducidas la una a la otra. Cada una tiene su propia calificación. En la ciencia, el asunto es siempre ganar conocimiento de las leyes que gobiernan la realidad. En la ciencia técnica, por ejemplo, el asunto es ganar conocimiento de las leyes que gobiernan la tecnología. La tecnología misma, sin embargo, es calificada por la confección y configuración de la realidad. Ambas actividades están incrustadas en una dirección normativa supra-subjetiva y supra-arbitraria de la realidad. Esta dirección normativa es, en consecuencia, de gran importancia para la orientación tanto de la ciencia como de la tecnología. El pensamiento o idea principal es que el desarrollo tecnológico debe servir a la vida y, por tanto, no destruirla. Y en la medida en que la tecnología influye la vida de la sociedad, debe, con la economía, fomentar una verdadera convivencia en paz y justicia. En este sentido, no hay que limitar nuestra atención a las tecnologías de pequeña escala. El motivo y la perspectiva de la tecnología son decisivas. Por esa razón – por mencionar sólo un ejemplo – la construcción de túneles subterráneos es digna de elogio si mediante su construcción podemos proteger el medio ambiente y le causamos menos problemas a la sociedad.

Es este sentido normativo que puede ofrecer una salida a la actual crisis de la cultura. Muestra el camino más allá del tecnicismo y naturalismo.

Agricultura ecológica

¿Existe alguna razón para pensar que esta perspectiva pueda realmente ser implementada? La respuesta es sí; por mucho que el ideal científico-técnico pueda empobrecer la realidad y crear problemas enormes para la cultura, eso nunca puede llegar hasta las últimas consecuencias. Porque mientras que ese ideal podría pervertir la realidad como creación de Dios, con sus resultados, no obstante, permanece limitado a la realidad como creación de Dios. Se podría decir que se adhiere como un parásito sobre la creación de Dios. Al hacerlo, el desenfrenado poder científico-técnico del control choca contra los límites. Los problemas existentes y las amenazas demuestran esto y nos dan razón para reabrir nuestra discusión acerca de la dirección de la cultura. Un ejemplo espléndido de esto puede encontrarse en la transición de la agricultura industrial a la agricultura biológica o ecológica. Si esta última no queda atada a una veneración casi divina de la naturaleza – por tanto no es caracterizada por el naturalismo – será más aceptada conforme los problemas de la agricultura industrial crezcan.

En la agricultura industrial, como vimos en el capítulo 4, cometemos repetidamente el error de la tecnificación. Por un lado, la tecnología moderna reduce los costos de producción; por el otro lado, la producción excesiva puede hacer mucho daño a los agricultores, los animales, la naturaleza y al medio ambiente. Junto con la sobreproducción, esta clase de agricultura sufre grave incertidumbre con respecto a las posibilidades futuras, la pérdida de bienestar animal, la sobrefertilización, el agotamiento y la contaminación de los suelos, una variedad de nuevas enfermedades del suelo, la alteración del paisaje y la contaminación del medio ambiente, sin mencionar las políticas apropiadas y responsables, respetuosas con los animales para hacer frente al brote de algo como la enfermedad de la fiebre aftosa. Mientras que en la agricultura se trata con una realidad viva, a menudo nos hemos acercado a ella como si fuera inorgánica. En las garras del ideal del control científico-técnico, la agricultura ha sido separada de su contexto biótico ecológico.

En la agricultura biológica o ecológica se hace el intento de restaurar las relaciones correctas. Buenos productos de calidad y ganancias ambientales pueden ir de la mano. En este tipo de agricultura las personas no vuelven a períodos anteriores sino, dada una participación cualitativamente alta de la biología y la ciencia de los suelos, tratan los suelos, las plantas, y los animales con más sabiduría. La fertilidad de los suelos es así mejorada. El control de malezas mecánico en lugar de químico evita la contaminación del medio ambiente. La vivienda amigable a los animales se vuelve el objetivo y la rehabilitación y preservación tanto de la naturaleza como del paisaje se hace posible. En todo caso, en la silvicultura por ejemplo (como corresponde al modelo del jardín), el uso sustentable de nuestros bosques se hace inmediatamente posible y, como tal, es bueno tanto para el hombre como para el medio ambiente.

Aunque no todo el mundo se una a esta revolución, hay suficiente espacio entre los extremos del tecnicismo y naturalismo para científicos individuales, técnicos y agricultores con el fin de hacer una contribución responsable de suyo propio para un desarrollo cultural significativo. Sin embargo, lo que se necesita para un cambio direccional de nuestra cultura en su conjunto es, sobre todo, una orientación hacia el orden divino. Es evidente que esta orientación no implica renunciar a la ciencia y la tecnología. En los sectores de alta tecnología mucho ha salido a la luz – aunque con frecuencia bajo la influencia de motivos equivocados – que merece un aprecio duradero. El reconocimiento de la ley de Dios para la creación demanda una reorientación y reflexión renovada acerca de los motivos y normas para el manejo humano de la ciencia y la tecnología en la cultura. La ciencia y la tecnología deben ser empujadas de su posición de primacía y ser obligadas a servir en lugar de dominar.

¿Energía nuclear?

Otro ejemplo: Si, por un lado, vemos la relatividad de la ciencia y la tecnología y, por el otro, las amenazas existentes, nos hacemos más creativos en el desarrollo de alternativas y así desarrollamos fuentes de energía autorrenovables tales como la energía eólica y solar. Para evitar perder materiales valiosos, promovemos el reciclaje tanto como sea posible y así sucesivamente. Debemos participar en la investigación continua para aprender cómo podemos neutralizar los residuos radioactivos producidos por las plantas de energía nuclear a fin de utilizar de forma responsable las centrales nucleares, que entretanto se han vuelto cada vez más controlables. Entonces, tal extracción de energía puede con mayor razón ser contada entre las fuentes sustentables de energía que la de combustibles fósiles del momento. Sin embargo, mientras los desechos radioactivos no puedan ser técnicamente neutralizados, la energía nuclear seguirá siendo muy peligrosa.

8.4 Ciencia técnica como ciencia cultural

Si queremos combatir efectivamente el tecnicismo y el fenómeno de la tecnificación en programas de entrenamiento técnico, debemos tener una buena perspectiva de la ciencia técnica como ciencia cultural así como de los prerrequisitos para la formación de ingenieros, para evitar la parcialidad en esos programas de formación. De ahí que los programas de formación técnica existentes deban establecerse sobre una base más amplia[2].

Después de todo lo que se ha dicho hasta ahora, debe quedar claro que la ciencia que está dedicada explícitamente a obtener conocimiento de la tecnología no es una ciencia natural o exacta, como a menudo se piensa, sino una *ciencia cultural*. Ciencia técnica, después de todo, se refiere a todo el conocimiento científico relacionado con el diseño, el descubrimiento y la implementación técnica. Pues bien, ya que el hombre desempeña el papel principal en las actividades técnicas, y por lo tanto ocupa un lugar importante en el campo de estudio representado por la ciencia técnica, la ciencia técnica es una ciencia cultural.

La ciencia técnica como ciencia cultural es la primera ciencia en la transición de ciencia natural a la cultural. Por esa razón es que encontramos muchas cosas en la ciencia técnica que se asemejan a las ciencias naturales. Una consideración más que también clarifica esto. La tecnología, como dijimos anteriormente, es la formación, con la ayuda de herramientas, del lado natural de la realidad, o cuando se trata de la biotecnología, de la manipulación de cosas que involucran procesos vivos. Tanto su preparación como ejecución pertenecen al área de estudio representada por la ciencia técnica. Ahora, cuando en su implementación la tecnología es completamente automatizada, puede decirse que en la medida en que la ciencia técnica esté completamente enfocada en la completa automatización, se refiere a una realidad "determinada". No hace falta decir que, para esa parte de la ciencia técnica, las similitudes con las ciencias naturales son máximas. Sin embargo, en tanto que la ciencia técnica se centre en el ingeniero como diseñador e inventor, el énfasis es mucho más en la ciencia técnica como ciencia cultural.

La ciencia técnica a veces es correctamente referida como una ciencia normativa. El ingeniero e inventor deben hacer justicia, después de todo, a los motivos y normas para la tecnología y, en particular, deben estar conscientes de las normas en la relación entre el hombre y la tecnología. Especialmente en años recientes hemos llegado a comprender que las normas deben también tenerse en cuenta cuando se trata de la

---

2   Aunque la presente sección es de gran importancia para la lucha contra el tecnicismo y la tecnificación, es posible para aquellos que no han sido iniciados formalmente en la tecnología, saltarla impunemente. El curso del argumento puede ser recogido de nuevo en la siguiente sección.

relación entre tecnología y naturaleza. Así, en el desarrollo de la ciencia técnica hay que tener en cuenta las normas. Un ejemplo claro de esto es que un ser humano, un obrero en una operación técnica que no está completamente automatizada, no puede ser considerado como un objeto técnico que debe funcionar como un componente de la máquina en tanto que la automatización aún no es completa. En la ciencia técnica como ciencia cultural, tal punto de vista fallaría en hacer justicia a lo que es más propio de los seres humanos: libertad, creatividad y responsabilidad. Por lo tanto, en la ciencia técnica como ciencia cultural, debe ponerse atención a la calidad del trabajo: el trabajo soporífero debe evitarse y combatirse.

Pero la dimensión normativa de la ciencia técnica demanda atención, por encima de todo, cuando notamos que la ciencia técnica estimula al ingeniero a renovar y, por tanto, a conducir un determinado desarrollo técnico. Señalar una dirección a la tecnología es claramente un asunto cultural y, por consiguiente, un asunto normativo (véase sección 8.6 más adelante).

En la ciencia técnica, como corresponde, uno claramente encuentra dos sectores. El primer sector es aquel de la implementación técnica – el proceso de producción – el cual puede ser completamente automatizado o no; el segundo se refiere al diseño y la invención. Entre los dos sectores hay interactividad. En caso de problemas en el proceso técnico de producción, se necesita encontrar una solución en el sector del diseño. La solución concebida a nivel de ciencia técnica subsecuentemente sirve como enseñanza para la formación técnica.

Este control científico de la implementación técnica tiene sus límites. La producción ocurre en un ambiente que no puede definirse completamente en términos científicos. Las herramientas – los operadores técnicos – usadas en la producción están sujetas a obsolescencia y desgaste, factores que tampoco se pueden definir completamente en términos científicos. También los productos hechos o las materias primas procesadas presentan diferencias individuales, que sólo pueden ser explicadas y controladas por adelantado dentro de ciertos límites. Añádase a esto que en cada uno de estos puntos también hay que tener en cuenta las desviaciones graves e imprevistas que pueden convertirse en errores y fallas de funcionamiento. Si los controles automáticos (todavía) no se encargan de estas dificultades, el control científico a distancia tiene que ceder el paso a la responsabilidad personal del trabajador en el proceso de producción o construcción. Este trabajo libre también ocurre en la etapa final de la producción de un producto individual, ya sea que el control numérico por computadora ofrezca posibilidades en este punto para hacerse cargo de la tarea humana.

En general, podemos decir que la influencia de la ciencia técnica es tal que las personas quieren automatizar tanto como sea posible la implementación o formación técnica en conformidad con un diseño científico. La tendencia intrínseca es desterrar cualquier contribución humana al proceso. Por lo tanto, la atención a los agentes humanos en su libertad y responsabilidad por la tecnología se centra cada vez más en la fase de diseño, aunque hay, también, operaciones científicas que se pueden automatizar con la ayuda de un ordenador.

Problemas en la ciencia técnica

La fase de desarrollo de la ciencia técnica está claramente condicionada. Los problemas con los que el ingeniero es confrontado surgen en un cierto ambiente específico: podrían estar condicionados por la historia y el estado de la industria. En un sentido histórico, el ambiente está determinado por la cantidad de conocimiento técnico registrado perteneciente a los procesos de producción y los productos producidos. En un sentido industrial, la ciencia técnica es dependiente del estado actual de la tecnología existente en una empresa industrial dada.

Un problema aparte es que el conocimiento técnico está creciendo continuamente y que no cada diseñador es capaz de mantenerse al día con este desarrollo. Esto se ha convertido en una de las más grandes dificultades en la tecnología moderna. La solución obvia a esta dificultad es incrementar la especialización, pero esto también tiene sus límites. Entre más pequeña sea el área del conocimiento especializado, más problemático llega a ser el vacío de conocimiento fuera de ella. Los peligros de la especialización son por lo tanto compensados por el trabajo en equipo. Por lo demás, se tienen que tomar las medidas necesarias para poner a disposición de los diseñadores, tan eficiente y rápidamente como sea posible, los más recientes desarrollos en ciencia técnica.

Aunque los problemas técnicos surgen en un ambiente individual específico, es importante para el científico técnico ser capaz de plantear y resolver esos problemas tan general o universalmente como sea posible. Resulta que, de vez en cuando, hay una tensión entre la solución universal y el ambiente individual en el que el problema surge. En la medida en que la solución se desvía de lo que exige el problema original, el medio ambiente tiene que adaptarse a la solución obtenida.

Con base en lo anterior, debe subrayarse que la ciencia técnica trata con problemas técnicos de la importancia más universal, así como con problemas de la individualidad más extrema. La primera categoría pertenece a las ciencias técnicas fundamentales, la segunda a las ciencias técnicas más prácticas o aplicadas. Si, como ingeniero, uno se confinara a las ciencias técnicas aplicadas, uno podría perder el contacto con el campo de la tecnología en su conjunto. Los estudiantes de las ciencias técnicas, por lo tanto, crecientemente tienen el decepcionante sentimiento de nunca poder adquirir una idea general de las ciencias técnicas, mientras que todos se dan cuenta de que la pérdida que se conlleva en ese respecto es que uno no puede hacer que los avances adquiridos en otros lados sean directamente fructíferos en su propio campo. Considere, por ejemplo, la generalización de los sistemas de vibración para los diferentes tipos de procesos de energía. El conocimiento de las ciencias técnicas fundamentales, por lo tanto, sigue siendo necesario junto con el conocimiento especializado de las ciencias técnicas aplicadas.

Desde un punto de vista científico, la especialización, aunque entendible, es problemática para el desarrollo de la tecnología. De ahí que en la educación científica técnica tengamos que encontrar un equilibrio adecuado entre el conocimiento científico técnico fundamental y el conocimiento de las fronteras de la tecnología en la práctica. Esta tensión entre el conocimiento universal y el conocimiento científico-técnico individualizado no puede, por razones pragmáticas, simplemente resolverse en favor de este último. El conocimiento universal sobre, por ejemplo, la medición, la conmutación y la regulación de las transformaciones de energía, como ocurre en el campo de la tecnología en su conjunto, es una condición indispensable para tener la capacidad de aplicar este conocimiento en una forma individualizada.

8.5 La fe como una fuerza integradora en la cultura

Destacando la dirección normativa para el desarrollo de la ciencia y la tecnología, he llegado ahora al desafío inherente en nuestra cultura. Uno sólo puede cumplir ese reto al aceptar claramente las implicaciones de la importancia de la ley de Dios como la dirección normativa para un desarrollo responsable de la cultura. El reto es integrar fe y desarrollo técnico.

Esto es algo que mucha gente encuentra difícil. Al igual que en el dominio de la ciencia (véase sección 1.3), el enfoque más común que los cristianos toman es separar su fe de la cultura y, por tanto, de su desarrollo técnico. Ellos viven, por así decirlo, en dos mundos separados. La fe cristiana es privatizada y pierde su poder para resistir la corrupción (como la sal) en nuestra cultura. En esta cultura los cristianos, en todo caso, apenas se distinguen de los no cristianos. Este divorcio entre fe y cultura provoca una división en la vida cristiana. El poder de la creencia cristiana es mínimo. Al final, esta separación demuestra ser insostenible. Una y otra vez, el espíritu de la secularización demuestra ser más fuerte que la creencia cristiana. La separación de la creencia cristiana de la cultura demuestra ser un divorcio entre dos fes: la fe cristiana se aplica a una cierta parte de la vida, pero para la mayor parte, la vida es controlada por la creencia en el progreso, en el control o – una de sus variantes – en la supervivencia.

La vieja noción de "naturaleza" y "gracia", yo argumentaría, es igualmente insostenible. Ese concepto asume que existe un sustrato neutral en la cultura, en el que cada uno tiene todas las cosas en común con todos los demás, a saber, la "naturaleza", pero que desde el punto de vista de la fe es insuficiente. La "fe" agrega a la cultura el coronamiento real y complementa lo que necesita. No obstante, creo que he demostrado anteriormente lo suficiente que ese desarrollo cultural del día de hoy es, sobre todo, caracterizado por la secularización, por la presunción y orgullo humanos, por la pérdida de valores y normas. Estas cosas ya no pueden ser reparadas desde el "piso superior" de la fe.

Algunos defienden como una alternativa, tanto a la doctrina de la separación como a "la doctrina del coronamiento", como una doctrina de los fundamentos. En ese caso, las personas correctamente proceden a partir de la posición de que la fe es también de la mayor importancia para la cultura y, por tanto, para la actitud que los cristianos adoptan en una determinada cultura. Si esa fe se define en una serie de reglas fundamentales, no puede haber disputas con eso como tal. La pregunta, sin embargo, es si la fe también controla la acción de construir sobre ese fundamento. Si la fe solo se refiere al fundamento y no más, entonces no influye en la construcción del edificio mismo, no hay integración entre la creencia cristiana y la cultura, en este caso, entre la creencia cristiana y el desarrollo técnico. La gente presta mucha atención al comienzo de todos los proyectos cristianos, pero se logra poco en el camino de una reforma real del pensamiento y la acción.

La elección que debemos tomar es la integración de la creencia cristiana y cultura. La fe cristiana como una expresión del corazón debe constituir una unión con el pensamiento y las acciones del cristiano, con la cabeza y las manos de cristianos. La fe debe controlar e imbuir vida en todas las cosas. No son la ciencia y la tecnología las que deberían ser nuestras guías hacia el futuro, sino *la ley del Reino de Dios que es reconocida en fe como la manera en la cual Dios en Cristo concede la renovación de la creación en su conjunto.*

Esta integración entre fe y cultura tendrá que ser caracterizada por una renuncia de los motivos y normas culturales actuales. O, para decirlo mejor, vamos a tener que incorporar las principales normas de nuestra cultura hiper-científica-técnica, a saber, la eficacia y la eficiencia, en el marco normativo de los mandamientos de Dios y en una dirección normativa para un desarrollo integral de nuestra cultura.

En las siguientes secciones, por lo tanto, voy a poner atención primero en una ética de la responsabilidad y luego en una dirección estructural normativa para la tecnología. Esta dirección consiste en un gran número de principios normativos distintos, pero al mismo tiempo, mutuamente coherentes. Su dirección no es solamente "horizontal" (o inmanente) sino también "vertical" (o trascendental). Como seres humanos, se nos pide desarrollar estos principios normativos de manera responsable hacia las normas actuales que deben funcionar como guías o señales de tráfico para las actividades culturales responsables. El profesor A. Troost una vez dio la siguiente descripción clara de ello: "En la estructura normativa de la creación – los principios de la creación – Dios ha dado, algo así como líneas punteadas y marcas de gis, el inicio del desarrollo cultural. En nuestra respuesta cultural, es nuestro privilegio rellenar esas líneas punteadas." El desarrollo cultural debe ser marcado por esta respuesta-estructura.

8.6 Ética de responsabilidad

Antes de proceder a decir algo más concreto acerca de esa respuesta-estructura en la siguiente sección, debo indicar que la ética de la que estoy a favor es claramente distinta de lo que se ofrece en la actualidad. Por lo tanto, quiero en primer lugar revisar brevemente algunas de las principales corrientes de la reflexión ética que se producen en las discusiones éticas de la tecnología, pero que en realidad no se ajustan a ella. Ellas son, respectivamente, lo que podríamos llamar la ética de los fines y la ética del deber. Después de eso voy a discutir la ética de la tecnología como una ética de la responsabilidad.

¿Qué es precisamente la ética? La ética es la ciencia del bien o de la acción humana responsable, la ciencia de normas y valores que tienen una influencia sobre la acción humana.

En tanto, un buen número de problemas quedan ocultos en tal breve descripción. Por ejemplo, la pregunta: ¿qué *es* bueno?; ¿qué *es* responsable? La gente de ninguna manera se ha puesto de acuerdo. Ese ha sido el caso por siglos. Dos escuelas antiquísimas e importantes de la ética lo dejan claro. Son escuelas con las que el apóstol Pablo se vio confrontado cuando presentó el Evangelio en Europa. Una es la de los epicúreos, que representa la ética de los fines; la otra es la de los estoicos, que representa la ética del deber.

Una escuela responde a la pregunta referente a lo bueno y lo malo refiriéndose al fin que se alcanza por la acción humana. Por lo tanto, también podemos hablar a veces de una ética de resultados utilitaria, orientada a objetivos. La otra escuela enfatiza el buen comienzo o el inicio de la acción. Cuando se actúa, uno debe adherirse consistentemente a ciertas normas desde el principio; esa es la obligación de una persona. Hablamos por lo tanto de una ética del deber, también llamada ética disposicional.

Ética de los fines
Los especialistas en ética orientados a objetivos de nuestro tiempo tienen en común con los anteriores epicúreos que, para ambos, es *el resultado* de una acción lo que cuenta. Debemos buscar aquello que produce el mayor beneficio. Hoy en día, ocasionalmente también llamamos esta ética "utilitarismo". Y para evitar un descarrilamiento en la dirección del

individualismo, hablamos de "utilitarismo social". Nuestras acciones deben producir el máximo beneficio posible para el mayor número posible de personas. No es de sorprender que esta ética utilitaria haya dado forma – tácita e inconscientemente como una regla – a la actitud ética básica o *ethos* que rige el desarrollo de la tecnología. Esa es la ética utilitaria que se ajusta al tecnicismo y a la imagen del mundo técnico. La utilidad o el resultado de la tecnología debe hacer una contribución a la prosperidad material.

Cuando examinamos esta ética utilitaria en su forma extrema – por fortuna, raramente ocurre en una forma extrema – se hace evidente que esta ética es en realidad inadecuada para la tecnología – ciertamente para la tecnología moderna. Porque, si toda acción se rige por la utilidad, por el resultado como fin, entonces todos los medios posibles e imposibles serán empleados para alcanzar ese fin. Cuando el fin es el factor decisivo, se introducen desequilibrios en la búsqueda de tal fin. En primer lugar, el proceso técnico es enmarcado por – y, por lo tanto, reducido a – el esquema de fines y medios. La norma de la eficiencia se aplica para hacer la relación entre los medios y el fin lo más favorable posible. Dada la absolutización de la eficiencia como norma, otros puntos de vista se descuidan. Los medios técnicos empleados para alcanzar un fin son vistos exclusivamente a la luz de ese fin. Esto quita la atención del impacto del proceso económico técnico sobre el empleado, el medio ambiente y el entorno. Los materiales residuales se vierten fácilmente en cualquier lugar, ya que no contribuyen al resultado. Esto también implica que no todos los costos de la producción técnica son tomados en cuenta. Se tiene en cuenta solamente aquello que sucede en el marco del proceso directo – no en el posible daño hecho al medio ambiente y la naturaleza. Especialmente lo último se ha convertido en una amenaza, ya que la tecnología moderna – digamos, por ejemplo, de la industria química – a veces deja materiales de desecho que son muy dañinos, tóxicos y frecuentemente no degradables. Un enfoque unilateral sobre el fin o resultado que debe alcanzarse puede cegar a la gente a estas consecuencias.

Precisamente este enfoque exclusivo sobre el fin o el resultado que lo vuelve sacrosanto conduce a una situación en la que todos los medios técnicos se justifican en la búsqueda de un fin absolutizado. Por lo tanto, también en el proceso interno de una determinada empresa donde el proceso técnico ha sido integrado ocurren descarrilamientos: el empleado puede ser visto como una extensión de la máquina, lo que pone la humanidad de uno bajo presión. Además, se pueden tomar riesgos injustificados en el proceso de producción, por lo que la fiabilidad de los productos se hace cuestionable. A su debido tiempo, el cliente sufre las consecuencias.

Mencioné que me gustaría esbozar la ética utilitaria de una forma extrema. Pero incluso cuando se ajusta y se corrige, los inconvenientes siguen en vigor. La gente puede luego pasar a suplementar la ética de los fines con un tipo de ética regulatoria, por ejemplo. Esto quiere decir que, aunque aceptan el concepto existente de una ética de los fines, ellos introducen reglas para evitar los excesos de un desarrollo técnico unilateral. Sin embargo, tal ética regulatoria como una clase de ética tecnológica es más una parte del problema que la solución del mismo. Donde la utilidad como fin sigue siendo un todo determinante para las actividades técnicas, las personas, en última instancia, se preocupan menos por la manera y el camino para alcanzar el fin. Dada tal ética utilitaria, existe desde el mero principio una falta de visión responsable del proceso técnico. Bajo la influencia del utilitarianismo, las cosas crecen torcidas; surgen abusos que se manifiestan frecuentemente en los conflictos entre las personas dentro de la configuración técnica inmediata, en este caso, los negocios, así como entre la empresa y el medio ambiente local. Una ética regulatoria falla en producir cualquier cambio fundamental; puede hacer solamente correcciones a un desarrollo que empezó mal. Esta situación indeseable evoca una reacción. A menudo, las personas empiezan a abogar por una ética del deber.

Ética del deber

En una ética del deber, lo central no es el fin del proceso de producción sino su comienzo. En una ética del deber – también llamada ética disposicional – lo que cuenta no es primeramente el resultado de un curso de acción sino la manera o la disposición con base en la que un desarrollo técnico determinado despega. En contraste a una ética del fin, por lo tanto, el enfoque total aquí es en el comienzo del camino y la manera en que se lleva a cabo el proceso de producción. Como uno esperaría, los nobles principios se discuten en este sentido. Comparado a la ética de los fines, esto es una ganancia. La unilateralidad de esta es que las personas no ponderan las consecuencias. Una ética del deber está ciega, por así decirlo, al futuro. Esta ética carga a las personas con todo tipo de ideales que en última instancia violan la estructura y la continuidad del proceso técnico, e incluso la hacen imposible. En la evaluación de esta ética hay que preguntarse, por lo tanto, si todavía se puede hablar de un buen resultado técnico.

Permítanme mencionar dos ejemplos que muestran la falta de solidez de esta ética para una empresa industrial. Si las personas quieren proceder a partir del interés común como el principio fundamental de una empresa, esto requiere mucha atención y energía de cada uno de los involucrados; sin embargo, se tiende a pasar por alto el interés específico de la empresa misma. Al final, la empresa entera se colapsa – a menos que se haga una empresa del Estado. Sin embargo, sabemos que precisamente tales empresas del Estado, rígidas, pronto se convierten en obsoletas e improductivas, por no decir más.

El segundo ejemplo de una ética del deber o ética disposicional es la de una empresa basada en el principio de la democracia directa, también llamada "el auto gobierno de los trabajadores". El principio de la responsabilidad del empleado es como tal un bien muy grande, pero cuando eso se convierte en el punto de vista que lo controla todo, surge una cultura de interminables reuniones y discusiones, en las que la propia empresa se pierde por completo. En los años 1960s y 70s, fuimos testigos del fracaso de este modo de pensar ético en las universidades. Una "cultura del compromiso" surgió, en el que todo tipo de cosas relacionadas con la educación y el estudio se discutieron y decidieron, pero muy poca cuestión educativa y muy poco estudio se llevaron a cabo. Las reglas fueron adoptadas por docenas, pero el resultado fue una camisa de fuerza de regulaciones, no la libertad.

En resumen, la ética del deber está basada en una disposición ética altruista que se concretiza constantemente en nuevas reglas o medidas; pero su verdadera razón de ser – sea lograr una empresa sólida o una tecnología responsable – se descuida.

El balance de la situación

En retrospectiva, observamos que tanto la ética de los fines como la ética del deber sufren de unilateralidad. Es claro que necesitamos un diferente enfoque para la ética de la tecnología. Para este enfoque, debe ser fundamental la idea de una tecnología responsable. Esto es tanto más importante ahora que la tecnología se entrelaza con la dinámica de la ciencia y la economía. Como resultado, nuestra responsabilidad se ha vuelto mayor, pero también más difícil de llevar a cabo. Se vuelve aún más importante, entonces, saber por qué motivos hemos de dejarnos guiar en la ciencia, tecnología y economía; cuál debería ser nuestro ideal y a qué principios o normas queremos hacer justicia. Los principios y normas por un lado no pueden ser puestos en contraposición con los fines por el otro lado. Además, en una ética para la tecnología, debemos poner atención tanto a la estructura interna o naturaleza de la tecnología, como a las relaciones externas de la tecnología. Es por lo tanto, mucho más apropiado hablar de una ética de la responsabilidad.

Una ética de responsabilidad

La palabra "responsabilidad" es altamente apropiada porque expresa el hecho de que todas las personas involucradas en el desarrollo científico-técnico deben conducirse a sí mismas "referencialmente", por así decirlo, como agentes autorizados. La gran importancia de la palabra también viene del hecho de que tiene dos sentidos relevantes. No solamente cada uno de los involucrados en el desarrollo científico-técnico carga con la responsabilidad; uno también debe ser capaz de justificar su propia participación. En otras palabras, uno debe ser capaz de decir sobre las bases de qué motivos, principios, normas, estándares y fines uno participa en y contribuye al proceso científico-técnico.

Por lo tanto, una ética de la responsabilidad deja más espacio que otros enfoques éticos para la idea del "llamamiento". El científico, técnico, o economista es incluso "llamado" por Dios para servir a Dios en sus actividades y ser una bendición a su prójimo o vecino. Decididamente, esto no es una consideración secundaria. Un énfasis especial en la palabra "llamamiento" es la idea de una tarea positiva. A pesar de que, en los debates actuales acerca de desarrollos problemáticos, la ética es a menudo asociada con la identificación de lo que no se puede permitir, dentro del marco de una ética de responsabilidad uno debe empezar enfatizando precisamente la parte positiva. De hecho, ha sido correctamente dicho que como resultado de nuevas posibilidades para ayudar a las personas en su sufrimiento o angustia, el sentido ético de posible ayuda se ha convertido en una obligación ética. En general, parecería ser un buen punto de inicio para una ética de responsabilidad que los agentes estén conscientes del sentido positivo de sus acciones en y con la tecnología, y que ellos rindan cuentas públicamente de su actuación.

La noción de un desarrollo científico-técnico responsable, en consecuencia, implica un enfoque integral. En cierto sentido, todo el desarrollo de nuestra cultura está involucrado en ella. Una ética de la tecnología presupone una ética cultural. Su significado podría residir en nuestro entendimiento de que no podemos adoptar el desarrollo unilateral de la ciencia, la tecnología y la economía como el modelo para la cultura en su conjunto. Tal "modelo de escalera" se cita a menudo, por ejemplo, en la evaluación de los "países en desarrollo". Si queremos describir el desarrollo de la cultura en un modelo, podríamos pensarlo mejor en términos de un abanico, un "sector" del cual representa el desarrollo de la ciencia y la tecnología en conjunción con la economía, de modo que ese sector no sella la cultura entera, como se hace en el modelo de la escalera.

Con respecto al desarrollo técnico, yo me he enfocado hasta el momento en los motivos y el ideal que deben tenerse en cuenta: la tecnología debe hacerse útil para una gran variedad de formas de vida. Para una evaluación crítica de la dirección correcta uno debe satisfacer, además, un gran número de principios normativos y las normas basadas en ellos.

Es importante reconocer que la idea de una "tecnología responsable" es difícil de poner en práctica en todos los aspectos. Eso fue cierto en el pasado, pero lo es aún más ahora porque la tecnología está cada vez más ligada a las potencias económicas. El modo de producción de libre mercado se guía en primer lugar por el mercado; en segundo lugar – con un ojo en la preservación de su posición competitiva – uno debe mantener los costos de producción tan bajos como sea posible y, por esa razón, tratar "creativamente" con nuevas posibilidades tecnológicas. Cuando hay una competencia feroz, difícilmente se puede prestar atención a otras normas.

Históricamente, sabemos de ejemplos de malas condiciones laborales, de trabajo infantil, de falta de seguridad en el trabajo, etc. En nuestro tiempo, nos hemos dado cuenta de que usualmente tampoco la industria hizo lo suficiente para satisfacer las demandas de la naturaleza y el medio ambiente. Se desperdiciaron las materias primas, se dañaron los ecosistemas, no se tuvieron en cuenta las necesidades de las generaciones futuras, etc. Por lo tanto, deben tomarse medidas políticas para superar la unilateralidad de la producción impulsada por el libre mercado y la tecnología irresponsable. A través de la política, debe haber intervención para limitar y/o corregir los "descarrilamientos" que toman lugar. En ese caso, la acción éticamente correcta se exige jurídicamente. Por regla general, esto sucede demasiado tarde. La razón es que la satisfacción de numerosos grupos de interés hace a la política impotente para servir a la causa de la justicia pública de manera precautoria.

En el análisis final, sin embargo, hay ejemplos que indican que el proceso político puede corregir desarrollos que han ido mal. Con el transcurso del tiempo, las autoridades holandesas y otras autoridades pudieron aprobar *legislación* en materia de mano de obra, servicios sociales, capital, empresa, concesión de licencias y ubicación de empresas, precios, naturaleza y medio ambiente, control de calidad, normas ambientales y seguridad de productos. El gobierno ha creado así un marco para ampliar las oportunidades para el desarrollo de la empresa responsable y, con ella, la tecnología responsable. Es en especial el servicio de la tecnología lo que debe ser fomentado.

8.7 Un marco integral de normas

La búsqueda de un enfoque normativo implica un amplio punto de entrada y, al mismo tiempo, un rumbo estable. Esa búsqueda comienza con la aceptación de los motivos antes mencionados en términos de los cuales deben conducirse la ciencia y la tecnología, a saber, de "sabiduría" y de "construcción y preservación". No es raro que los motivos de "sabiduría" y "preservación" hayan sido olvidados. De otro modo, la biología y la ecología habrían sido aceptadas hace mucho tiempo como ciencias fundamentales para la ciencia técnica. "Preservar", por ejemplo, implicará la conservación de la naturaleza y el mantenimiento de una biosfera saludable. El desarrollo técnico actual con frecuencia conduce a la tecnificación de la naturaleza. Esto se debe a que, muchas veces, la gente no se da cuenta de que la tecnología exige una base científica más amplia y que tal base, como una contribución al crecimiento de la sabiduría, conduce a una acción creativa y cautelosa en la tecnología moderna como servidora de la vida. Esto satisface la idea cultural de la creación como un jardín que se desarrollará (véase sección 7.6).

Tecnología ecológicamente adaptada

Sobre la base de los motivos anteriores, la tecnología moderna debe vincularse con la situación dada en la que los seres humanos, la naturaleza y el medio ambiente, así como, digamos, el paisaje, se encuentran. Como tal, la tecnología moderna debe ser una tecnología adaptada y ecológicamente responsable. Donde ha ocurrido la ruptura, la gente debe trabajar en la restauración tanto como sea posible. Sin embargo, esto no implica en lo más mínimo que debamos abogar por un retorno a la tecnología tradicional. Una tecnología adaptada debe experimentar una ampliación en comparación con el estado actual de desarrollo. Esta diferenciación en el desarrollo tecnológico tendrá también claramente que tener una dimensión cultural. La tecnología no debe entrar en conflicto con el estado de desarrollo cultural y la rica diversidad que se encuentra en ella, sino que debe en su desarrollo unirse con ella para que la tecnología enriquezca la cultura. Desafortunadamente, especialmente en los países en desarrollo, observamos lo contrario. En esos países, la tecnología moderna a menudo significa una ruptura con la cultura existente.

Pero también en los países industrializados se producen serios problemas, como los que se dan entre la tecnología y la naturaleza. A veces, los residuos de la tecnología son muy perjudiciales para el hombre y la naturaleza. Debemos aprender a comprender – y esto se aplica en primer lugar a los ingenieros como científicos tecnológicos y técnicos – que los productos de desecho dañinos no pueden ser parte de una tecnología responsable. Los ingenieros tienen la obligación de encontrar una solución para estos productos de desecho. A veces, eso incluso demuestra ser muy exitoso. Un ejemplo: durante mucho tiempo la gente pensó que no había solución para los desechos malolientes y contaminantes de las fábricas de harina de patata. Posteriormente resultó que estos productos de desecho podrían convertirse en nuevos productos. Tanto ecológica como económicamente, este desarrollo resultó ser rentable.

Además de alinearse con la naturaleza y la cultura, la gente debe intentar, impulsada por el motivo correcto, adherirse al curso normativo. Más que nunca antes, los ingenieros en particular deben sumergirse en los problemas y las causas del actual desarrollo tecnológico. Al desarrollar la sensibilidad a estos problemas y sus causas y al discernirlos correctamente, tendrán una base para un buen comienzo.

Si la tecnología procediera a partir de esa posición inicial, entonces la tecnología moderna y la tecnología alternativa o intermediaria (en el sentido de E. F. Schumacher) ya no necesitarían oponerse, sino que podrían complementarse una a otra. Por un lado, está la sobrevaloración del control científico-técnico y el método científico de diseño; por el otro lado, frecuentemente en reacción a las amenazas existentes, existe la súplica por las tecnologías alternativas inspiradas por una visión romántica de la naturaleza. La misma tensión, como vimos anteriormente (véase sección 8.3.2), existe entre la agricultura científico-técnica y la agricultura basada en la biología. La agricultura industrial, como resultado de sus problemas, evoca reacciones simplistas.

Principios normativos para la tecnología
Esta tensión puede evitarse y resolverse cuando el desarrollo de la tecnología y el control científico-técnico operativo en ella respondan simultáneamente a un gran número de principios normativos mutuamente coherentes.

Ahora describiré brevemente estos principios normativos (los cuales se derivan, como ya lo he dicho, de la teoría de las estructuras establecidas en la filosofía Reformacional) y su elaboración en normas, limitando la discusión de su significado para la tecnología moderna a unos cuantos puntos y ejemplos sobresalientes.

La *norma histórico-cultural* es de diferenciación e integración, de continuidad y discontinuidad, de centralización y descentralización, de dimensionalidad a gran escala y a pequeña escala, de uniformidad y multiformidad. Los diferentes componentes de esta norma no deben ser entendidos como antitéticos. Cuando el método científico del diseño y tecnología se enfoca a un lado de esta norma en detrimento del otro, entonces la tecnología se pone sobre una pista unilateral y ultimadamente peligrosa. El hecho de que las personas, por ejemplo, pongan todo el énfasis en la integración, la continuidad, la centralización, la dimensionalidad a gran escala y la uniformidad, explica en gran parte los problemas de la tecnificación. Esta unilateralidad, además, produce un desarrollo de la tecnología de modo que sobrecapacidad y redundancia son los resultados previsibles. Por otro lado, al comprometerse exclusivamente a la dimensionalidad a pequeña escala, se pierde fácilmente el significado de la tecnología. Un ejemplo es el suministro de agua potable. Si fuera proporcionada en una escala demasiado pequeña, muchas personas tendrían que prescindir de agua potable.

La satisfacción de ambos componentes de la norma cultural-histórica ofrece un desarrollo más equilibrado de la tecnología. Dado tal desarrollo, también habría espacio para la creatividad y la innovación, que vienen a expresión en las nuevas invenciones y la elaboración creativa de las posibilidades existentes.

Si se satisface la norma histórico-cultural, que garantiza la adaptación de la tecnología a la cultura existente y, al mismo tiempo, hace posible la renovación, puede surgir una tecnología ricamente diversa. En ese caso, para citar otro ejemplo, no esperamos todo de la energía nuclear, pero buscaremos la mayor diversidad posible en las fuentes de energía. Pero también debemos responder a los siguientes principios normativos y a su elaboración responsable en normas.

La tecnología se desarrolla y su significado se profundiza cuando satisfacemos la *norma lingüística* y la *norma social*. La norma lingual es la de la información, claridad o apertura. Esto significa que se debe proporcionar información sobre cada innovación técnica de una manera clara y pública. Es sólo bajo esta condición que aquellos que son activos en la tecnología o consumidores de sus productos pueden llevar a cabo su responsabilidad específica en la evaluación y la toma de decisiones.

Como todos sabemos, no todo el mundo está contento con ciertas nuevas tecnologías. La manipulación genética de plantas (véase sección 4.4.1) es un ejemplo. Para que nosotros como consumidores podamos hacer elecciones responsables, las etiquetas de los envases deberían indicar si hubo manipulación genética en la fabricación del producto. Por esa razón, también la norma social, norma de comunicación o interacción, está ligada a la norma lingual de la información. Todos aquellos que participan en la tecnología sólo pueden llevar a cabo sus responsabilidades comunes, así como sus responsabilidades distintas, sobre la base de la comunicación abierta. Prestar atención a la información y a la comunicación implica que la responsabilidad de todos los involucrados en el desarrollo de la tecnología se verá beneficiada sustancialmente. No hace falta decir que las formas anteriores de la información y comunicación necesitan ser honradas especialmente por los científicos técnicos que están en la cuna, por así decirlo, de cada nuevo desarrollo técnico.

Aunque estas responsabilidades que corresponden a los técnicos no pueden ser negadas, las posibilidades de cumplirlas correctamente en la práctica son a veces extremadamente limitadas. Los secretos comerciales y la búsqueda unilateral de beneficios pueden frustrar seriamente a los ingenieros técnicos responsables.

La *norma económica* de mayordomía que se manifiesta en la tecnología como eficiencia debe ser honrada pero nunca de manera unilateral. Esta clase de unilateralidad existente se debe especialmente a la influencia predominante de la ciencia de la economía en la industria, que bajo la influencia del tecnicismo se ha reducido demasiado por la eficiencia beta y, en la cual, los bienes que sólo pueden medirse en términos monetarios determinan el concepto de "valor". Por supuesto, la norma económica debe considerarse como parte integral de un marco integral de normas. Esta norma económica, además, no debe ser aplicada sólo al proceso de producción. También debemos ocuparnos económicamente de las materias primas, el uso de la energía, la naturaleza, el medio ambiente, el paisaje, los animales e incluso las personas involucradas en el desarrollo de la tecnología. Si limitamos la norma económica sólo al proceso de producción, surge, en lugar de un buen desarrollo, una distorsión de la tecnología y de la economía industrial que se entrelaza con ella. Sin embargo, si aplicamos omnilateralmente y simultáneamente la norma económica – en conjunto con las anteriores y las siguientes normas – evitamos un cierto sobredesarrollo que conduce a superávits y sana las graves consecuencias del subdesarrollo en nuestro trato con la naturaleza y su administración. Ponemos entonces atención a la naturaleza y al medio ambiente, a la escasez de materias primas y energía, y reconocemos que las personas no pueden reducirse a su funcionamiento económico en la tecnología. Tanto el empleador como el empleado deben ser reconocidos en sus respectivas responsabilidades.

El desarrollo normativo de la tecnología se facilita cuando también hacemos justicia a la *norma de la armonía*. Hoy en día, debido a la redundancia, a los excedentes, a los residuos que son incidentales a un estilo de vida materialista y a la explotación de la naturaleza, estamos lejos de cumplir esta norma. Poner atención en esto, en continuidad con las normas precedentes, significa que la tecnología debe desarrollarse *parejamente*, de manera equilibrada. Esta norma implica, por ejemplo, que las nuevas posibilidades técnicas nunca pueden ser introducidas de manera revolucionaria, algo que podría implicar más disturbios sociales y la pérdida de apoyo público. La norma de la armonía también debe ser considerada en conexión con la relación multilateral entre la naturaleza, el hombre, la cultura y la tecnología y, naturalmente, adquiere una aplicación especial en un control armonioso del paisaje y el desarrollo urbano armonioso, y así sucesivamente.

Estas normas, por supuesto, deben ser objeto de mayor atención en situaciones específicas, como los problemas de tráfico modernos. Las filas de autos en los embotellamientos son cada vez más largas y quedan pocas posibilidades para expandir el sistema de carreteras sin hacer un nuevo asalto al medio ambiente. En ese caso, la norma de la armonía puede ser honrada mediante la construcción subterránea. Es concebible, por ejemplo, mover el tráfico de mercancías de manera subterránea, digamos, bajo las carreteras existentes. Así se evita un nuevo asalto a la naturaleza. Por supuesto, los costos de la tecnología aumentan, pero un aumento en los costos puede servir de freno al consumismo y al dinamismo, freno que también ofrece ventajas en otros varios sentidos. En términos generales, ahora estamos obteniendo nuestra tecnología demasiado barata; no estamos teniendo en cuenta los daños causados al medio ambiente y la naturaleza. Si tomamos en cuenta esos daños, al menos más seriamente de lo que lo hacemos ahora, entonces la tecnología sí se vuelve más costosa, pero representa una carga mucho menor para el medio ambiente.

La norma de armonía también requiere que la tecnología se adapte a los seres humanos en lugar de a la inversa. No es por nada, por ejemplo, que exigimos herramientas o equipos de uso fácil. Este equipo, a medida que sirva a su propósito, al mismo tiempo dará placer a las personas que trabajan con él. La tecnología siempre debe estar al servicio de la humanidad. Así, los seres humanos no deben tener que adaptarse a los sistemas informáticos, sino viceversa. De otra manera, los seres humanos son también vistos funcionalmente. El respeto y el amor al prójimo significan no permitir que los sistemas informáticos gobiernen sus vidas. Tenemos razón, por lo tanto, para ser diligentes en la protección de la privacidad de la gente en nuestra era de la computadora. Esto está implícito en nuestro honor a la norma ética, que discutiré en un momento.

Al responder a la *norma jurídica*, ofrecemos resistencia a cualquier posible injusticia que pueda traer consigo el desarrollo de la tecnología. Los ingenieros, consultores, empleados – todos ellos – deben preguntarse si su contribución a la tecnología hace justicia al reino vegetal y animal, a las fuentes de materias primas, a los consumidores, a la sociedad, a la cultura, a los países en desarrollo, etc. Esta norma jurídica es una parte intrínseca de la tecnología. Cuando se descuida, el mundo político debe tomar medidas apropiadas. Naturalmente, este mundo político no debe dejarse cooptar por las potencias económicas.

Por lo demás, es bueno destacar que la aplicación de estas normas al desarrollo tecnológico también ejerce su influencia para bien en aquellos sectores de la cultura en los que la tecnología juega un papel cada vez más importante. Esto se aplica especialmente a la agricultura moderna y a la atención médica. La crisis en la que se encuentran estos sectores culturales también puede dar un giro para mejorar, si las personas aplican consistentemente las normas que hemos bosquejado.

Todas las normas mencionadas hasta ahora se revelan y profundizan si nos atenemos a la *norma* ética *de cuidado y amor*. Tengo en mente el cuidado y el amor por todo lo que tiene que ver con la tecnología y por implicación para nuestros muchos vecinos, lejos y cerca, y para nuestros compañeros "naturales" en la Creación. Sin embargo, cuando el amor está ligado exclusivamente al control científico-técnico, la gente se vuelve tan adicta a él que puede incluso convertirse en una amenaza. Si esta norma no es respetada en todas las direcciones, los seres humanos se vuelven cada vez más alejados de su trabajo. Tomemos, por ejemplo, los agricultores de la agricultura industrializada. Pueden alejarse fácilmente de su tierra, de la naturaleza y de sus animales.

El principio del "no, a menos que"

En los capítulos 4 y 5, analizamos los problemas relacionados con las posibilidades de la manipulación genética de plantas, animales y seres humanos. En general, quisiera honrar el principio ético del "no, a menos que". Ese "no" debería evitar una situación en la que, con plantas manipuladas genéticamente, causemos enfermedades, perturbaciones naturales o una disminución de la biodiversidad. Sin embargo, si la gente cree que debe seguir adelante, debería hacer una bien fundamentada apelación al "a menos que". A este respecto, debe tenerse en cuenta que los empresarios que harán uso de esta tecnología asumirán todos los riesgos desde el mismo comienzo. Sin embargo, esto no altera el hecho de que el mundo político en particular debe proporcionar un marco para la evaluación ética.

No hace falta decir que, si la gente está considerando la manipulación de los genes humanos, el "a menos que" sólo se aplica al nivel de los órganos corporales. La manipulación genética a través de la línea genética que involucra a toda la persona debe permanecer prohibida. En el caso de los animales, con miras a la producción de medicamentos, por ejemplo, el "a menos que" podría ser visto de manera más amplia.

La norma final que el desarrollo científico-técnico debe cumplir es la *norma* "pística" o *de fe*. Esta norma se refiere en primer lugar a la fe en Dios, la confianza en su mandato y, posteriormente, teniendo la seguridad de que si uno actúa con el motivo correcto y responde a las normas correctas con vistas al servicio de la vida, uno está trabajando responsablemente. Por lo tanto, esta norma de fe también implica tener confianza en un sentido más restringido. Los usuarios de equipo técnico pueden y de hecho deben confiar en que el equipo funciona y es seguro porque cumple con las normas. La tecnología es segura cuando sus inventores y creadores satisfacen el marco normativo anterior como su guía hacia un desarrollo responsable de la tecnología. Esto no significa que todos los problemas y amenazas han sido completamente eliminados de esa tecnología, sólo que los problemas se han mantenido dentro de los límites. Después de todo, todo trabajo cultural exige un precio. Ningún trabajo cultural es "un lecho de rosas"; siempre lo acompañarán "espinas y cardos". Sin embargo, dentro del marco integral de las normas antes esbozadas, los problemas no serán insostenibles e insuperables. Esto se debe a la dirección trascendental de la norma de la fe, el reconocimiento de que nada en realidad es autosuficiente, sino que, como entidad creada, depende de su Creador y debe dirigirse hacia él. Pero si, sobre la base del tecnicismo y de la fe en el control científico-técnico, las personas buscan superar todos los problemas de manera autónoma, ponen en marcha "la ley de las consecuencias involuntarias" y los problemas crecen en tensiones peligrosas e insoportables que incluso pueden explotar en catástrofes. Esa actitud pística de la fe en el control científico-técnico constituye el fondo de los problemas producidos por la tecnificación (véase sección 4.3)[3].

---

3 El lector, quizás encontrando el marco normativo esbozado arriba demasiado abstracto, podría querer ver un modelo concreto aplicado o desarrollado para un sector especial de la tecnología. En ese caso, me gustaría referirme a una publicación de J. Van der Stoop, *Door netwerken verbonden – een normative structuur van de interactieve media* [Conectado por redes: Una estructura normativa de los medios interactivos] (Amersfoort, Instituut voor Cultuurethiek, 1998), quien ha hecho que el marco normativo anterior sea más fructífero para los medios modernos de información y comunicación. Además de una evaluación normativa de esa tecnología, él planea en un siguiente estudio presentar una cuidadosa elaboración de la misma para los sectores de la educación, el trabajo, la salud, la política y la iglesia.

Política responsable

Antes de concluir esta sección, todavía tenemos que comentar sobre el contexto en el que se desarrolla la ciencia técnica y la tecnología moderna. En una "economía de libre mercado", al menos si esta "libertad" es considerada como "libertad en la responsabilidad", los que ocupan puestos de liderazgo tendrían que tomar sus decisiones políticas de acuerdo con el marco normativo que hemos bosquejado. La realidad nos muestra, sin embargo, que las potencias económicas generalmente fomentan o incluso refuerzan el tecnicismo y la tecnificación. Con el fin de contrarrestar estas tendencias, muchas personas buscan la dirección en la política y el gobierno. Pero una política materialista refuerza el mismo proceso. Sin embargo, debido a que la organización del estado se refiere a todos y se pueden imponer restricciones a las empresas económicas, la política es el lugar para considerar y contrarrestar los descarrilamientos de la tecnología y la cultura. Esto entonces requiere, por supuesto, que la política se conduzca dentro del marco normativo esbozado anteriormente con un enfoque especial, de acuerdo con la naturaleza de la política, la ley y la justicia pública. En vista de la presente situación distorsionada, tendrá que ser puesto un freno en el proceso de la tecnificación. A través del proceso político, la gente puede optar por una tecnología normada que sea más amigable con el medio ambiente, con la naturaleza, con los animales y con la cultura y que no conduzca a una pérdida de oportunidades de empleo. En tal caso, la conducta éticamente correcta es exigida jurídicamente (véase sección 8.6). Por lo demás, también hay que reconocer que las políticas nacionales sólo pueden ser efectivas si son apoyadas desde la misma perspectiva de la ley y de la justicia pública en la política internacional.

8.8 El significado de la cultura

Con esto, llegamos a una conclusión final o resumen. El tecnicismo como una expresión de la voluntad propia del hombre, habiéndose fortalecido con la ayuda de la ciencia moderna, se manifiesta ahora en nuestra cultura científico-técnica. Como resultado, esta cultura ha sido entregada a la tecnificación. Es en esta tecnificación, como lo vimos, que se concentran los problemas y las amenazas de la cultura moderna. El tecnicismo y la tecnificación pueden superarse mediante una orientación renovada hacia el origen y mediante una discusión explícita renovada de la cuestión del significado de todo a la luz de la revelación divina. En esa luz, vemos surgir a la vista una estructura de creación normativa que constituye un marco normativo integral en el cual una perspectiva significativa para el desarrollo de la cultura es una posibilidad.

Nuestra actitud cultural debe ser marcada por la conexión del mundo divino con nuestro mundo humano a través de Cristo. Esa es la actitud de amor a Dios y amor al prójimo. En el amor a Dios, debemos alejarnos de nuestra cultura secularizada, completamente cientificada y tecnificada para, posteriormente, volver con ese amor a nuestro vecino (también lejano) y a la cultura. Ahí radica la perspectiva de la eternidad en la cultura, la perspectiva del reino de Dios. Esta perspectiva también nos proporciona una base para una gestión responsable tanto de la cultura como de la naturaleza. Frente a la adoración de los dioses de la cultura y la naturaleza y en oposición a un materialismo prevaleciente, la gente debe obedecer a Dios en su cultura. La tecnología y la economía deben rescatarse de la fe en el progreso y el crecimiento. En medio de una cultura tecnológica centralizadora y de gran escala con todo su poder, los cristianos tendrán que buscar la dirección descentralizadora a pequeña escala del amor, de la justicia, del servicio, de la voluntad de hacer sacrificios, de misericordia y de gratitud. Estas son las palabras clave que faltan en el vocabulario de la ideología de la tecnología. Implican la conversión, un alejamiento de la ideología de la tecnología, del ideal técnico de la perfección y del imperativo tecnológico. La conversión no significa una renuncia a la tecnología: vivimos de ella y no podemos prescindir de ella, pero nunca podemos poner nuestros corazones en ella. No vivimos para la tecnología, aunque nos equipa para ser de servicio. Técnicamente hablando, lo que merece nuestra atención no es todo lo que se puede hacer, sino justo lo que es necesario y deseable. El poder técnico y sus pretensiones de absolutismo deben ser frenados. La tecnología no debe desarrollarse en total autonomía; como una prótesis, debe ser de servicio a los individuos y a la sociedad humana en su conjunto.

La tensión entre tecnicismo y naturalismo se disolverá a medida que avanzamos en una dirección normativa. Siguiendo la ciencia, la tecnología, la agricultura, la economía y la política – cada vez de acuerdo con el carácter distintivo de estos sectores culturales – esta perspectiva, mientras que exige esfuerzo y lucha, nos ofrece la esperanza de reprimir las amenazas, de frenar los problemas y de superar la actual crisis de la cultura. Como resultado, ¡el desarrollo cultural será más estable y sostenible! El bienestar humano será mejorado y la creación de Dios prosperará.

Fe cristiana y cultura

En conclusión, permítame intentar expresar brevemente, en forma resumida, el contenido de la fe cristiana y el significado de esa fe para el desarrollo tecnológico. Como portadores de la imagen de Dios, en el momento de la creación, los seres humanos recibieron el mandato de dominar y revelar la obra de creación de Dios. Implícito en este mandato de creación está también el mandato de la tecnología como la apertura del lado de naturaleza de la creación y la realización de su parte técnica. El fin último de la tecnología era servir y honrar a Dios; al seguir ese camino, los seres humanos al mismo tiempo se desarrollan y satisfacen sus propias vidas.

La Caída, sin embargo, rompió el poder del hombre, mientras que la naturaleza fue maldecida. El hombre ya no vivía en armonía con la ley de Dios que se aplicaba a toda la creación y desde entonces debía vivir en un mundo violado y distorsionado por el pecado. Así la gente ya no es capaz de manejar y desplegar bien la naturaleza. Por el contrario, está continuamente amenazada por la naturaleza y obligada a defenderse.

La restauración es dada en Jesucristo. Él sana el quebrantamiento de toda la creación y lo eleva de nuevo en toda su plenitud a Dios, el Origen. Jesucristo entró en un mundo quebrantado por el pecado para someterse a la pena de muerte por el pecado. Pero también cumple el mandato de la humanidad de gobernar y desarrollar la creación. Jesucristo *redime y satisface* la creación.

Es singularmente difícil y tal vez incluso imposible determinar con precisión hasta qué punto la condición original de la creación está todavía presente en la situación existente de la naturaleza. Sabemos que la condición original sigue siendo dominante. El pecado no tuvo y no tiene el poder de destruir integralmente la creación. En cualquier caso, es claro desde un punto de vista bíblico que Jesucristo redime la creación de la maldición y la restaura a su destino original. Esto es aún más asombroso cuando consideramos que la creación todavía soporta totalmente las consecuencias de la Caída. Jesucristo puso los cimientos en la historia para la redención y el cumplimiento de esa creación. En Cristo, la ruptura del significado resultante de la Caída es anulada, y en Cristo se revela el significado de todo lo que ha sido creado.

Por la fe, el hombre participa en la obra de Jesucristo. El hombre necesita reconocer la guía de la historia de Cristo y trabajar con él. Los seres humanos deben saber que, inherente al gemido de la creación, existe la perspectiva de cosas mejores que vendrán. El mundo está siendo impulsado a una completa redención y plenitud, al cumplimiento del reino de Dios. Ese reino descubre las rupturas del significado y las distorsiones del significado que el desarrollo técnico, guiado por motivos secularizados, produce y que tiene consecuencias de gran alcance en nuestros días, como vimos en los capítulos 4 y 5.

La perspectiva del reino de Dios ofrece esperanza y confianza en que las cosas saldrán bien con la creación. Dado que esa perspectiva está lejos de ser utópica, también nosotros debemos buscarla en libertad responsable. Por supuesto, no podremos salvar y sanar la cultura nosotros mismos. Dios mismo lo hará cuando en el último día intervenga y haga nuevas todas las cosas. Entonces descubriremos que, de manera sorprendente, el trabajo que hemos discutido en este libro, el trabajo de la ciencia y la tecnología, también será incorporado en un universo recreado en la medida en que esa obra responda al significado de la creación: el reino de Dios. ¡Eso nos da esperanza para el futuro!

Un Resumen en Retrospectiva

En los primeros capítulos, he intentado dejar claro que una característica fundamental del pensamiento occidental es su naturaleza técnica y controladora. El hombre como "amo y señor" pretende ordenar o estructurar la realidad. Esta característica fundamental es responsable de la distorsión de la reflexión filosófica y de la grave subvaloración de la realidad creada como una realidad divinamente dada.

En los últimos capítulos he traído a discusión los problemas, amenazas y peligros de la cultura actual que han sido causados por ese modo técnico de pensamiento. En retrospectiva, tal vez sea una buena idea llamar especial atención una vez más a la naturaleza entrelazada, la unidad o la concentración de todos los problemas que afectan nuestra cultura y preguntar si existe posiblemente una salida.

Ha quedado claro que la razón subyacente de nuestra "cultura técnica" debe estar ubicada en la pretensión de los seres humanos de que son autónomos. Creen que culturalmente pueden ir por su camino en completa y soberana libertad e independencia. Ahora bien, esta pretensión de ser capaz de vivir sin Dios ha existido desde la Caída, pero después de la Edad Media europea, este antropocentrismo recibió un nuevo impulso, especialmente como resultado del surgimiento de las ciencias naturales. La autonomía humana se casó con las ciencias naturales. El hombre occidental cree que puede hacerse cargo de su libertad por asumir el control de la totalidad de la realidad por medio de las ciencias naturales. Las ciencias naturales se introducen en realidad como un instrumento de control y toda la realidad en consecuencia llega a ser considerada a la luz de este ideal del control técnico. Con el paso de los años, esta tendencia incluso se ha fortalecido. El principio rector de nuestra cultura se ha vuelto el control científico-técnico. Este ideal del control ahora impregna y sella todos los sectores de la cultura.

Es importante en este punto destacar que, mientras este ideal del control es de carácter técnico, debe su atractivo y efecto especialmente a la influencia que recibe de la ciencia. Es por ello que hablamos del ideal científico-técnico del control. Dado este ideal, los involucrados quieren lograr sus objetivos de la manera más eficiente y eficaz posible.

A esta descripción debemos, sin embargo, añadir algo que es extremadamente importante. En general, muchos conectan los problemas de nuestra cultura, en cierto modo, con el desarrollo económico de hoy y con el materialismo y el consumismo avaricioso. Hay mucho que decir acerca de esta percepción. Sin embargo, dados los antecedentes intelectual-históricos de nuestra cultura, es mi convicción que hay que cavar más profundo que eso. Porque la economía del liberalismo moderno ha caído bajo el dominio del ideal científico-técnico del control. En otras palabras, la economía moderna se está desarrollando dentro de las limitaciones de un modelo técnico – es un modelo que abarca una entrada de materia y energía y una salida de bienes y servicios. En este modelo, la norma de la eficiencia o utilidad tiene por objeto proporcionar un máximo de salida con un mínimo de entrada. Esta es la economía de la producción técnica; una preocupación por la naturaleza, el medio ambiente y los seres humanos se excluye desde el primer momento. Todo aquí gira en torno al beneficio material que las personas buscan de su tecnología y economía. Todo lo que cae fuera de este ámbito es ignorado o descuidado. La economía, en consecuencia, es gradualmente tecnificada.

El ideal consumista

En nuestra cultura occidental, la ciencia, la tecnología y la economía se han convertido en aliados. La autonomía humana se une primero a las posibilidades de la tecnología y posteriormente configura el carácter de la ciencia y la economía, que a su vez fortalecen la tecnología. En resumen, el complejo de ciencia, tecnología y economía está controlado y caracterizado por un ideal científico-técnico del control y una pasión materialista por el consumo. A través de este ideal del control, las personas afirman resolver todos los problemas, antiguos y nuevos, y garantizan el aumento de la prosperidad material y la máxima provisión de conveniencias a los consumidores. Por lo que respecta a esto, se podría decir también que el ideal del control de los científicos e ingenieros encontró un complemento en el ideal utilitario del consumidor.

El lado oscuro de la salvación a través de la tecnología

Más de un pensador ha señalado que este desarrollo científico-técnico fue desencadenado por el ideal de libertad de la cultura occidental. Pero, detrás de este ideal está la pretensión de que mediante ese desarrollo es posible alcanzar las promesas del Evangelio, las promesas de redención, paz y justicia. Las personas creen ser sus propios creadores y redentores. El ideal de la libertad evoca el ideal científico-técnico, que luego gana hegemonía en la cultura occidental y continúa, incluso hoy en día, creciendo en fuerza. En la cultura occidental, la gente espera cada vez más su salvación a partir de una especie de paraíso tecnológico, un ideal que, durante mucho tiempo, generalmente se persiguió. Esta expectativa de salvación a través de la tecnología ha secularizado nuestra cultura y la ha hecho completamente materialista. Inicialmente, se trataba de un ideal colectivista en el sentido de que la comunidad determinaba cómo debía alcanzarse ese ideal, pero en nuestro tiempo ha producido un efecto mucho más individualista y, por lo tanto, postmoderno. Cada individuo se ha convertido en una persona "autosuficiente".

En la cultura actual, los inconvenientes de este desarrollo científico-técnico son cada vez más obvios. La gente pensaba que la libertad humana aumentaría, pero ahora está demasiado claro cuán ampliamente la gente se ha convertido en prisionera del sistema científico-técnico. Este sistema técnico se ha vuelto despótico. Otros dicen que nos hemos vuelto tan adictos al control técnico que el ideal del control se ha convertido en una directiva dominante en nuestra cultura. Permea numerosos, aunque no todos, los aspectos de la sociedad y se abre paso en el mundo de la experiencia humana como algo completamente natural y evidente. La cultura, en la mente de muchos, se reduce a lo que la tecnología, la ciencia y la economía tienen que ofrecer.

No sólo los seres humanos están amenazados por la sobrevaloración de la ciencia, la tecnología y la economía, sino que incluso la naturaleza es explotada por ellos y la sociedad humana se desintegra en un proceso de individualización. Se oye de la amenaza de armas nucleares o de los desechos radiactivos originados en las centrales nucleares, la extinción de muchas especies de plantas y animales, la deforestación, la salinización y la desertificación – con la consiguiente pérdida de alimentos y tierras fértiles – el efecto invernadero, la descarga de gases de emisión con sus consecuencias de gran alcance para la vida y el clima de la tierra, la rápida destrucción a gran escala y la contaminación de la naturaleza y, finalmente, la rápidamente creciente amenaza de la sobrevaloración de las técnicas de manipulación genética. Además, las últimas tecnologías de información y comunicación sugieren la disponibilidad de mucha información y comunicación, pero en realidad hay una disminución constante en el contacto genuino cara a cara entre las personas, lo que resulta en la alienación mutua, la soledad y la desintegración social.

Voces opuestas

La cultura científico-técnica es una cultura marcadamente unilateral, materialista y reducida. La política – sí, de hecho, presta atención a los inconvenientes en absoluto – tiene las manos ocupadas corrigiendo algunas de sus consecuencias. Por lo general, como política de los grupos de interés, tiende más bien a fortalecer las tendencias desfavorables que a crear, por precaución, las condiciones necesarias para un desarrollo más saludable desde el principio.

Debido a los muchos problemas, no es nada extraño que el llamado a la reorientación cultural a menudo se haga sonar. Especialmente desde la Segunda Guerra Mundial, corrientes filosóficas en contra de lo popular rápidamente se han sucedido entre sí. El existencialismo, el neomarxismo, el pensamiento contracultural, las perspectivas de la Nueva Era, el naturalismo y el posmodernismo aclaran, cada uno a su manera, que ya han tenido suficiente – y a veces más que suficiente – de una cultura occidental que está dominada por la ciencia, la tecnología y la economía. Respectivamente, defienden la libertad existencial, el derecho democrático a una voz en la formulación de políticas, una espiritualidad diferente de la cultura a pequeña escala, un entorno natural intacto, la singularidad y la autodeterminación de cada individuo. Aunque uno puede aprender mucho de estos contramovimientos, ninguno de ellos realmente logra liberarse de la corriente cultural porque no abandonan la pretensión de la autonomía humana, sea como se defina. Por lo general, no pasan de una actitud reaccionaria hacia los poderes de la ciencia, la tecnología, la economía y la política. Frecuentemente, no abogan por alternativas culturales responsables. Los que van más lejos en su actitud reaccionaria son los naturalistas que quieren regresar a la "Madre Tierra" y, por lo tanto, rechazan todo desarrollo cultural. Ellos optan sistemáticamente por el ideal de la "naturalidad".

¿Una alternativa cristiana?

¿Y el cristianismo? ¿Se puede esperar un cambio en nuestra cultura a partir de él? Esa pregunta se vuelve realmente emocionante para aquellos que saben que una buena cantidad de gente sostiene que la tradición judeocristiana y especialmente la Reforma es responsable de los problemas, peligros y amenazas de nuestra cultura técnica.

La pregunta de si el cristianismo es culpable no puede ser contestada con un simple "sí" o "no". Los estudiantes de la historia del cristianismo no pueden ignorar el hecho de que una y otra vez fue secularizado, acomodándose a sí mismo – por mencionar algunos ejemplos – al Renacimiento, a la filosofía moderna, a la Ilustración y al humanismo. De hecho, estos movimientos pueden entenderse mejor como instancias de la secularización del cristianismo. Y como tales, estos movimientos han reforzado la mentalidad del cientificismo, el tecnicismo y el economismo. Pero hay otra cara de la moneda también. Los pensadores líderes como Comte y Marx creían que eran especialmente los cristianos los que se resistían al progreso porque tendían a centrarse más en el cielo que en la tierra.

Ambas visiones son, de hecho, unilaterales. Los cristianos viven en tensión cara a cara con la cultura. Ellos tienen que alienarse o separarse del "mundo" y convertirse, en amor, a Dios. Al mismo tiempo, deben volver a la cultura para que, a partir de ese amor, puedan desarrollarla para la gloria de Dios y el beneficio de su prójimo. Además, los cristianos apelan al mandato de la creación (Génesis 1:28 y 2:15). Mucha gente considera este mandato como el mal de raíz de nuestra cultura. Y esto, a su vez, es el resultado del hecho de que los cristianos han secularizado en gran medida ese mandato. Pero si nos aferramos a la visión bíblica de que el hombre fue creado a la imagen de Dios y que nuestro dominio sobre todo debe ser visto como algo por lo que debemos dar cuenta a Dios y es, por lo tanto, una administración, se delinea una dirección muy diferente. En cualquier caso, la actitud humana fundamental ya no es la autonomía, sino la teonomía, y ya no es antropocéntrica o ecocéntrica sino teocéntrica.

Con referencia al desarrollo de nuestra cultura, en consecuencia, podemos hablar de dos movimientos fundamentalmente diferentes. Primero, desde la Caída, la gente ha querido ser como Dios y cree que puede moldear la cultura que los rodea como les convenga. Especialmente en la era moderna, la gente busca como señores y dueños gobernar la realidad con la ayuda de la ciencia y la tecnología. Pretenden ser los creadores y redentores de la realidad que los rodea. En su supuesta libertad autónoma, consideran esa realidad como una realidad para ser manipulada científica y técnicamente por ellos. Ya no tienen un sentido de la esencia o significado de la misma. La visión técnico-manipuladora descuida lo que no podemos lograr técnicamente y al mismo tiempo sobrevalora el control científico-técnico. Las personas se entregan a la irrestricta manipulación técnica y la explotación económica de la realidad – todo ello infinitamente ilimitado pero cargado de la enorme amenaza de que la base de nuestra existencia será arruinada. ¡Los seres humanos como creadores y redentores están destinados a fallar!

En segundo lugar, un movimiento fundado bíblicamente procede de la suposición de que todo viene de Dios, que la realidad como realidad creada nos une, no sólo con él, sino también con el resto de la creación. Todo lo que hacemos debe comenzar con el reconocimiento y la aceptación de la realidad como dada por Dios. Por más afectada por el pecado que la realidad pueda estar, en Cristo, el redentor, existe la perspectiva del reino de Dios. Dada esta suposición y perspectiva hay un freno en el desarrollo técnico, porque tenemos temor de abusar de la creación de Dios. Construir las cosas técnicamente entonces va de la mano con dejar intacto todo lo que no está roto o reparar lo que se ha roto. Además de construir cosas, también prestamos atención a la preservación, protección, fomento y custodia de las cosas. Por lo tanto, nos preocupa compartir las cosas con los demás y cuidar la creación de Dios, así como a nuestro prójimo, especialmente nuestro pobre y (generalmente) vecino lejano. El marco normativo del desarrollo de la ciencia, la tecnología y la economía ya no puede limitarse a la eficacia y la eficiencia solamente, sino concentrarse en los mandamientos de amor de la Escritura y así ampliarse para incluir un gran número de valores y normas. En resumen, frente a la mentalidad de control está la actitud de fe y acción de gracias a la que somos llamados.

Otro modelo cultural
En los capítulos finales, he hecho sugerencias y también indicado

pautas para nuevos desarrollos culturales. A pesar de que la mayoría de las personas en nuestra cultura no comparten actualmente la opinión de que necesitamos una revolución espiritual para establecer una dirección cultural diferente, no se oponen a las mejoras a causa de los problemas inherentes al paradigma cultural reinante. Una ilustración clara de este estado de cosas se puede encontrar en un informe publicado recientemente de un departamento del gobierno holandés dirigido por De Boer sobre la *Economía y el Ambiente*. En este informe, podemos ciertamente encontrar sugerencias importantes para mejoras y una reducción de la presión sobre el medio ambiente, pero el concepto estructural fundamental de nuestra propia cultura no es examinado críticamente. Sin embargo, eso es precisamente lo que se necesita.

Existe una imagen de nuestra cultura que corresponde específicamente al ideal cultural predominante del control científico-técnico. Esa es la imagen de una construcción técnica, continuamente y cada vez más autogenerada. Aquí, en el contexto del ideal del control científico-técnico, la realidad no tiene valor esencial de suyo propio sino un valor meramente instrumental. La idea de un contacto cuidadoso y respetuoso con las personas, los animales, las plantas, la naturaleza, el material y el medio ambiente es ajena a este ideal.

La visión bíblica del desarrollo cultural responsable evoca una imagen diferente: la de la creación como un jardín para ser cuidado y mantenido por los seres humanos. Primario en esa imagen es la convicción de que todo ha sido dado, que todas las cosas son de, a través de y para Dios y que, por lo tanto, poseen un valor o carácter propio. Ese valor intrínseco debe ser respetado de acuerdo con esta visión antes de que incluso comencemos a tratar estas cosas de una manera científico-técnica. Toda actividad humana debe comenzar con un contacto cuidadoso y un tratamiento respetuoso. La creación como un todo y todas las criaturas dentro de ella necesitan ser abordadas de acuerdo con su propia naturaleza – o bien la vida desaparecerá. Eso no significa la deificación de la naturaleza, porque los fenómenos creados no tienen independencia en la relación con Dios. Por el contrario, significa el reconocimiento del cuidado infinito del Creador al cual los humanos debemos responder apropiadamente.

En la imagen del jardín, la idea de la mayordomía también viene más en suyo propio. Se respetan los límites de la capacidad de la naturaleza para sustentarse. Un desarrollo cultural responsable significa vivir de los intereses del capital que nos es dado, pero que no nos permite violar o utilizar el capital mismo.

En la imagen de la construcción técnica autoevolutiva, hablar de sostenibilidad o permanencia – dado un continuo crecimiento económico – suena casi vacío porque el desarrollo cultural inherente implica desde un principio expansión en escala, aceleración, contaminación y desperdicio. En la imagen del jardín, por otro lado, la sostenibilidad real encaja:

aquí hay un futuro para la humanidad y la creación.

La imagen del jardín, sin embargo, no es una imagen romántica. Desde la Caída, el trabajo cultural extra es una necesidad y todo el trabajo cultural exige un precio. La creación como un jardín – para ser administrado y desarrollado – no excluye de ninguna manera el desarrollo de la ciencia, la tecnología y la economía. Solamente que, en este caso, están *subordinados a la vida* en toda su diversidad. La perspectiva atractiva aquí no es un mundo totalmente controlado por la tecnología, sino una ciudad-jardín ricamente diversificada.

No conozco mejor ejemplo de esa perspectiva que el de la agricultura ecológica u orgánica. Mientras que la agricultura orgánica está ahora todavía en su infancia, es más prometedora cuando los esfuerzos de alta calidad de la biología y la pedología (la ciencia de los suelos) sean hechos útiles a la vida. La agricultura "biológica" y la ganadería se asocian tanto como sea posible con los procesos creativos como condiciones limitantes, de modo que se respete el comportamiento genéricamente específico de las plantas y los animales. No se hace nada que sugiera la explotación y el cultivo depredador; lo que vemos es un aumento en la productividad.

La imagen del jardín, finalmente, también se conecta claramente con el significado original del "economos", un mayordomo administrador de la casa. Cuidar, fomentar, proteger y preservar van de la mano con la cosecha, la construcción y la producción. Dentro del antiguo paradigma cultural del jardín administrado, el aumento en la escala y la aceleración cultural se convertirán en una escala y un ritmo que favorezcan la convivencia del ser humano y la creación. El aumento de la escala, en ese caso, no es una opción obvia. Las técnicas de alta tecnología y de pequeña escala van de la mano como en el reciclaje, la construcción subterránea, el desarrollo de dirigibles y así sucesivamente. Como se ha señalado anteriormente, toda la tecnología debe elaborarse más dentro de un conjunto de normas ampliamente articulado y no puede satisfacerse tomando como únicos criterios la eficacia y la eficiencia.

Cambio cultural

Espero sinceramente que estos capítulos puedan contribuir a un cambio fundamental de perspectiva en nuestra cultura. La perspectiva nueva y, a la vez, muy antigua del jardín desarrollado que he propuesto no está exenta de problemas. Desde la Caída, un modelo libre de problemas ha sido imposible. "Espinas y cardos" continúan acompañando a toda la cultura. Pero dentro de la perspectiva bíblica, estos problemas no se vuelven insoportables. Es el único camino cultural que encaja en la búsqueda de la justicia del reino de Dios. La ciencia, la tecnología y la economía deben ser consagradas al servicio del reino de Dios. Entonces serán una bendición para toda la gente.

BIBLIOGRAFÍA

Achterhuis, H. (1997). *Van Stoommachine tot Cyborg*, Amsterdam: Ambo. (5.4)
Aronowitz, Stanley (1996). *Technoscience and Cyberculture*. London: Routledge. (5.3ss)
Barbour, Ian G. (1990). *Religion in an Age of Science*. San Francisco: Harper. (1.1ss)
_____ (1993). *Ethics in an Age of Technology*. San Francisco: Harper. (8.1ss)
Berkhof, Hendrikus. (1962). *Christ and the Powers*. Scottdale, PA: Herald Press. (1.5)
Boersema, Jan J. (1997). *Thora en Stoa: Over mens en natuur*. Nijkerk: Callenbach. (7.2ss)
Bogard, William. (1996). *The Simulation of Surveillance: Hypercontrol in telematic societies*. Cambridge/New York: Cambridge University Press. (5.4).
Bookchin, Murray. (1980). *Toward an Ecological Society*. Montreal: Black Rose Books. (6.8; 6.10)
_____ (1982). *The Ecology of Freedom: The emergence and dissolution of hierarchy*. Palo Alto, CA: Cheshire Books. (6.8; 6.10)
Borgmann, A. (1984). *Technology and the Character of Contemporary Life: A philosophical inquiry*. Chicago: University of Chicago Press. (4.3)
Bos, A.P. (1997). *Geboeid door Plato*. Kampen: Kok. (1.1)
Brinkmann, D. (1953). "Geistige Grundlagen der modernen Technik," *Universitas*, 8: 289-294. (3.5)
Caplan, A.L. (1980). "Ethical Engineers," *Science, Technology and Human Values*, 33/6: 24-32. (8.7).
Capurro, R. (1987). "Zur Computerethik: Ethische Fragen der Informationsgellschaft," in H. Lenk y G. Ropohl (eds.), *Technik und Ethik*, Stuttgart: Philip Reclam, pp. 259-273. (5.3)
Churchland, Paul M. (1996). *The Engine of Reason, the Seat of the Soul*. Boston: MIT Press. (5.3)
Corbey, R. y Van der Grijp, P. (eds.) (1990). *Natuur en Cultuur*. Ambo: Baarn. (3.5; 6.1)
Davidse, J. (1999). *Het is vol wonderen om u heen: Gedachten over techniek, cultuur en religie*. Zoetermeer: Meinema. (5.2)
Dijksterhuis, E.J. (1961). *The Mechanization of the World Picture*. Traducido C. Dikshoorn. Oxford: Oxford University Press. (3.5)
Dippel, C.J. (1973), "Natuurwetenschap en techniek: Onbegrepen kansen voor meer menselijkheid," in: *De omgekeerde wereld*. Baarn: Ambo. (7.2; 8.4)

Dooyeweerd Herman (1936). "De gevaren van de geestelijke ontwapening der Christenheid op het gebied van de Wetenschap," in J.H. de Goede (ed.), *Geestelijk weerloos of weerbaar*. Amsterdam: Uitgevers M. Holland, pp. 153-211. (1:8; 8.3.1)

_____ (1960). *In the Twilight of Western Thought*. Pennsylvania: Presbyterian and Reformed Press. (3.5)

_____ (1966). "The Secularisation of Science," *International Reformed Bulletin*, 9:2–17. (1.8)

_____ (1979). *Roots of Western Culture: Pagan, secular, and Christian options*. Traducido John Kraay. Toronto: Wedge. (3.3; 6.12)

Douma, J. (1989). *Milieu en Manipulatie*. Kampen: Van den Berg. (4.4.2)

Dreyfus, H.L. (1992). *What Computers Still Can't Do: A critique of artificial reason*. Cambridge MA: MIT Press. (5.3.1)

Dyason F. (1989). *From Eros to Gaia*, London: Penguin. (6.10)

Ellul, Jacques (1964), *The Technological Society*. Traducido John Wilkinson. New York: Knopf. (3.4)

_____ (1978). *Betrayal of the West*. New York: Seabury. (4.3ss)

_____ (1980). *The Technological System*. Traducido J. Neugroschel. New York: Continuum. (3.4)

_____ (1990), *The Technological Bluff*. Traducido G. Bromiley. Grand Rapids MI: Eerdmans. (3.3; 3.5)

Ezrahi, Yaron (1995). *Technology, Pessimism and Postmodernism*. Amherst MA: University of Massachusetts Press. (6.8)

Feenberg, A. (1991). *Critical Theory of Technology*. Oxford: Oxford University Press. (3.3)

Ferguson, Marilyn (1980). *The Aquarian Conspiracy: Personal and social transformation in the 1980s*. Putman Publishers. (6.9)

Ferkiss, V. (1993). *Nature, Technology and Society: Cultural roots of the current environmental crisis*. London: Adamatine Press. (6.8; 6.10)

Ferré, F. (1993). *Hellfire and Lightning Rods*. New York: Maryknoll. (3)

Geertsema, H.G. (1995), Om de humaniteit: Christelijk geloof in gesprek met de moderne cultuur over wetenschap en filosofie. Kampen: Kok. (1.7)

Gottfried, Robert (1995). *Economics, Ecology and the Roots of Western Faith: Perspectives from the garden*. Rowman & Littlefield. (7.5)

Goudzwaard, Bob (1979). *Capitalism and Progress: A diagnosis of Western society*. Traducido J. Zylstra. Grand Rapids MI: Eerdmans. (3.3; 7.5)

Habermas, Jürgen (1970). *Towards a Rational Society*. Trans J. Shapiro. Boston: Bacon Press. (3.3; 5.3; 6.6; 8., 3.1.)

Hastedt, Heiner (1991). *Aufklärung und Technik: Grundprobleme einer Ethik der Technik*. Frankfurt: Suhrkamp. (8.6)

Heidegger, Martin (1977): *The Question Concerning Technology and Other Essays*. Traducido W. Lovitt. New York: Harper. (6.5)

Hickman, L.A. (1990). *John Dewey's Pragmatic Technology*. Bloomington IN: Indiana University Press. (3.5)

Holthaus, Stephan (1998). *Trends 2000: Der Zeitgeist und die Christen*. Basel: Brunnen Verlag. (6.8)
Hooykaas, R. (1972). *Religion and the Rise of Modern Science*. Edinburgh: Scottish Academic Press. (3.5; 7.2)
Hopfer, D.H. (1991). *Technology, Theology, and the Idea of Progress*. Lainsville: Westminster John Knox. (7.2ss)
Horkheimer, Max (1976). *Critique of Instrumental Reason*. Minneapolis: Seabury Press. (3.5)
Houston, G. (1998), *Virtual Morality: Christian ethics in the computer age*. Leicester: Apollos/IVP. (4.4)
Howe, Günther (1971). *Gott und die Technik: Die Verantwortung der Christenheit für die technisch-wissenschaftliche Welt*. Hamburg: Furche Verlag. (8.5ss)
Ihde, Don (1983). *Existential Technics*. Albany: State University of New York Press. (3.5)
───── (1985). "The Historical-Ontological Priority of Technology over Science," in: L. Hickman (ed.), *Philosophy, Technology and Human Affairs*. Texas IBIS Press, pp. 196-211. (3.3)
Jaspers, Karl (1958). *Die Atombombe und die Zukunft des Menschen*. München: Piper. (6.5)
Jochemsen, Henk y G. Glas (1997). *Verantwoord medisch handelen: Proeve van een christelijke medische ethiek*. Amsterdam: Buijten & Schipperheijn. (8.6)
Jonas, Hans (1984). *The Imperative of Responsibility: In search of an ethics for the technological age*. Chicago: Chicago Press. (8.7)
───── (1989). "Warum die Technik ein Gegenstand für die Ethik ist: Fünf Gründe," in Lenk, H. y G. Ropohl. *Technik und Ethik*. Stuttgart: Philip Reclam. (7.6)
Jongeneel, R.A. e.a. (1997). *Economie in orde? Grondslagen van economisch beleid*. Amsterdam: Buijten & Schipperheijn. (7.5ss)
Klaus, G. (1973). *Kybernetik: Eine neue Universalphilosophie der Gesellschaft?* Berlin: Dietz. (6.4)
Knijff, H.W. (1995). *Tussen woning en woestijn: Milieuzorg als aspect van christelijke cultuur*. Kampen: Kok (7.5)
Koelenga, D.G.A. (ed.) (1998). *Biotechnologie: God vergeten?* Driebergen: rapport MCKS. (4.4)
Kranzberg, Melvin (ed.) (1980). *Ethics in an Age of Pervasive Technology*. Boulder CO: Westview Press. (8.3; 8.7)
Kuyper, Abraham (2016 [1911]). *Pro Rege*: Living under Christ's kingship. Vol. 1. Traducido A. Gootjes. Bellingham WA: Lexham Press. (7.2)
Laszlo, E. (1974). *A Strategy for the Future: The system approach to world order*. New York: Braziller. (6.4)
Lovelock, J.E. (1980). *Gaia: A new look at life on earth*. New York: Oxford University Press. (6.10)
Lyon, David. (1994). *The Electronic Eye*. Minneapolis MN: University of Minnesota. (5.4)

Lyotard, Jean-François. (1991), *The Inhuman: Reflections on time*. Traducido G. Bennington y R. Bowlby. Stanford: Stanford University Press. (6.8)

Maes, A.J.M. M. (ed.) (1993). *Vooruitkijken naar Vooruitgaan: Technologie in de toekomst*. Den Haag: Directie Algemeen Technologiebeleid. (6.8)

Mak, G. (1996). *Hoe God verdween uit Jorwerd*. Amsterdam: Atlas. (3.5)

Marcuse, Herbert (1964). *One-Dimensional Man: Studies in the ideology of advanced industrial society*. Boston: Bacon Press. (6.6)

Marx, Leo (1994). "The Idea of 'Technology' and Postmodern Pessimism," in Y. Ezrahi et al. (eds.). *Technology, Pessimism, and Postmodernism*. Amherst MA: University of Massachusetts Press, pp. 11–29. (6.8)

Marx, Leo y M. R. Smith (eds.) (1994). *Does Technology Drive History? The dilemma of technological determinism*. Cambridge MA: MIT Press. (5.3; 7.4)

Maurer, R. (1983), "The Origins of Modern Technology in Millenarianism," in Durbin, P. (ed.) *Philosophy and Technology*. Dordrecht. Reidel, pp. 253–267. (7.2)

McCormick, J. (1989). *Reclaiming Paradise: The global environmental movement*. Bloomington: Indiana University Press. (6.10)

Meadows, D.L. et al. (1972). *The Limits to Growth: A report for the Club of Rome's project on the predicament of mankind*. New York: Universe Books. (6.4)

Mekkes, Johan P.A. (1965). *Teken en motief der creatuur*. Amsterdam: Buijten & Schipperheijn. (1.8)

Meyer, H. J. (1961). *Die Technisierung der Welt: Herkunft, Wesen und Gefahren*. Tubingen: Niemeyer. (6.5)

Minsky M. (1986). *The Society of Mind*. Boston: MIT Press. (5.3)

Mitcham, Carl (1994). *Thinking through Technology*. Chicago: University of Chicago Press. (8.7)

Mitcham, Carl y Jim Grote (eds.) (1984). *Theology and Technology: Essays in Christian analysis and exegesis*. Lanham: University Press of America. (7.3; 7.5ss)

Monsma, Steve V. (ed.) (1986). *Responsible Technology: A Christian perspective*. Grand Rapid MI: Eerdmans. (8.1ss)

Morris, H.M. (1966). *Studies in the Bible and in Science*. New York: Nutley (2.4)

_____ (1974). *Scientific creationism*. San Diego CA: Creation-Life Publisher. (2.4.3)

Müller-Schwefe, H.R. (1971). *Technik und Glaube, eine permanente Herausforderung*. Matthias-Grünewald: Mainz. (8.2)

Mumford, Lewis (1947). *Technics and Civilization*. New York: Harcourt, Brace and World. (3.4)

Murphy, Nancey (1997). *Anglo-American Postmodernity: Philosophical perspectives on science, religion and ethics*. Colorado: Westview Press. (6.8)

Naess, Arne (1991). *Ecology, Community and Lifestyle: Outline of an ecosophy*. Cambridge: Cambridge University Press. (6.1)

Newman, Jay (1997). *Religion and Technology*. Westport CT: Praeger (3.3)

— BIBLIOGRAFÍA —

Nienhuis, G. (1995). *Het gezicht van de wereld: Wetenschap en wereldbeeld*. Amsterdam: Buijten & Schipperheijn. (1.6)

Noble, David N. (1997). *The Religion of Technology: The divinity of man and the spirit of invention*. New York: Knopf. (3.3ss)

Ouweneel, J.W. (1997). *Wijs met de Wetenschap: Inleiding tot een christelijke wetenschapsleer*. Leiden: Barnabas. (1.5ss)

Pippin, R.B. (1995). "On the Notion of Technology as Ideology," in Y. Ezrahi et al. (eds.), *Technology, Pessimism, and Postmodernism*. Dordrecht Amherst MA: University of Massachusetts Press, pp. 93–114. (6.8)

Postman, Neil (1992). *Technopoly: The surrender of culture to technology*. New York: Knopf. (3.3)

Ratzsch, Del (1996). The *Battle of Beginnings: Why neither side is winning the Creation-Evolution Debate*. Downers Grove IL: InterVarsity Press. (2).

Reich, C.A. (1970). *The Greening of America*. New York: Harper. (6.7)

Ridderbos, S. J. (1947), *De theologische cultuurbeschouwing van Abraham Kuyper*. Kampen: Kok. (7.2)

Rietdijk, C.W. (1994). *The Scientifization of Culture: Thoughts of a physicist on the techno-scientific revolution and the laws of progress*. Assen: Van Gorcum. (6.2)

Rivers, T.J. (1993), *Contra Technologiam: The crisis of value in a technological age*. New York: University Press of America. 4.1ss; 8.3ss)

Rohrmoser, Günter (1996). *Der Ernstfall: Die Krise unserer liberalen Republik*. Berlin: Ullstein. (6; 7.2)

_____ (1996). Landwirtschaft in der Ökologie- und Kulturkrise. Bietigheim/Baden: Gesellschaft für Kulturwissenschaft. (8.3; 8.7)

Roszak, Th. (1969). *The Making of a Counter Culture: Reflections on the technocratic society and its youthful opposition*. Los Angeles CA: University of California. (6.7)

Russell, R. (1980), "Creationism and Positivism," in: *Theological Forum*, 1980. Grand Rapids: GOS (2.4.2)

Sachsse, Hans (1978), *Anthropologie der Technik: Ein Beitrag zur Stellung des Menschen in der Welt*. Braunschweig: Vieweg. (3.3; 3.5)

Scheele, P.M. (1997). *Degeneratie: Het einde van de evolutietheorie*. Amsterdam: Buijten & Schipperheijn. (2.4.2).

Schoon, B. y Henk Jochemsen. (1996). *Een ingrijpend gebeuren: Het religieus-culturele karakter van techniek door de eeuwen heen*. Amersfoort: ICE. (3.3; 8.1ss)

Schumacher, Ernst F. (1973). *Small is Beautiful: A Study of Economics as if People Mattered*. London: Blond and Briggs. (6.7; 8.7)

_____ (1977). *A Guide for the Perplexed*. New York: Harper. (6.7; 8.7)

Schuurman, Egbert (1977, 1980), *Techniek – Middel of Moloch? Een christelijk-wijsgerige benadering van de crisis in de wetenschappelijk-technische cultuur*. Kampen: Kok. (6.7)

_____ (1977). *Reflections on the Technological Society*, Toronto: Wedge. (3.1ss)

_____ (1984). "A Christian Philosophical Perspective on Technology," in C.

Mitcham y J. Grote (eds.), *Theology and Technology.* New York: University Press of America, pp. 107–123. (7.3ss)

_____ (1985). Tussen technische overmacht en menselijke onmacht: Verantwoordelijkheid in een technische maatschappij. Kampen: Kok. (3.3ss)

_____ (1986). *Christians in Babel.* Traducido J.C. Van Oosterom. Jordan Station: Paideia Press. (7.3)

_____ (1989). *Het Technische Paradijs.* Kampen: Kok. (3.3; 4.4)

_____ (1992), "Crisis in Agriculture: Philosophical perspective on the relation between agriculture and nature," in F. Ferré (ed.), *Research in Philosophy and Technology: Technology and the Environment.* London: Jai Press, pp. 191-213. (5.1; 8.3ss)

_____ (1993), "Technicism and the dynamics of creation," *Philosophia Reformata* 58:185–191. (8.3)

_____ (1995). *Perspectives on Technology and Culture.* Traducido John H. Kok. Sioux Center IA: Dordt Press/Potchefstroom: IRS. (3.1ss; 8.1ss)

_____ (2005). *The Technological World Picture and an Ethics of Responsibility: Struggles in the ethics of technology.* Traducido John H. Kok. Sioux Center IA: Dordt Press.

_____ (2009 [1972]). *Technology and the Future: A philosophical challenge.* Traducido D. H. Morton. Grand Rapids MI: Paideia Press. (2.3; 3.1ss; 6.1ss; 8.1ss)

Stafleu, Marinus D. (1989). De verborgen structuur: Wijsgerige beschouwingen over natuurlijke structuren en hun samenhang. Amsterdam: Buijten & Schipperheijn. (1.7)

Staudinger, Hugo y W. Behler (eds.) (1976), Chance und Risiko der Gegenwart: Eine kritische Analyse der wissenschaftlich-technischen Welt. Paderborn: Schöningh (3.5)

Steinbuch, K. (1965). *Automat und Mensch: Über menschliche und maschinelle Intelligenz.* Berlin: Springer Verlag. (5.3; 6.2)

Stöcklein, A. y M. Rassen (eds.) (1990). *Technik und Religion.* Düsseldorf: VDI-Verlag. (7.3; 8.6)

Strijbos, Sytse (1988), Het technische wereldbeeld: Een wijsgerig onderzoek van het systeemdenken. Amsterdam: Buijten & Schipperheijn. (3.5; 7.5)

Testart, Jacques (1995), "The New Eugenics," in *Genethics: Debating issues and ethics in genetic engineering.* Ciba, Basel, 18-21.

Thomassen, B.T. (1991). Wissenschaft zwischen Neugierde und Verantwortung: Grundlegung einer theologischen Wissenschaftsethik. Frankfurt: Peter Lang. (8.3.1)

Tillich, Paul (1986), *The Spiritual Situation in Our Technical Society.* Macon GA: Mercer University Press. (3.3)

Toulmin, Stephan (1990), *Cosmopolis: The hidden agenda of modernity.* New York: Free Press. (3.5; 6.8)

Troost, André (1976). *Geen aardse macht begeren wij.* Amsterdam: Buijten & Schipperheijn. (1.7; 8.5)

Turing, A.M. (1950), "Computing Machinery and Intelligence," *Mind* 49:433–460.
Van den Beukel, Arie. (1991). *More Things in Heaven and Earth: God and the scientists*. Traducido John Bowden. London: SCM. (2.2)
Van den Bossche, M. (1995). *Kritiek van de technische rede*. Utrecht/Leuven: Van Arkel. (3.3)
Van der Stoep, J. (1998). *Door netwerken verbonden: Een normatieve analyse van interactieve media*. Amersfoort: ICE. (8.7)
Van Riessen, Henk (1967). *Mondigheid en de Machten*. Amsterdam: Buijten & Schipperheijn. (7.4)
_____ (1970). *Wijsbegeerte*. Kampen: Kok. (1.7; 2.2; 4.2)
Van Woudenberg, René (1992) Gelovend denken: Inleiding tot een christelijke filosofie. Amsterdam: Buijten & Schipperheijn. (1.5ss)
_____ (1996). Kennis en werkelijkheid: Tweede inleiding tot een christelijke filosofie. Amsterdam: Buijten & Schipperheijn. (3.1ss; 8.1ss)
Velema, W.H. (1976). *Ethiek en Pelgrimage*. Amsterdam: Buijten & Schipperheijn. (7.3)
Vermeersch, Etinne (1988). *De ogen van de panda: Een milieufilosofisch essay*. Brugge: Van der Wiele. (8.3)
Wauzzinski, R.A., (2001), *Discerning Prometheus: The cry for wisdom in our technological society*. London: Associated University Press. (8.3.1.; 8.3.2)
White, Lynn (1967), "The Historical Roots of Our Ecological Crisis," in: *Science*, 37/38:1203–1207. (7.2)
Wilkinson, L. (1991). *Earthkeeping in the nineties*. Grand Rapids MI: Eerdmans. (8.5)
Winner, L. (1977). *Autonomous Technology: Technics-out-of-control as a theme in political thought*. Cambridge: MIT Press. (3.4; 7.4)
Woesthoff, Dietrich, (1998). Der Anpassung widerstehen: Christliche Spiritualität und die Macht der Technik. Giessen: Brunnen Verlag. (3.4ss; 7.2; 8.2)
Wolterstorff, Nicholas (1984). *Reason Within the Bounds of Religion*. Grand Rapids MI: Eerdmans. (1.5)
Wuthnow, R. (1988). *The Restructuring of American Religion: Society and Faith since World War II*. Princeton University Press. (3.5)
Zimmerli, Walther Ch. (1988), "Ethik der Wissenschaften als Ethik der Technologie," in P. Hoyningen-Huene y Gertrude Hirsch (eds.), Wozu Wissenschaftsphilosophie? New York: Walter de Gruyter, pp. 391–418. (6.11)
Zweers, W. (ed.) (1991), Op zoek naar een ecologische cultuur: Milieufilosofie in de jaren negentig. Baarn: Ambo. (6.7; 7.1)

ACERCA DEL AUTOR

Biografía
Egbert Schuurman (nacido en 1937) estudió ingeniería civil en la Universidad Técnica de Delft y filosofía en la Universidad Libre de Ámsterdam. Obtuvo su doctorado en 1972 con una disertación traducida al inglés en 1980 (Wedge Publishing Foundation, 59 St. George Street, Toronto, Canada) bajo el título de *Technology and the Future: A Philosophical Challenge*. En 1972, fue nombrado profesor de Filosofía Reformacional en la Universidad Técnica de Eindhoven. Desde 1974 y 1984, respectivamente, cumple también esa función en la Universidad Técnica de Delft y en la Universidad de Agricultura de Wageningen. De 1981 a 1983, fue miembro del llamado *Broad DNA Committee* (Comité Amplio del ADN), el cual bajo los auspicios del gobierno estudió los aspectos sociales y éticos de las actividades relacionadas con los materiales genéticos. De 1983 a 1984, estuvo en los Estados Unidos como parte de un equipo de investigación internacional en Tecnología Responsable (título del estudio resultante, editado por Stephen V. Monsma).

Desde 1983, ha sido miembro de la *Upper Chamber of the States General for the RPF (Reformational Political Federation)* (Cámara Alta de los Estados para la FPR (Federación Política Reformacional)). De 1987 a 1997, fue presidente del Instituto Profesor Dr. G. A. Lindeboom de ética Médica. Desde 1995, es presidente del Instituto de ética Cultural.

En 1994, se le concedió un doctorado honorario de la Universidad de Potchefstroom en Sudáfrica. En 1995, en Berkeley, California, se le concedió el Premio *Templeton* por educador en religión, ciencia y tecnología.

Es autor de varios libros, entre ellos, *Perspectives on Technology and Culture* (Perspectivas sobre Tecnología y Cultura), *Technology in Christian-Philosophical Perspective* (Tecnología desde una perspectiva Cristiana-Filosófica) y *Reflections on the Technological Society* (Reflexiones sobre la Sociedad Tecnológica). Varios de sus libros también han sido traducidos al coreano, chino y japonés.

Publicaciones en Inglés

1964 "The conducts of airbubbles in clay and water," *Géotechnique*.

1966 "The compressibility of an air/water mixture," *Géotechnique* (December), 269–281.

1976 "Technology in Christian-philosophical Perspective: Blessing or curse?" *International Reformed Bulletin* 19/4:10–18.

1977 Reflections on the technological Society. Toronto, Wedge. 66 pp. (También traducido al coreano y japonés.)

1978 "The scientialisation of modern culture," *Philosophia Reformata* 42:38–48. *Idem:* "The scientification of modern culture." Potchefstroom University. 13 pp.

1980 *Technology and the Future: A philosophical challenge*. Toronto, Wedge Publishing Foundation, 434pp. (También traducido por el Dr. Li Xiaobing al Chino y publicado por la National Publishing House of China, 426 pp., y parcialmente traducido por el Dr. Seung-Hun Yang al Coreano.)

"Technology in Christian-Philosophical Perspective." Potchefstroom University. 17 pp.

"Road to tomorrow: Responsible Thought and Action," *Christian Educators Journal*, 19/4: 8–21.

"Futurology and Eschatology," *Vanguard* 10/1:8–11.

"Creation and Science: Fundamental questions concerning evolutionism and creationism," *Theological Forum, the Reformed Ecumenical Synod* 8/2:1–10. (Seguido de cuatro respuestas y un "en respuesta" en pp. 23–26.)

"Concern about Science: Responsibility," in *"Applying" Science*. Congresbundel Concern About Science, Academic Congress, Free University, Amsterdam, pp. 91–102.

1981 "Creation and Evolution," *Issues: Foundation for Christian Studies*. Wellington, New Zealand, pp.1-21.

1982 "Creation and Science: Fundamental questions concerning evolutionism and creationism," in *Issues: Foundation for Christian Studies*. Wellington, New Zealand, 1982/1:3–7.

1983 *The Church, Science and Technology*. Grand Rapids. 46 pp. (Report GOS, coauthors: R. Mouw, D. Botha and A. Kouwenhoven.)

"Responsibility in Applying Science," *Research in Philosophy and Technology* 5:77–88.

"Under the shadow of Babel," *Third Way* 7/1:25–28.

1984 "A Christian Philosophical Perspective on Technology," in C. Mitcham (ed.), *Theology and Technology: Essays in Christian analysis and exegesis*. Boston MA: University Press of America. pp.107-122.

"Information Society: Impoverishment or enrichment of culture." Potchefstroom University / Toronto, ICS. 14 pp.

"A Christian Philosophical Perspective on Technology," in C. Mitcham y J. Grote (eds.), Theology and Technology. New York, University Press of America, pp.107-123.

1985   "Evolutionism and Creationism," *Christian Renewal* 3/15:10–11.

1986   Some chapters in: S.V. Monsma et al. (eds.), *Responsible Technology: A Christian perspective.* Grand Rapids MI: Eerdmans.

1987   *Christians in Babel.* Jordan Station: Paideia Press. 54 pp. (También traducido al Coreano y publicado por Christian University Press, 1989.)

"The Modern Babylonian Culture," in P. Durbin (ed.), *Technology and Responsibility.* Dordrecht: Reidel. pp. 229–243.

1988   "From Systems Analysis via Systems Design to Systems Control," in Paul A. Marshall y Robert E. VanderVennen (eds.), *Social Science in Christian Perspective.* Lanham: University Press of America. pp. 343–356.

1989   "The Agricultural Crisis in Context: A reformational philosophical perspective," *Pro Rege* 18/1:2–14.

1990   "The Future: Our choice or God's gift?" New Zealand: Exile Publications. 53 pp. (Editado y traducido por P. Simons.)

1991   "Problems of and Perspective for the Scientific-Technical Control of Agriculture," in Joseph C. Pitt y Elena Lugo, eds. *The Technology of Discovery and the Discovery of Technology.* Proceedings of the Sixth International Conference of the Society for Philosophy and Technology. Fredericksburg: Bookcrafters. pp. 229–247.

1992   "Crisis in Agriculture: A philosophical perspective on the relation between agriculture and nature," in F. Ferré (ed.), *Research in Philosophy and Technology, vol, 12, Technology and the Environment.* London, Jay Press. pp. 191–211. (También traducido al Coreano.)

1993   "Technicism and the Dynamics of Creation," *Philosophia Reformata* 58/2:187–191.

1995   *Perspectives on Technology and Culture.* Potchefstroom University, 1994 / Sioux Center AI: Dordt Press. 164 pp. (Traducido por J.H. Kok.)

1995   "Toward a Critical Evaluation of Modern Technology in Western Agriculture," in E. Lugo, H.J. Huyke (eds.) Actas 2do Congreso Interamericano de Filosofía de la Tecnología. Universidad de Puerto Rico. pp. 73–92.

"The Technological Culture between the Times," in S. Griffioen y B.M. Balk (eds.), *Christian Philosophy at the Close of the Twentieth Century.* Kampen: Kok. pp. 185–200.

1996   "A Confrontation with Technicism as the Spiritual Climate of the West," *Westminster Theological Journal* 58/1:63–84.

"What Kind of Strategies will be Applicable in a Christian Political Party?" in B.J. van der Walt (ed.), *Christianity and Democracy*. Potchefstroom University. pp. 202–211.

"Religion and Politics," in *Cementing Relations between South Africa and the Netherlands*. The Hague: St. Nieuw Zuid-Afrika. pp.30–31.

1997 "Philosophical and Ethical Problems of Genetic Engineering," *Techné: Electronic Journal for the Society for Philosophy and Technology* 3/1.

2001 "Enduring Perspective in Increasing Cultural Tensions," in *The Art of Living: The Cultural Challenge of the 21st Century*. Rotterdam: International Association Christian Artists. pp. 79–81.

"Foreword" in Robert A. Wauzzinski, *Discerning Prometheus: The cry for wisdom in our technological society*. London: Associated University Presses. pp. 11–13.

2002 "Beyond the Empirical Turn: Responsible technology," https://www.techniekfilosofie.nl/responsible%20technology.pdf.

"The Ethics of Technology: Technological Worldview, Pictures, Motives, Values and Norms," Artículo para la Lilly Fellows Program National Research Conference "Ecology, Theology, and Judeo-Christian Environmental Ethics."

2003 *Faith and Hope in Technology*, Toronto: Clements Publishing.

2005 *The Technological World Picture and an Ethics of Responsibility: Struggles in the ethics of technology*. Traducido John H. Kok. Sioux Center IA: Dordt Press.

2010 "Responsible Ethics for Global Technology," *Axiomathes* 20:107–127. https://doi.org/10.1007/s10516-009-9079-y

ÍNDICE DE TEMAS

absolutización, 10, 52, 64, 97, 118, 132, 141, 154
Adán, 50, 83, 127
aspecto(s), 15, 28, 72, 95, 142, 157
ateísmo, 28, 61, 62, 65, 66
ateísmo metodológico, 63, 64, 125, 141
automatismo, 55, 56
autonomía, 5, 6, 10, 11, 21, 27, 54-56, 63, 64, 97, 107, 118-120, 128, 129, 131, 145, 166, 169, 170, 172, 173

Biblia, 4, 16, 32, 34–36, 39, 40, 126, 127, 129, 130
Big Bang, 2, 21

Caída, 2, 17, 36, 39, 40, 50, 58, 61, 136, 167, 169, 173, 175
cambios climáticos, 48, 70, 133
capa de ozono, 48, 70, 81
capitalismo, 52
ciberespacio, 50, 85, 100–104
ciencia técnica, 57, 108, 138, 144, 145, 148–150, 158, 165
cientificación, 10, 13, 14, 75, 76, 142
cientificismo, 51, 53, 172
confianza básica, 10, 23, 24, 29-31, 74
consumismo, 64, 105, 162, 170
continuidad, 21, 24, 25, 26, 40, 160
control, 6, 12, 19, 24, 27, 30, 32, 48, 71, 104, 109, 112, 114, 130, 151, 169, 173
control científico-técnico, 7, 8, 13, 19, 43, 49, 51, 54, 64, 66, 68, 71, 74–77, 81-83, 86, 87, 90, 98, 99, 107, 109, 119, 124, 138, 142– 144, 146, 159, 160, 163, 164, 169, 173, 174
control técnico, 6, 19, 28, 31, 44, 48, 51, 52, 59, 67, 77, 87, 124, 132, 169, 171
coram Deo, 139

corazón, 4, 8–10, 12, 32, 33, 96, 128, 152
Creación, 2, 122
creacionismo, 21, 33, 34, 42
creacionismo científico, 8, 19, 21, 22, 27-29, 33–35
creer, 8, 9, 11, 18, 19, 28, 29
cultura, 1–4, 6, 13, 16, 18, 19, 22, 23, 31, 43, 44, 49, 51, 52, 54-56, 58, 59, 62, 64, 66-71, 73, 74, 86, 98, 101, 104, 105, 107, 112– 123, 125–140, 142, 144, 146, 147, 151, 152, 157, 159, 160, 162–167, 169–175

Deep Blue, 94
Diluvio, 39, 40
discontinuidad, 24-26, 40, 160
Dolly, 88
economía, 135-137, 140, 161, 175
economismo, 52, 53, 79, 172
Estado, 61, 62, 65, 66, 155
eugenesia, 87
evolucionismo, 2, 5, 8, 9, 17, 19, 21–22, 27–34, 37, 42
existencialismo, 52, 108, 109, 111, 171
fe, 21
fertilización in vitro, 76, 85
filosofía cristiana, 23
Filosofía de la Idea Cosmonómica, 15
filosofía reformacional, 15, 38, 46, 51, 97, 140, 160
fuerzas motrices, 51, 116
futurólogos del orden, 25
futurología, 25

Gaia, 117

historicismo, 32
IBM, 94, 95
Ilustración, 40, 58, 63–65, 71, 73, 75, 84, 99, 114, 123, 124, 128, 172

–189–

industrialización, 68
Inteligencia Artificial, 50, 93, 97
Internet, 26, 54, 102-105, 115

Kasparov, 94, 95

ley de Dios, 15-17, 31, 37, 40, 58, 105, 141, 147, 151, 167

macroevolución, 22
mandato cultural, 125–128
marxismo, 58, 65, 66, 108
materialismo, 68, 74, 98, 105, 117, 118, 126, 133, 166, 170
mayordomía, 62, 140, 161, 174
milagros, 17, 18, 41
misterio, 11, 26, 30, 31, 34, 38, 39, 41, 42, 61, 75, 78, 95, 141
modelo de la creación, 19, 21, 22, 33, 34, 40, 41
modelo de la evolución, 21, 22, 27, 33, 35
monismo, 55, 56

Nabucodonosor, 126
naturaleza, 4, 5, 15, 17, 36, 40, 44-48, 53-56, 59, 60, 63, 65, 66, 72, 77, 84, 116, 117, 126, 139, 162, 165
naturalismo, 52, 108, 118, 119, 131, 133,
    146, 147, 166, 172
neomarxismo, 52, 108, 171
Nueva Era, 52, 108, 116–118, 172

origen, 26, 31–34, 38, 64, 65, 75, 140, 141, 165, 167

Paraíso, 17, 18, 36, 42, 50, 117
pensar, 7–11, 23, 24, 38, 85, 90–92, 94–96
Polly, 88
polución genética, 79, 80
positivismo, 34, 58, 64–66, 141
posmodernismo, 52, 101, 108, 109, 114, 115, 172
pragmatismo, 12, 13, 58, 64, 67, 68, 126
progreso, 6, 25, 48, 61, 64, 66, 68, 76, 96, 98, 108, 109, 111, 114, 123, 133, 151, 166, 172
Prometeo, 63
prosperidad material, 19, 48, 49, 64, 66, 67, 69, 70, 76, 96, 154, 170

racionalismo, 10, 16, 17, 23, 36, 39, 53
realidad cósmica, 1, 2, 12, 15, 16, 22
realidad virtual, 50, 54, 85, 99–104, 115
Recreación, 2, 41, 42
Reforma, 63, 123, 124, 172
reino de Dios, 3, 14, 17, 18, 26, 37, 41, 42, 50, 122, 123, 125, 127, 128, 130, 133, 134, 136, 152, 166, 167, 173, 175
relativismo, 32
religión, 1, 4, 32, 49, 50, 54, 57, 63, 66, 68, 98, 101, 109, 123, 129, 133, 141
Renacimiento, 50, 58, 59, 63, 65, 123, 124, 172
revolución industrial, 66, 68, 110, 124

Salvación, 2
secularización, 6, 51, 62, 64, 66, 104, 124, 125, 151, 152, 172
ser, 3, 23, 38, 39
Sociedad para la Filosofía Reformacional, 15

tecnicismo, 19, 46–55, 57–59, 61– 64, 66–68, 71–73, 75, 76, 78, 79, 86, 91–93, 96, 98, 101, 104, 105, 108, 114, 118, 119, 124, 125, 127, 129, 139–140, 143, 146–148, 154, 161, 164–166, 172
tecnificación, 13, 47, 70, 71, 74–78, 82, 83, 85–89, 97–100, 102, 104, 105, 140, 142, 143, 146, 148, 158, 160, 164, 165
tecnocracia, 65, 67, 109, 110, 112, 115
tecnología, 135, 142, 159, 162, 164
tecnología moderna, 1, 43–44, 47, 49, 54–57, 69, 70, 91, 93, 95, 97, 102, 107–109, 113–115, 117, 119–121, 123, 125, 130, 133, 146, 150, 154, 158–160, 165
tiempo, 21, 23
torre de Babel, 47, 126
trascendental, 38, 95, 123, 152, 164

Unión Soviética, 52, 66, 67
universalidad, 10, 24, 25, 56–57

Índice de Autores

Agustín, 23, 37
Aquino, Tomás de, 4
Babinck, Herman, 37
Bacon, Francis, 60–62
Berkhof, H., 129
Bultmann, Rudolph, 6

Clinton, Bill, 53
Comte, August, 65, 66, 172

da Vinci, Leonardo, 59
De Boer, 174
De Mul, Jos, 54, 101
Descartes, René, 15, 23, 27, 59–61, 91, 114, 124
Dewey, John, 67
Dijksterhuis, E.J., 59
Dooyeweerd, Herman, 51, 118, 119, 141

Einstein, Albert 21
Ellul, Jacques, 50, 54–57

Ferguson, Marilyn, 116
Feuerbach, 63
Fichte, Johann Gottlieb, 63

Gödel, 95
Galileo, 5, 59, 61
Geertsema, 16
Gilbert, Walter 90
Gottfried, R., 135
Goudzwaard, Bob, 52, 135
Greydanus, Seakle, 16

Habermas, J., 97, 112, 143
Heidegger, 50, 111
Herder, 63
Hobbes, Thomas, 61, 62
Hooykaas, R., 60, 124
Horkheimer, 50

Ihde, 50

Jager, Okke, 53
James, William, 67

Jaspers, 111
Jonas, 135
Jonas, Hans, 134

Kant, 62, 63
Klaus, Georg, 109
Kuyper, Abraham, 125, 126

La Mettrie, 91
Laszlo, Ervin, 110
Leary, Timothy, 101
Lenin, 67, 110, 125
Lovelock, James, 117

Marcuse, Herbert, 112, 113
Margulis, Lynn, 117
Marx, Karl, 46, 65–67, 110, 125, 172
Meyer, 111
Morris, Henry M., 35
Mumford, 57

Naess, Arne, 117
Newton, Isaac, 26, 61
Nixon, Richard 53
Noble, 50

Parmenides, 23
Pascal, Blas, 61
Popper, 16

Reich, 113
Rietdijk, C. W., 108
Roszak, 113
Russell, Bertrand, 66, 108
Russell, Robert, 34

Sachsse, Hans, 50, 63
Scheele, Peter, 35
Schumacher, Ernst F., 113, 159
Spengler, 61
Staudinger, 50
Steinbuch, Karl, 108
Stork, 69

Testart, J., 87

Toulmin, 16
Troost, A., 153
Turing, Alan, 90, 92, 93

Van den Beukel, 75
Van der Stoop, J., 164

Van Melsen, 72
Van Riessen, Hendrik, 16, 24, 73, 97
Von Hollbach, Dietrich, 65

White, Lynn, 123
Wiener, Norbert, 96

www.ingramcontent.com/pod-product-compliance
Lightning Source LLC
Chambersburg PA
CBHW020928090426
42736CB00010B/1070